高等院校通识课教材

依据《高等学校学生心理健康教育指导纲要》编写

大学生心理健康教育 第二版

主编 胡谊 张亚 朱虹

MENTAL HEALTH
EDUCATION
TO COLLEGE STUDENTS

华东师范大学出版社

·上海·

图书在版编目(CIP)数据

大学生心理健康教育/胡谊,张亚,朱虹主编.—2
版.—上海:华东师范大学出版社,2023
ISBN 978 - 7 - 5760 - 4670 - 0

Ⅰ.①大… Ⅱ.①胡…②张…③朱… Ⅲ.①大学生-
心理健康-健康教育-高等学校-教材 Ⅳ.①B844.2

中国国家版本馆 CIP 数据核字(2024)第 012317 号

大学生心理健康教育(第二版)

主　　编　胡　谊　张　亚　朱　虹
责任编辑　李恒平
责任校对　王丽平
装帧设计　俞　越

出版发行　华东师范大学出版社
社　　址　上海市中山北路 3663 号　邮编 200062
网　　址　www.ecnupress.com.cn
电　　话　021 - 60821666　行政传真 021 - 62572105
客服电话　021 - 62865537　门市(邮购)电话 021 - 62869887
地　　址　上海市中山北路 3663 号华东师范大学校内先锋路口
网　　店　http://hdsdcbs.tmall.com

印 刷 者　上海展强印刷有限公司
开　　本　787 毫米×1092 毫米　1/16
印　　张　18.25
字　　数　353 千字
版　　次　2024 年 2 月第 2 版
印　　次　2025 年 9 月第 4 次
书　　号　ISBN 978 - 7 - 5760 - 4670 - 0
定　　价　49.00 元

出 版 人　王　焰

(如发现本版图书有印订质量问题,请寄回本社客服中心调换或电话 021 - 62865537 联系)

心理健康教育是提高大学生心理素质、促进其身心健康和谐发展的教育,是高校人才培养体系的重要组成部分,也是高校思想政治工作的重要内容。心理健康教育已成为高校"三全育人"体系重要组成部分,在立德树人中发挥着十分重要的作用。党的二十大报告指出,要推进健康中国建设,把保障人民健康放在优先发展的战略位置,重视心理健康和精神卫生。此前,2018年7月教育部在《高等学校学生心理健康教育指导纲要》中指出,要更好地适应和满足学生心理健康教育服务需求,引导学生正确认识义和利、群和己、成和败、得和失,培育学生自尊自信、理性平和、积极向上的健康心态,促进学生心理健康素质与思想道德素质、科学文化素质协调发展。纲要并就心理健康教育工作提出四个重要的原则:

——科学性与实效性相结合。根据学生身心发展规律和心理健康教育规律,科学开展心理健康教育工作,逐步完善心理健康教育和咨询服务体系,切实提高学生心理健康水平,有效解决学生思想、心理和行为问题。

——普遍性与特殊性相结合。坚持心理健康教育工作面向全体学生,对每个学生心理健康发展负责,关注学生个体差异,注重方式方法创新,分层分类开展心理健康教育,满足不同学生群体心理健康服务需求。

——主导性与主体性相结合。充分发挥心理健康教育教师、心理咨询师、辅导员、班主任等育人主体的主导作用,强化家校育人合力。尊重学生主体地位,充分调动学生主动性、积极性,培养自主自助维护心理健康的意识和能力。

——发展性与预防性相结合。加强心理健康知识的普及和传播,充分挖掘学生心理潜能,培养积极心理品质,促进学生身心和谐发展。重视心理问题的及时疏导,加强心理危机预防干预,最大限度预防和减少严重心理危机个案的发生。

本书是根据高校"大学生心理健康教育"课程最新要求编写的教材。在编写过程中,我们针对市场上同类教材所出现的偏重理论、策略而缺少实际操作方法的状况,力求贴近大学生的实际需求,突出科学性、实效性、主导性、主体性、发展性、预防性及系统性等原则,强调大学生心理健康教育理念的传播和积极心理的培养。

大学教育对于大学生的成长、成才极为关键。有些大学生能提前确定自己的人生理想和职业目标,通过四年的努力为自己的理想打下扎实的基础;而另一些却始终迷茫,到离校的那一天还不知道自己路在何方。我们有理由相信,如果能早一点了解自己的特点,规划自己的大学生活,就会少一些成长中的烦恼,就不会随着大好光阴的流逝只留下不该有的叹息和后悔。当然,我们也会发现很多同学不仅很好地把握住了学习和社会工作的关系,而且在大学里过得很充实,充满了年轻人的朝气和活力,得到了全面的丰收。

为什么有这样的差别呢? 个体的心态是积极的还是消极的对人的成长有着重要影响。积极的心态是永远向前看,并勇于正视自己的缺陷和不足,而不是一味沉湎于过去的成功与辉煌或者怨天尤人;积极的心态总是会有强烈的未来意识、责任意识,总是在思考探索未来阶段的发展任务并认真规划自己的大学生涯。因此,“大学生心理健康教育”首先是一门“积极心理学”的课程。值得一提的是,保持良好的心态并不是盲目乐观,而是基于已有的心理学研究,学习心理学知识,了解其他老师、同学的经验,以良好的知识储备和心理准备来应对大学阶段的发展问题和常见困扰。

其实,生活中的烦恼是无处不在的,接受烦恼是生活中重要的一部分,也是培养积极心态的开始。由于在大学里要适应新的生活环境、学习内容、理想目标、兴趣爱好、人际关系等,大学生们的心态也变得复杂,常常出现各种各样的矛盾和问题,这就是所谓的“大学生成长中的烦恼”。例如,有的同学在大学前三年里都很顺利,虽然有烦恼但只是小问题,可是在第四年却承受了恋爱不顺的巨大心理冲击,这个问题甚至一直影响到他们毕业后的漫长人生。其实,心理有问题是最正常不过的现象,而心理问题往往蕴含着积极的含义,往往是心灵成长和自我超越的契机。解决一个又一个心理问题的过程也是个人逐渐走向成熟、走向社会的过程。因此,“大学生心理健康教育”也是一门“健康心理学”的课程。

有了烦恼怎么办? 首先,可以向家长、老师、信赖的朋友倾诉并逐步排解。其次,可以咨询学校心理咨询师,寻求专业的帮助。咨询师接受过专业训练,能够使用心理测量工具来进行科学的分析。例如人格测验,就有明尼苏达多相人格问卷、卡特尔 16PF 人格因素量表、艾森克人格问卷、大五人格问卷、罗夏墨迹测试、主题统觉测试等多种方式。又比如,针对学习动机进行评估的工具,有学业自我效能量表、学习动机诊断测验、学习过程问卷等。同学们不论遇到什么样的成长问题,都可以跟专业的心理咨询师聊一聊。

大学生的烦恼常常表现在：

● 学业压力带来的心理困扰。

● 负面情绪不知如何管理。

● 经济窘迫、互相攀比带来的自我迷失。

● 手机网络过度使用造成的人际退缩。

● 人际交往的烦恼与压力。

● 新生入学的角色转换与适应问题。

● 恋爱问题引发的情感困惑和危机。

● 严峻就业形势带来的就业困惑。

要面对真问题，解决大学生的心理困惑，传统的理论讲解或知识点传授是不够的。尤其是当代大学生是网络时代的新生群体，随着他们迈入大学校园，知识点讲授式的心理健康教学已经难以满足这批思维活跃、习惯碎片化阅读、体验式学习的大学生的心理需求。因此，"大学生心理健康教育"需要在参与、体验、实践方面进行重大变革。

本书贯彻以学生为中心的指导思想，在内容安排、理论阐述、呈现形式及知识拓展方面相较于其他同类教材作了进一步的拓展与改进，希望潜移默化地提高学生自身心理健康的综合素质。具体来说：

在内容安排上，根据大学生在大学阶段容易出现的各个成长性主题进行分类，关注大学生自我认识、情绪管理、学业发展、人际交往、恋爱心理、生涯规划等各个方面的问题，紧扣大学生日常生活中的心理困扰，以案例分析的形式引入每一章节的内容，并以简单明了的心理学知识点结合大学生的具体问题呈现学习内容，帮助大学生将课堂讲授与课后自学自然地结合。

在理论阐述上，本书从实际案例出发，借用心理学中比较成熟的解释体系，试图对大学生案例进行合理的分析，并给出相应的建议。涉及的理论有：青年心理发展、心理健康、心理适应、自我意识、交往心理、亲密关系、个性心理、临床心理等。在理论与实践的互动基础上，力求帮助教师和学生形成一种观察现象、判断问题和运用策略的科学思维方式。

在呈现形式上，本书采用了心理游戏、小测试、小问答与知识点结合的编写方式。为了尽可能在课堂内外引发学生的思考与体验,各节还配备了心理游戏。心理健康教育教师可以将心理游戏与授课内容结合起来,丰富课堂内容,为学生创造经历与讨论点,营造良好的授课氛围。在知识拓展方面,本书还配套了数字资源和视频材料,以便大学生在课堂之外拓展知识,真正把心理健康的理念与学习内容带入生活中去。

本书的第一章介绍了大学生在青年期的心理特点及心理健康的标准,帮助大学生学习自我管理的方法,第二章至第八章分别关注大学生常见的新生适应、自我认识、情绪管理、学业发展、人际交往、恋爱心理、生涯规划等方面的常见问题,结合生动具体的案例、问答与游戏为学生提供了发展良好心理素质的心理学知识点。第九章与第十章,介绍了常见的心理疾病、精神疾病以及如何进行自杀危机干预等大学生必备的临床心理学知识,旨在帮助大学生在提高自身心理健康素质的同时兼具有关心理疾病的常识,更好地帮助自己和身边的同学。

本书的每个章节一般来说包括如下几个部分:

● 案例故事:介绍与本章内容相关的大学生心理咨询的案例。本书的案例故事,均来自各位作者在一线心理咨询中的实际案例,并从伦理角度进行专业修改。

● 理论与讲解:以简单明了的形式呈现4—5个心理学知识点。

● 小问答:根据大学生对知识点的思考和常见问题进行解答。

● 参与式活动:通过1—2个体验式小游戏,帮助心理老师进行课堂组织,学生也可进行自学。

● 思考点:根据本章的知识点提供不同的思考视角,帮助学生进行反思,发展批判性思维。

● 心理测试:在一些章节安排了具有一定信效度的心理测试供同学、老师使用。

● 相关资源:在部分章补充提供了与知识点相关的书籍和影片。部分资源体现了社会主义核心价值观,如爱国、诚信等。

党的二十大报告提出:"重视心理健康和精神卫生。"促进学生身心健康、全面发展,是群众关切、社会关注的重大课题。2023年4月,教育部等十七部门联合印发《全面加强和改进新时代学生心理健康工作专项行动计划(2023—2025年)》,明确"五育并举促进心理健康";2023 年 11 月,教育部组建全国学生心理健康工作咨询委员会。在此之前,2012 年教育部发布《中小学心理健康教育指导纲要(2012 年修订)》、2016 年国家卫生计生委等 22 部门联合发布《关于加强心理健康服务的指导意见》、2018 年教育部印发《高等学校学生心理健康教育指导纲要》、2021 年教育部发布《关于加强学生心理健康管理工作的通知》等政策文件,这些都说明各方都高度重视和关心广大学生的心理健康和成长发展。着眼未来,我们应把学生心理健康工作摆在更加突出的位置。

　　本书修订过程中,落实立德树人根本任务,坚持健康第一的教育理念,与时俱进地体现最新精神,通过课程的学习来引导和培育学生热爱生活、珍视生命、自尊自信、理性平和、乐观向上的心理品质和不懈奋斗、荣辱不惊、百折不挠的意志品质,促进学生思想道德素质、科学文化素质和身心健康素质协调发展,培养担当民族复兴大任的时代新人。本教材结合《高等学校学生心理健康教育指导纲要》对心理健康教育工作提出的四个重要原则,在心理概念、心理案例、心理资源等阐述中,突出中国传统文化思想和新时代社会主义核心价值观等思政元素。

　　本书的编者团队为教育心理学专家、高等院校的心理健康教育教师与有丰富咨询经验的一线教师,胡谊负责总体设计与统稿,朱虹负责实践部分包括案例、小问答、小游戏及小测试等部分的审定与统稿,张亚编写第一、二、三、九、十章,张亚、童瑶编写第四章,杨亚希编写第五章和第七章的一部分,杜欣编写第六章,周凤琴编写第七章的一部分,金力炜编写第八章,华东师范大学出版社的李恒平老师编写了部分案例与课程思政素材,范美琳参与心理剧、视频、课件与二维码资源审定和整理工作。科大讯飞、华东师范大学科教仪器有限公司的专家一起参与了编写内容的讨论并提供了网络技术支持。

　　教师在使用本书时,可结合每个章节提供的案例、问答导入的知识点,也可结合小游戏环节介绍的知识点,注意引发学生讨论自己和身边同学的心理困扰,将知识点的学习与解决实际发展的困扰相结合。本书也是一本心理健康知识的入门读物,其他希望对心理健康知识有所了解的人也可以参考本书中的内容。

编　者

2023 年 12 月

在具体的教学实施中,教师可以结合各地各学校的实际学分和课时安排,以及学生的特征和自己的教学风格,利用本书的章节内容,编制个性化的课程纲要。以 18 课时(9 次课,每次 2 课时)为例,我们提供了一份参考性的进度安排、课程思政元素融入及实施建议(理论讲解内容可以安排学生课后自学,然后有重点地进行检测)。

进度/课时	章节内容	关键学习目标	思政元素	实施建议(含思政育人目标及实施)
1/2	第一章 三省吾身	了解心理健康的涵义与标准(基础知识概述:认识心理健康)、心理正常与异常的区分,掌握增进心理健康的途径与方法特点	心理意志的坚韧品质和自制力	让学生分享选择所学专业的动因;通过 6 个小活动让学生初步理解心理健康的含义和方法;讲解本课程的性质和学习要求,融入"四史"学习教育,鼓励学生学史崇德
2/1	第二章 心安是家	了解生活、心理、学习适应的涵义和存在的问题,掌握大学适应的技巧与方法	我的大学,我的梦,中国梦	归纳环境适应的要素;通过 3 个小游戏让学生思考适应与自我管理,也可以选择案例让学生分组评析适应的方法并提出解决方案;讲解适应的技巧并引导学生端正学习目的,坚定学生建功新时代的理想信念和使命担当
3/1	第三章 认识自己	理解自我意识的涵义,掌握自我意识偏差表现及完善自我的途径与方法	成就自我,突破自我	举例讲授自我意识的发展;结合游戏让学生理解个性与自尊;引导学生形成自尊自信的自我意识,自觉完善自我,提升自身素养
4/2	第四章 喜怒哀惧	理解情绪、情商和情绪调节,掌握情绪管理的方法	识别情绪,自我调节	讲解情绪的基本概念、功能和认知重评;通过游戏让学生了解整理情绪和管理情绪的步骤

(续表)

进度/课时	章节内容	关键学习目标	思政元素	实施建议(含思政育人目标及实施)
5/2	第五章 力学笃行	理解学习动机,掌握学习策略与方法	导向问题解决,培养创新思维	举例讲授学习动机;让学生围绕学习策略进行讨论;通过小游戏让学生分享有用的学习方法和策略
6/2	第六章 胜友如云	了解人际交往的意义及影响因素,掌握人际交往技巧	人际交往的意义与原则	讲解人际交往的心理效应;归纳常见的沟通模式;通过游戏和心理剧让学生讨论化解冲突的办法,提升沟通能力,其中融入践行社会主义核心价值观,引导构建诚信友爱的人际关系
7/2	第七章 相思谁赋	了解爱情的涵义,学会正确面对失恋,掌握失恋的心理调适方法	爱是责任	让学生围绕典型案例进行讨论;通过游戏和心理剧培养学生正确的恋爱观,用理性的态度面对爱和性
8/2	第八章 漫漫路远	了解生涯规划理念和生涯决策理论,掌握职业规划和生涯规划的方法	找准未来路	通过案例来讲授生涯规划理念和生涯决策理论;通过游戏让学生学会恰当分析自我并做好职业规划
9/2	第九章 心理之痛	了解焦虑和网瘾等心理问题,理解和学会运用自评量表	识别心理问题,懂得恰当应对	结合心理剧、典型案例或影视作品,讲解或让学生讨论如何识别、应对心理问题或帮助他人解决心理问题
10/2	第十章 一念之间	了解常见的心理疾病,引导学生认识生命的意义、心理危机的差别及应对措施,学会拥抱生命的美	生命的价值意义	讲解抑郁症和精神分裂症的识别;呈现典型案例,让学生进行分析与讨论;培养学生珍爱生命的意识,树立正确的生命观

目　录

二维码数字资源与
视频索引

第一章
三省吾身

第一节　烦恼谁能懂——青年期的心理特点

案例故事

以下案例节选自五封网络咨询信件：

作为一名大一新生，自高考后我就几乎没参加过高中同学聚会，不管是因为实力不够还是运气不佳，反正就是考上了普通大学，我很失落，感觉在高中同学面前抬不起头来。来到新的学校，我看到周围有些同学的学习热情不再像高中那么高涨，有的会凑在一起打游戏，有的很快就开始了恋爱，还有些则热衷于学生会和社团的交际，而一心想学点真本事的我再次觉得自己格格不入，我觉得大学生应该要好好学习，但每次看到他们一起说说笑笑轻松愉快的样子，又觉得自己很不合群，万一自己学习并没学好，人际也没搞好可咋办？我到底应该怎样度过我的大学生活呢？

——小雨

我都不知道该如何启齿，高中时我是个喜欢诗词歌赋的男生，上了大学之后，突然发现自己这个爱好很囧，周围的男生都喜欢打篮球或是打游戏，只有我，显得那么格格不入，还有些同学开我的玩笑，说我是不是同性恋，我都有点糊涂了，自己只是爱好和他们不一样，长得比较瘦弱而已，我是不是应该重新发展一些爱好，或是放弃自己的一部分？

——无人机应用技术专业大一新生　不知道如何是好的小强

我和女朋友从高中到现在谈了三年了，我们一起奋斗，一起考入了理想的大学，虽然异地，但几乎每天都会通电话。没想到上学期，我居然被"绿了"，女朋友打电话来说，我们不合适！我赶去才知道她已经有新的对象了，而且她还说她也很痛苦，我简直要疯掉了，整个过程我感觉自己像个傻子一样。我是不是应该去决斗，或是干脆做个了断，电视剧里的事情都发生在我身上了！

——食品营养与检测专业大二学生　小飞

我生在农村，长在农村，长期的环境封闭再加上自我封闭，让我成为一个内向的人，尽管有时候我会很积极地参加某些活动，但那只是为了掩饰内心的空虚。有时候我真的好寂寞，好无聊，好想找人聊聊天，我真的好羡慕那些有女朋友或者人缘很好的同学，但至今为止我不知道自己喜欢哪些类型的女生，也不知道该怎样去交朋友。在上大学以前，我的任务就是考上好大学。可是等到考上大学之后，我才发现，我失去的原来比我得到的多，真的好怀念小时候在田间打滚的日子，真的希望能够和自己的家人出去尽情地游玩一次，真的希望能够拉着爱人的手走在黄昏后，可是这一切似乎都与我无缘。我不承认自己是上天的弃儿，我知道自己在很多方面都做得不好，可是有谁愿意把事情搞砸？有时候真的觉得好烦好烦，但有时真的不知道该咋办。

——钻进牛角尖的小风

转眼已经大三了，身边的同学有些在考公务员，有些在准备考研，还有些想要出国，当然，还有一些就是混混日子。我却一直处在迷惑中，父母希望我留在学校里做老师，和他们一样。读大学、读硕士、读博士、留学校，好像一辈子都看到头了。我自己其实想去企业，想自己创业，想过和他们不一样的生活。但我又很担心，自己出去找工作会不会四处碰壁？我的能力能不能撑得起自己的梦想？我感觉自己站在十字路口，几条路都还雾蒙蒙的看不清楚，我该怎么办？

——物联网应用技术专业大三学生　芳芳

在这五封网络求询信件中，你可以看到处在青春期的大学生们正在经历着各种成长的烦恼：对是否该学习迷茫的小雨、对自己是谁感到困惑的小强、处于恋爱痛苦中的小飞、正在经历孤独与不知所措的小风以及努力探索未来职业方向的芳芳。这些莫名的多愁善感、充满矛盾的内心、理智与激情的冲突等正是青年期的典型特点。这是一个美好又痛苦的阶段，随着身体的发育成熟和体内激素水平的急剧变化，一方面青少年的认知与思维能力极大地发展了，另一方面他们也在确定自我认同的过程中经历着各种痛苦与挣扎……

理论与讲解

一、青年期及其心理特点

可能在十年或是二十年后，同学们才能真正意识到此时此刻的自己是多么幸运，因为你正处于宝贵的、独一无二的青春年华。从年龄和身体发育来看，大学生普遍进入了青年期。青年期（英文为"adolescence"，也译作青春期，但青春期一般指 11 周岁左右至 18 周岁左右），跨越青春期与成年早期，它包含"向成熟发展"之义。青年期从心理发展上来看就是一个获得走向社会所必需的态度与信念的过程。

青年期的心理特点有一些重要的共性，如伴随着自我意识的觉醒，处于青年期的人们普遍希望自己的意见得到重视，希望自己能完全控制自己的行为和生活局面。但是由于在经济上普遍还没有真正独立，独立人格也正在形成与发展的过程中，因而这种"控制"是比较柔弱的。一方面求独立，另一方面还没有完全独立的能力造成了青年期人的各种内心冲突。身为父母或长辈的成年人常常拒绝关注处于青年期的人们的想法和建议，介入和干预他们的生活，让他们觉得自己不被理解，甚至被操控，被边缘化。

此外，青年期的身体发育伴随着激素水平的变化，也同样带来了情绪的快速变化。处于这个阶段的大学生常会感到生气、烦恼甚至抑郁。日益增长的认知能力也促使他们逐渐将自己视为独一无二的个体，很难接受批评和容忍权威人物，也可能对假想观众进行表演，像是"站在聚光灯下"一样，进而发展出独一无二的个人神话①，做出一些冲动或不计后果的事情。

视频

做更好的自己

图 1-1

急速发展的青年期心理特点

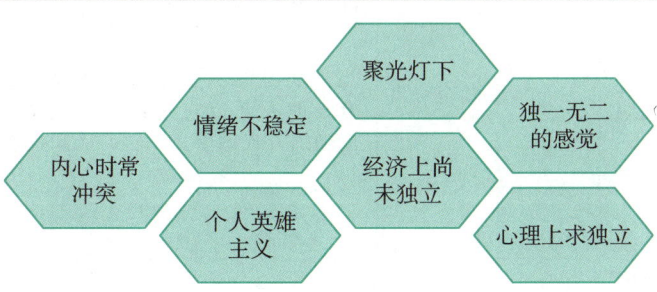

---

① 美国心理学家基洛维奇曾经做过一个有趣的实验：他在康奈尔大学随意挑选了一名学生，让这名学生穿上一件十分怪异的 T 恤衫走进教室。结论是，穿着怪异 T 恤的学生认为 50% 的人注意到了他的窘境，但实际是仅有 23% 的人注意到了他的怪异 T 恤。这就是"聚光灯效应"。

二、青春期首要的发展任务:自我同一性的建立

美国心理学家埃里克森提出了著名的人生发展八阶段理论,将人的终身发展分成了八个阶段,每个阶段有着相应的核心任务。当任务得到恰当的解决时就会获得较为完整的同一性;如果任务没有能够很好地完成,则会出现个人同一性残缺、不连贯的状态。处理得成功或失败则会产生两个极点上的表现,如婴儿阶段的需要得到满足,则形成基本信任;如果没有满足,则形成不信任(如表 1-1 所示)。大学生处于青春期到成年早期的过渡阶段,这个阶段最重要的任务是形成良好的自我同一性并逐步发展亲密关系。

表 1-1

埃里克森的人生发展阶段理论①

埃里克森提出,在每一个发展阶段,"关键事件"会导致挑战或"危机"的出现,人们对此可能作出的是积极应对,也可能是消极应对。

年龄	阶段	关键事件	危机	积极对策	充分解决	不充分解决
1. 出生至 12—18 个月	口唇—感觉期	喂养	信任对不信任	婴儿发展出一种信念,即周围环境是可以信任的,可以满足自己基本的生理和社会需要的。	基本信任感	不安全感、焦虑
2. 18 个月到 3 岁	肌肉—肛门期	如厕训练	自主对羞愧/疑虑	儿童习得哪些是自己可以控制的,发展出一种自由意志的意识,如果不能较好地控制自己,儿童会相应地发展出后悔和羞愧感。	知道自己有能力控制自己的身体、做某些事情	感到无法完全控制事情
3. 3—6 岁	运动期	独立	主动对内疚	儿童习得做出行为,去探索去想象,以及会从行为中体验到内疚。	相信自己是发起者、创造者	感到自己没有价值
4. 6—12 岁	潜伏期	入学	勤奋对自卑	儿童学习参照一种标准或他人而以良好或正确的方式做事。	丰富的社会技能和认知技能	缺乏自信心,有失败感
5. 12—18 岁	青春期	同伴关系	同一性对角色混乱	青少年在与他人的关系中以及在与自己内心的想法和欲望的互动中发展出自我意识。	自我认同感形成,明白自己是谁、接受并欣赏自己	感到自己是充满混乱的、变化不定的,不清楚自己是谁

① 参考[美]戴维·迈尔斯.心理学(第九版)[M].黄希庭,等,译.北京:人民邮电出版社,2013.第五章"人的发展"及相关内容整合而成。

（续表）

年龄	阶段	关键事件	危机	积极对策	充分解决	不充分解决
6. 19—40岁	成年早期	爱情关系	亲密对孤独	人们发展出给予和接受爱的能力；开始对关系作出长期的承诺。	有能力与他人建立亲密的、需要承诺的关系	感到孤独、隔绝；否认需要亲密感
7. 40—65岁	成年中期	养育子女	繁殖对停滞	人们发展出指导下一代成长的兴趣。	更关注家庭、社会和后代	过分自我关注，缺乏未来的定向
8. 65岁至死亡	成熟期	反省和接受生活	自我整合对绝望	当对他的一生进行反思时，老年人会产生满意感或失败感。	完善感，对自己的一生感到满足	感到无用、沮丧

　　自我同一性的形成是指青少年试图弄清楚他们的独特性，努力发现自己独特的优点和缺点以及他们在未来生活中能扮演的最好角色。其发现过程常常包括尝试不同的角色或选择，以及发现这些角色和选择是否符合自己的能力和观点。在这个过程中，青少年通过在个性、职业、爱（私人关系、亲密关系）及承诺等各个方面的选择来试图理解自己是谁，逐步建立起自我**认同**。一般来说，自我同一性的形成状况可以分成四种，同学们也可以核对一下自己目前的状态。

　　（1）同一性获得：处于这个阶段的青少年已经成功地探索及思考过他们是谁以及自己想做什么。已经达到这种同一性阶段的青少年心理往往最为健康，成就动机最强，道德推理也更强。

　　（2）过早自认：有些青少年还没有经历过对各种选择进行探索的危机阶段就不再考虑各种选择的可能，他们停止了同一性的探索，接受的是别人为他们作出的最好决定。

　　（3）同一性延缓：有些青少年一定程度上探索了各种选择，但仍然没有作出承诺。他们表现出较高的焦虑，体验着心理冲突。同时，他们往往是活跃有魅力的，寻求与他人发展亲密关系，他们正努力解决同一性问题，但必须经过一番努力才能解决。

　　（4）同一性扩散：有些青少年既不探索也不去思考各种选择，他们容易变来变去，从一件事转移到另一件事上，缺乏兴趣，对未来不抱希望，通常还会表现出社会性退缩。

　　大学生正处于建立自我同一性的阶段，应该在大学阶段努力进行未来职业、生活的规划与探索，对自己的个性特点、优缺点进行了解，在实践中发现自己、发展自己。

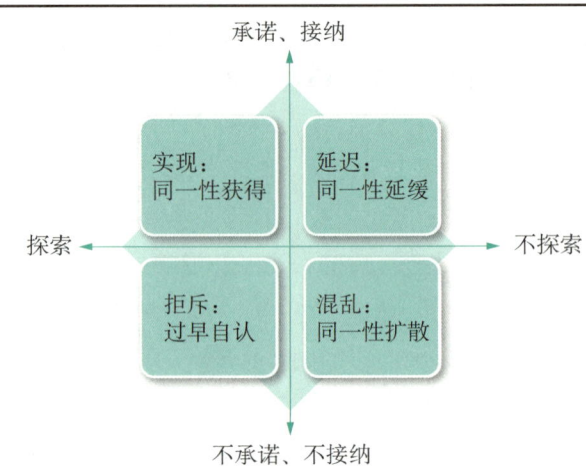

图 1-2

四种自我同
一性状态

三、成年早期重要的发展任务：亲密关系的建立

大学阶段良好亲密关系的建立往往需要个体建立起较为稳定的自我同一性，其中包括了解自己是谁、能做什么、价值观是什么、底线是什么、软肋是什么，换句话说，你越能知道自己的频道，也就越能找到和自己同频的人。有关人际关系与亲密关系的讲解，我们还会在第六章（第二节）进一步阐述。

随着大学生逐步进入高年级，进入成年早期，这个阶段的发展任务也随之产生，即进入了个体的亲密对孤独阶段。这个阶段跨越了后青春期直到三十岁出头，其主要发展任务是和他人形成亲密关系。其所指的亲密由几个部分组成，一个成分是"无私"的程度，即能牺牲自己的需要来满足对方的需求；进一步的成分包含了"爱"；最后则是更深一步的投入，其标志是共同努力建立互相融合的同一性。

斯腾伯格认为，爱是由亲密（重视彼此的喜欢、理解与期待）、激情（魅力与性吸引）以及承诺（决定发展稳定的关系）三因素组成的三角图形，不同形式的组成会有不同种类的爱。

图 1-3

亲密三因素
关系

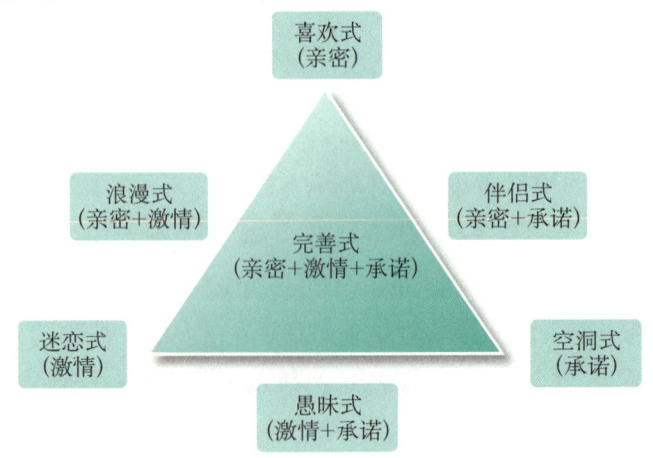

> 如果我们相信自己能够改变，相信自己拥有极大的发展潜力，那么，这种心态也将带动我们发生变化。
>
> ——"罗森塔尔"效应

此外，需要特别指出的是，当代青年出生在网络时代，习惯于在社交网络上塑造一种讨人喜欢、经过修饰的自我形象。而社交网络匿名的特点，让他们可以借由某些信息的凸显、淡化、夸大或完全隐藏，达到策略性的自我呈现。他们利用各 App 串连起每一天的社交、学习与创作，与世界的关系从真实情境的面对面接触变成网络的点对点联系，而手机上的各式各样的 App 图标，变成他们进入世界的入口。离开了从真实生活情境探索与接触世界的 App 时代，青年能否完整顺利通过自我认同，进而拓展与深化亲密互动？还是自我认同会变得肤浅、人际间变得疏离甚至产生"App 依赖"？对这些问题的思考，有助于深入了解网络时代青年的亲密关系内容和作用。

● 小问答

问题 1：长大之后时常觉得周围没有一个人能理解我，这正常吗？

——明 19 岁 影视多媒体技术专业大二学生

答： 当然正常。这说明你的自我意识正处在发展的过程中，你正处于闪亮的青年期。用网络上的流行用语说，如果全世界都能理解你，你该多么平庸。你可以试着和同龄的伙伴交流看看，也许他们的感觉正和你一样。

从生理基础的角度看，青少年新发展出来的元认知能力使得他们很容易想象别人正在思考自己，而且还能想象别人思维的细节，这也是他们自我中心主义的来源，这种自我中心主义还导致了另一种思维的扭曲，即认为个人经历是独一无二的，是别人都不会经历的，比如失恋的青少年可能觉得别人都不会经历这种痛苦，别人都不会像自己遭到如此对待。因此，可能你所体验到的"没有一个人能理解我"正是因为元认知能力的飞速发展所带来的，等再过几年，你会发现自己现在的体验和大多数人一样。但是，正是这种独一无二的感觉能够促使你成为更好的自己。

问题 2：有时觉得自己无所不能，有时又觉得好自卑，我是不是有些神经？

——美少女爱睡觉 18 岁 人力资源管理专业大一新生

答： 很明确地说，没有啦。青年期重要的任务之一就是逐渐形成自我同一性，所谓的自我同一性就是确定你自己是谁，擅长什么，不擅长什么，特点是什么，价值观是什么，重要的不能放弃的品质是什么，在这个确立的过程中当然会有各种挣扎了。我国学者张日昇提出了青年期的发展课题，你不妨读读看，当你完成了这些要点之后，你对自己的认识也会趋于稳定，逐渐过渡到"三十而立"的成年早期啦！

（1）理解及适应身体的发育及其变化；

（2）从精神上脱离家庭或成人而自立；

（3）学习并在学习过程中逐渐完善作为男性或女性的性别角色；

（4）对新的人际关系，特别是对异性关系的适应；

（5）学习如何认识自我和理解自我；

（6）学习如何认识社会和对待社会；

（7）学习并确立作为社会一员所必备的人生观和价值观；

（8）学习并掌握作为社会一员所必备的知识和技能；

（9）做选择职业和工作的准备；

（10）做结婚和过家庭生活的准备。

问题3：老师，上了大学恋爱合适吗？

——不想吃鱼的猫　20岁　会计专业大三学生

答：从心理发展阶段的角度看，建立起成熟的、良好的亲密关系正是成年早期重要的心理任务，著名心理学家弗罗姆用经典的一段话告诉我们爱的真谛："爱不仅仅只是狭隘的男女爱情，也并非借由磨炼增进技巧即可获取。爱是人格整体之展现，要发展爱的能力，则需要努力去发展自己的人格，并朝建设性目标迈进。"因此，学习发展亲密关系，在恋爱中了解自己、学习付出、学习站在别人的角度思考问题正是青少年晚期的重要任务，即便恋爱失败了，也要记得这是一段重要的成长经历，正是在这样的经历中，你会学习到如何拒绝、如何被拒绝、如何接受彼此的差异、如何分手见人品，这正是大学生在大学阶段除了学业成长之外，同样重要的心理成长。

问题4：有时我觉得自己脑中的阴云如此浓重，以致觉得自己再也见不到光明了，这正常吗？

——小青晚安　23岁　应用化学专业大二学生

答：任何人都有伤心和情绪低落的时候，不知道你在此之前是否经历了一些不愉快的事情，比如一段关系的结束、重要任务的失败或是被重要的人拒绝，这些事情都会引发伤心、失落和悲伤的深刻体验。如果你已经处于低落的情绪中超过了两周，不妨找心理老师或是周围的朋友谈一谈，他人的支持能帮助你更快地走出低谷期。值得一提的是，抑郁的感觉在青少年中非常普遍，超过四分之一的青少年报告称，他们有连续两个星期或是更长的时间感到如此悲伤和绝望，以致他们停止了正常的活动，就算没有发生什么也会如此。不过，有很少一部分青少年(大约3%)罹患重度抑郁，这是一种心理障碍，即抑郁程度严重，持续时间很长，如果你属于重度抑郁(是不是重度抑郁需要专业精神科医生的判断，不可自己乱下结论)，须及时寻求专业帮助，千万不要大意。

● **参与式活动**

小游戏 1-1　　　**欢迎步入青年期**

目的:帮助同学们了解青年期共同的心理特点。

时间:30—45 分钟。

地点:普通教室。

具体步骤:

心理老师制作青年期卡片,邀请有共同体验的同学来分享,最后总结知识点,向同学们介绍青年期的心理特点(见上述知识点)。

卡片内容包括:

(1)我觉得自己很孤独。

(2)我觉得父母很难理解我。

(3)有时我很在乎自己的一举一动,有种在舞台上的感觉。

(4)好想谈恋爱。

(5)有时觉得自己好厉害,有时觉得好屎。

(6)多愁善感控。

(7)懒癌晚期。

(8)没朋友,没知心朋友,求死党求闺密。

卡片内容可以根据本班级学生特点制作,也可以让班级同学先完成句子小练习,再根据同学们在完成句子小练习中出现的关键字制作青年期卡片。

请用五句话描述你最近的心情和状态:

小游戏 1-2　　　**我的生命曲线图**

目的:帮助同学们了解自己成长过程中遇到的挫折以及如何克服困难的,或有哪些相关资源可以利用,促进同学们形成自我认同。

时间:30—45分钟。

地点:普通教室。

具体步骤:

第一步,心理老师邀请同学们按照以下坐标画出自己的成长经历,横坐标代表时间线,纵坐标代表情绪状态,并在曲线上标注出对自己影响重大的事件或人物。

第二步,心理老师邀请同学们两两一组或三四个人一组分享自己的生命曲线。

第三步,组织大家讨论,哪些要素能帮助自己走出人生低谷。

第四步,再次邀请大家在曲线旁边写下自己得到过的支持,我的生命特点,我的低谷誓言。

还可以进一步分享的主题:

(1)有没有同学出现过人生低谷?

(2)一起总结如果再出现人生低谷该如何度过,如何共同提高抗逆力。

补充知识点:抗逆力是什么?

20世纪70年代中期,儿童精神病学家安东尼在研究中发现,某些父母精神异常的儿童和青少年并不像早期研究的那样会出现精神问题或成长障碍,而是保持了健康的情绪和生活适应能力,他们不但没有被危机和挫折压垮,反而能够自我调整、克服危机、良好地发展。这种抵御逆境、抗击压力的能力被称为抗逆力(resilience)。一般来说,抗逆力的内在保护因素由人格特质所决定,其中乐观感和胜任力尤为重要,其外在保护因素形成则需要一些要素:如在生活经历中获得过他人的关怀与爱,至少获得一位成人的关心与爱护,使个体体验过被爱的幸福;给予积极的期望,相信成功的可能;在社会活动、集体生活中有参与机会,并能在其中发挥作用。

图 1 - 4

一名大一学生的生命曲线图

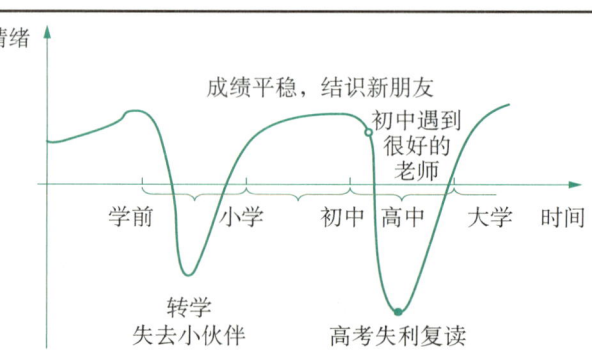

● 思考点

你认为青春期都是"暴风骤雨、冲突不断"的吗？青春期危机真的存在吗？

参考材料：美国心理学家斯坦利·霍尔在《青春期》（1904）这本书中首次提出了青春期危机理论，他认为，青春期是一个动荡不安的危险时期，个体容易冲动、好反叛、对权威充满怀疑，处于人生最容易"走火入魔"的阶段，该理论在一个多世纪后依然广为流传。

玛格丽特·米格是20世纪著名的人类学家，以对青春期、性、社会化等问题的研究而著名。她针对霍尔在对西方青年的研究过程中提出的"青春期危机"理论，在1925年前往土著部落进行考察，发现对于萨摩亚少女而言，青春期并不是一段困难、动荡的时期，她们没有美国少女表现出来的心情压抑、情绪波动、强烈的挫折感等心理冲突，而是心情平和、情绪稳定。萨摩亚少女由于没有父母的约束，并没有因性而产生困惑，也没有西方社会所见到的紧张、抗争和过失，青春期不仅没有任何仪式而且在文化上也被忽视了，在孩子的情感生活中没有任何重要性可言。不过，值得一提的是，15年后，大洋彼岸的另一位年轻的人类学学者弗里曼也去了萨摩亚，但是他潜心研究得出的结论却与米格当年的萨摩亚调查完全相悖。

第二节　谁的心态好——心理健康的标准

▍案例故事

东东是个进入大学不久的新生，除了有点儿内向之外，东东进校成绩优异，篮球又打得好，是个挺不错的大男孩。东东走进咨询室里的时候穿着厚厚的羽绒服，还戴着口罩，他把羽绒服脱下来，犹豫了一会儿，才把口罩摘下来，正视着我问："老师，你有没有觉得我的鼻子长得有点怪？"

原来，东东自从高二以来就有了一个不为人知的秘密，他一直觉得自己的鼻子从正面看太大了，从侧面看又像是鹰钩鼻子，不像个好人，以至于东东每次和别人交往的时候都忍不住要摸几次鼻子，生怕别人看出来他的鼻子太大了，更不要说在公开场合演讲、参加讨论、和同学们搞联欢会、参加社团活动……但凡需要抛头露面的事，他都因为这个鼻子的烦恼彻底取消了。

"老师,我看了一些心理学的书,知道老是摸鼻子代表说谎话,会让人不信任你,可是我有些控制不住,好像忍不住要把鼻子遮住,不让别人发现……这个学期开始,当我正专心做事情的时候,如果有同学靠近我,我也会不由自主地紧张起来,好像生怕别人说一句:喂,你的鼻子从侧面看好勾啊!"东东低着头,断断续续地说。

其实,东东看上去干净清爽,鼻子虽然大,也有点勾,却不至于一眼就让别人觉得很怪。那么,东东为什么这么介意这个心目中的"大鼻子"呢?

原来,高二的时候,东东第一次喜欢上隔壁班的一个女生,甚至还大胆地给这个女生写了封情书,但这个女生收到情书之后并没有反应,东东一度怀疑她到底有没有把信拆开看,直到几个月后的某一天,东东无意中听到女孩和其他女生说:"隔壁班那个大鼻子还给我写情书呢!鼻子那么大,一定不是好人,我才不理他呢!"东东一下子觉得非常震惊,原来自己的鼻子长得这么难看?而他以前从未在意过!

自此之后,东东便不太愿意和异性交往了,总觉得自己长得怪,让人讨厌,后来上了大学,虽然有了更多与同学接触、参加社团活动的机会,可是东东总觉得和人交往很别扭,渐渐地成了个同学眼里酷酷的、独来独往的人。

前段时间,学院里组建篮球队,很多同学推选东东做队长,可是东东却急忙推辞了,他无法想象自己要站在这么多队友面前说话,"要只是打篮球,我觉得还行,反正注意力都在球上,好像没想那么多,但要是做队长,要开会,要站在那么多队员面前,还要见其他队的人……只是这么想都让我觉得紧张……"

但是,同学们都觉得东东是故意推辞,不愿意承担责任,甚至辅导员也觉得东东不积极参加集体活动,还特地找东东私下里谈话,东东一肚子委屈,可又很难向同学们说出口,犹豫了半天,终于决定走进咨询室寻求心理老师的帮助。

注:本案例改编自本书作者的咨询活动。

一个人有了心理困扰,感觉就像是住在外星球上,不但很难融入外星人群,也很难被外星人理解,彼此之间像是隔着一层看不见的玻璃。我记得多年前有两个同住一个宿舍的女孩子分别来作心理咨询,两个女孩子在与我咨询的过程中都提到了对方。

一个说:"她横竖是有退路的,即使学习成绩不好,父母也会给她安排一份好工作,真不明白她为什么会在考场里晕过去?"

另一个说:"她成绩那么好,真羡慕她,我要是她什么烦恼都没了,奇怪的是,她自己明明在老家有男友,还和另一个已经工作的人交往,这不是自寻烦恼吗?"

事实情况是,前一个女孩子虽然家境好,但是父母对她的期待也高,她有严重的考试焦虑,一到重要的考试就完全乱了方寸,成绩也一度没法提高。

后一个女孩子虽然成绩好,却身不由己地在两段恋情里挣扎,她想留在上海工作,老家的男友却又不肯过来,她正处在不知道如何是好的阶段。

同宿舍的两个人同样被自己的烦恼困住,看着对方的问题却又都觉得根本不是问题,心理困扰好像成了一组只有自己能听懂、能感受到的心灵密码。也正因为如此,东东的烦恼在一些同学眼里可能是有些自寻烦恼的、无足轻重的,甚至不可理喻的,这太正常不过了。因为,你不是东东,你可能看不到,也读不懂他的"心灵密码"。那么,东东目前的心理状态是否到了心理不健康的程度?心理健康的判断标准是什么?以下将列出判断心理健康的标准以及异常心理的指标,请你根据这些知识点评估一下,目前这个阶段,东东的心理健康吗?

● 理论与讲解

一、心理健康的概念

1946 年,在第三届国际心理卫生大会上,世界卫生组织第一次将心理健康的理念引入健康的概念中:健康是一种在身体上、心理上与社会功能上处于完满的状况,不仅仅是没有疾病和虚弱的状态。心理健康是指在身体、智能以及情感上,在与他人的心理健康不相矛盾的范围内,将个人心境发展成最佳状态。就一般意义而言,心理健康标志着人们的心理调适能力和发展水平,即人在内部环境和外部环境变化时,能持久地保持正常的心理状态。在此次大会上,世界卫生组织也对心理健康的标准进行了较为明确的定义:(1)身体、智力和情绪十分协调;(2)适应环境,人际关系中能彼此谦让;(3)有幸福感;(4)在职业工作中,能充分发挥自己的能力,过着有效率的生活。

在上述概念中,我们认为,心理健康的基本特征有:(1)有充分的自我安全感;(2)充分了解自己,并对自己的能力作适当的评估;(3)生活的目标切合实际;(4)与现实的环境保持接触;(5)能保持人格的完整与和谐;(6)具有从经验中学习的能力;(7)能保持良好的人际关系;(8)适度的情绪表达与控制;(9)在不违背社会规范的条件下,对个人的基本需要予以恰当的满足;(10)在不违背社会规范的条件下,能作有限的个性发挥。①

在此基础上,大学生心理健康的标准如下:(1)智力正常。智力正常是大学生

---

① 美国著名人本主义心理学家马斯洛认为,只有心理健康的人才能充分开拓并运用自己的天赋、能力和潜力,他相信所有人都具备达到心理健康的先天素质,人本主义心理学的任务就是帮助人们实现这些潜能,他和米特尔曼提出了心理健康的人具有十个标准。[美]亚伯拉罕·马斯洛.需要与成长:存在心理学探索[M].张晓玲,等,译.重庆:重庆出版社,2018.

学习、生活、工作的最基本的心理条件,也是他们胜任学习任务、适应周围环境变化的心理保证。(2)情绪健康。主要标志是情绪稳定和心情愉快。大学生的情绪健康应该包括:乐观开朗、充满热情、富有朝气、满怀自信和希望、愉快情绪多于不愉快情绪,情绪稳定性好,既能克制约束,又能适度宣泄,情绪的反应是适当的原因引起的等。(3)意志健全。对于大学生而言,意志健全意味着在各项活动中都有自觉的目的性,能适时作出决定并用切实有效的方法解决遇到的各种问题,在困难和挫折面前能采取合理的反应方式,能在行动中控制情绪和言行等。(4)人格完善。即个人的所想、所说、所做都是协调一致的。(5)自我评价正确。一个心理健康的大学生对自己的认识应该是比较接近现实且有自知之明的。(6)人际关系和谐。和谐的人际关系是心理健康的重要指标,大学生人际关系的和谐表现为:乐于与人交往,既有广泛且稳定的人际关系,又有知心朋友,在交往中保持着自己的独立人格,能客观地评价自己和别人,宽容待人,助人为乐,有正向的交往动机。(7)适应能力强。较强的适应能力是心理健康的重要特征。心理健康的大学生能够与社会保持良好的接触,对社会现状有较为清晰的认识,思想和行为都能跟上时代发展的节奏,并与社会要求相符合。(8)心理行为符合大学生的年龄特征。大学生应该具备与这一年龄和角色相适应的心理行为特征,比如朝气蓬勃、积极乐观等,如果一个大学生严重偏离这些心理行为特征,则可能是心理不够健康的表现。①

知识延伸

异常的心理

二、心理健康的判断标准

1. 统计学标准

在定义正常行为时,一个很重要的判断标准是看一个人的行为是否符合社会群体的标准或规范。利用统计学的方法可以找出某个特定社会群体的正常行为和数值分布。如果一个人的行为接近数值分布的平均状态,则被认为是健康的;如果一个人的行为偏离平均状态,则被认为是不健康的。比如,一个人对着电线杆眉飞色舞地说话,我们可能会把他的行为解释为不正常的行为,因为大多数人不会和电线杆讲话。

值得一提的是,在界定正常行为时,不同文化存在一定的偏差。在一个文化中正常的行为表现换到另一种文化中可能被认为是异常的。更何况,还有许多正常的个体都有超出平均值以外的行为,但这些个体的心理并非不健康,也不需要得到改善。

2. 个人主观经验标准

个人主观经验法是根据个体自我的经验对自己或他人的心理健康进行评估,

---

① 马建青.大学生心理卫生(第二版)[M].杭州:浙江大学出版社,2003.

个体需要对自己的行为是否异常、是否心理失调或是否需要改善进行主观上的评定。个体可能不是将自己的某种行为而是某种烦恼或是痛苦解释为心理不健康的表现,例如,个体处于某种心理状态时能意识到自己的情绪状态如何以及自己的心理痛苦程度如何。

3. 社会适应标准

社会适应标准是根据个体对社会环境的适应以及与社会环境保持和谐状态的程度进行评估。即人们在社会生活中的自理、沟通、交往的行为表现多大程度上能够符合社会要求、社会准则、风俗习惯以及道德标准。例如,一个大学生如果出现别人无法理解的情绪失控,失控时出现撞墙、嚎哭、割手腕等行为,弄得周围人都敬而远之,影响到他在大学生活中正常的人际交往,则可以看出这个大学生的心理行为出现了异常,可能是心理不健康的表现。不过,社会适应标准需要考虑不同时代、不同地域、不同习俗等社会背景特征的影响,不能简单地、孤立地只看个体的某个行为及其应对方式。

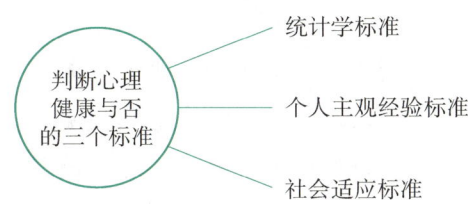

图 1-5

判断心理健康与否的三标准

三、心理障碍的识别指标

我们可以通过以下指标来标识心理障碍,具体包括:(1)痛苦或功能不良。例如,一个男人离开家就要哭,无法追求正常的生活目标。(2)不适应性。例如,一个人总是喝得酩酊大醉,无法保持一份工作,或是对他人的安全造成威胁。(3)非理性。比如,个体对事实上不存在的声音作出反应。(4)不可预测性。个体从一个情境过渡到另一个情境的行为都是不可预测或是无规律的,比如一个孩子无缘无故地用拳头打碎玻璃。(5)令观察者不适。即个体让他人感到威胁或遭受痛苦,比如一个女人走在大街上自言自语地大声讲话,对试图绕过她的车辆的司机造成不适。(6)非惯常性和统计的极端性。个体的行为方式在统计学上处于极端位置,且违反了社会认可或社会赞许的标准。(7)对道德或理想标准的违反。个体违反了社会规范对其行为的期望。[①]

---

① 参考美国《精神障碍诊断与统计手册》第四版和第五版。

图 1-6

心理障碍识别的主要考虑因素

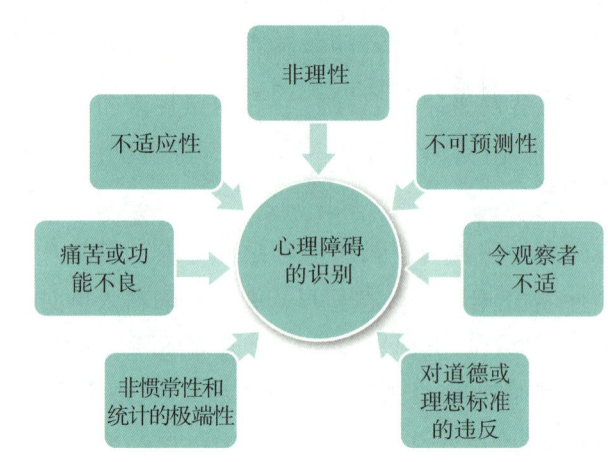

小问答

问题 1：心理出现了问题还能恢复吗？

——杨婷婷　传播与策划专业大一新生　正受社交焦虑的困扰

答：当然能恢复。大学生是社会上最活跃、最敏感、知识程度较高的群体之一，他们处于突飞猛进的青春期，人格和观念都在形成中，心理和生理发生着迅速的变化，往往比其他人更能敏锐地感受到来自社会的变化和冲击，暂时出现的心理问题有些随着时间的流逝会自然消失；有些人在专业导师、同学、辅导员、心理老师的帮助下一旦能够换个角度思考问题，也会自然缓解。大学生处于不成熟与成熟之间，正面临着无数的可能，我们建议你不妨试试多去和同学们交往，多参加集体活动，在不断的练习中逐渐克服社交焦虑（这也是克服社交焦虑最常见、最管用的方法）；有必要的话也可以寻求辅导员老师或是心理老师的帮助，找到社交焦虑的"焦虑点"，在老师的鼓励和帮助下改变想法，勇敢尝试。

问题 2：心理健康的人也会哭，也会情绪低落吗？

——幼儿发展与健康管理专业大二学生　小飞鱼

答：当然会。心理健康的人不是没有情绪，而是能够管理自己的情绪。心理健康的人虽然主要的情绪较为愉快、稳定，但也有伤心难过的时候，这些都是对生活事件的正常、适当反应。大学生本来就处于情绪容易波动的青春期，会哭、会笑、会低落、会激动、会忧伤、会兴奋，这太正常不过了，不过，学会既能克制约束又能适度宣泄自己的情绪是需要一个过程的，在本书的第四章中，我们将向你详细介绍情绪管理的方法。

问题 3：我们刚进校，隔壁宿舍有同学总是在阳台上对着空中自言自语，说着说着情绪还会很激

动,有时还说一些奇怪的话,比如"我现在透明了,所有的想法你们都会看见的"。她已经窝在宿舍里一周没去上课了,我们让她和辅导员谈谈,但她说自己挺好的,心理挺健康的,我有些怀疑,是这样吗?

——烹调工艺与营养专业大一新生　迷惑的嘟嘟

答:很有可能不健康。一般来说,如果个体出现了心理问题,最明显的指标就是功能受损或失调,对于大学生来说往往在学业、人际关系、情感或是正常的自理能力上出现了困难,没法正常地工作、生活、学习。听你的描述,你的同学有可能出现了幻觉或是妄想,有可能只是暂时压力过大的应激反应,也有可能一直具有这样的人格特点,具体需要专业心理医生的评估和诊断。如果涉及精神类问题,比如精神分裂症早期,当事人的确并不觉得自己有什么问题,即"不自知"。心理是否健康一方面看主观的感受,另一方面也要看是否有些异常的行为造成了个体心理功能的失调。无论如何,建议你们及时寻求辅导员老师或心理老师的帮助。

参与式活动

小游戏 1-3　　心理健康 VS 心理不健康

目的:帮助同学们了解心理健康的人在面临困难时的具体做法。

时间:30—45分钟。

地点:普通教室。

具体步骤:

心理老师将同学们随机分成两个组,分别扮演"心理健康组"和"心理不健康组",就心理老师给出的五个情境进行讨论,如果你是"心理健康组"或"心理不健康组"的人群,你会怎样反应、你会做些什么、你会怎么想,帮助学生更深入地了解心理健康的人群的特点,最后,由心理老师总结心理健康的标准,参考以上知识要点。

供学生讨论的五个情境:

(1)在学业上遇到了困难,突然觉得周围的人都比自己强。

(2)被男朋友/女朋友抛弃了。

(3)上课时发现后排同学在议论自己。

(4)同宿舍的室友半夜用电脑打游戏发出很大的噪声,实在干扰自己的睡眠。

(5)竞选学生会干部落选了。

具体情境也可以由心理老师根据班级目前遇到的较为普遍的问题进行设置。

小游戏 1-4　新闻案例讨论

目的:帮助同学们通过具体案例讨论心理问题到底是什么。

时间:30—45分钟。

地点:普通教室。

具体步骤:心理老师向同学们介绍以下新闻,同样是面对和室友闹小矛盾的负面情绪,林同学为何会发展出杀人的行为,组织大家参考本章知识要点讨论心理异常的表现。

参考新闻:

2013年4月15日22时13分,复旦大学官方微博发布通报称,该校一医科在读研究生病重入院,寝室饮水机疑遭室友投毒。病重研究生名叫黄洋,不久前曾在耳鼻咽喉科博士录取考试中取得第一名。一名学生称,投毒者与被害者两人成绩都很好,他们在两家医院不同科室研究不同方向,不存在竞争。黄洋于2013年4月16日抢救无效去世。

2014年2月18日,上海市第二中级人民法院一审宣判前,复旦投毒案被告人林森浩接受了记者的采访,讲述了案件始末和内心的想法。

记者:你和黄洋到底有什么样的矛盾,令你想到用这样一种方式对他?

林森浩:其实我跟他之间没什么矛盾。其实说我知道是化学品剧毒,也不见得。要不然我就不会在事发后专门上网去查这个化学品对人的危害程度了。回想起来,我这么做的原因可能不在黄洋方面,还是我个人没有把负面情绪调整好。这个负面情绪也不来自他人所说的被当众批评等事情,而是来自我跟宿舍另外一个同学之间的关系。有一次,我在床上睡觉,另外一个同学把脚放在床上来回动,发出沙沙的声音。我当时在睡觉,就说哥儿们你轻点,没想到他冲我来了句"没动啊"。我当时就很愤怒。那段时间一直没有控制好自己的负面情绪。

记者:那为什么跟别人的摩擦会牵扯到黄洋身上呢?

林森浩:当时我在对面寝室玩游戏,黄洋过来了,笑嘻嘻地拍着我身边的同学说,愚人节要到了,要不要整人,很得意的样子。我当时看着很不顺眼,就想着整整他。正好第二天我就要去实验室,那里正好有这种化学品,就想到拿这个去整黄洋。

记者:你预测的效果是怎样的呢?

林森浩:就是他可能难受。我当时想的就是肚子不舒服,或者不适,具体其实也没有去想,没想到他会死。

记者:你曾在微博中表达过作为一名健康医学院的学生应该怀有悲悯之

心,为何在此事中却突破了这一底线?

林森浩:底线,我觉得这些东西是需要学习的,做事的习惯方式、思维方式都是需要学习的。除非在很小的时候,在家庭环境中有强烈的反反复复的刺激,要么长大之后自己学习,必须是经过反复不断的强化。其实我父母不错,但他们是农民,知识有限。一路以来,我的成绩都还可以,可能有点自我,性格上有点孤僻。固执的人在别人看来就有点自以为是,我听不进别人的观点。

记者:你想对你的父母说些什么?

林森浩:我想对父母说三个字,对不起。希望他们能够忘了我。不管最终的结果是死刑还是漫长的刑期,都忘了我吧!

本资料摘自:新华网.复旦投毒案被告交代作案动机:黄洋过于自以为是. https://www.163.com/news/article/9EMCPT5B00011229.html.2013-11-27

思考点

你知道什么是积极心理学吗? 幸福是一种随机现象吗? 积极的环境能否改变人? 逆境也是机遇吗?

扫一扫观看公开课在线视频

积极心理公开课

　　我们总是在想生活中有什么不满意的地方,却很少花时间去想生活中有多少福赐。为了克服大脑的负面偏好,我们必须练习去想美好的事情。一般认为积极心理学的主题就是幸福,它的测量标准就是生活满意度,而今幸福的含义变得更加丰富,它的目标是增进生命的充盈与蓬勃。积极心理学之父马丁·塞利格曼在幸福1.0理论中提出追求幸福的三个层次:**积极情绪、投入、意义**。

　　第一个层次是通过促进积极情绪,享受"愉悦的人生"。第二个层次是追求一种能够全身心沉浸于生活的状态,进入"投入的人生"。第三个层次是找到并归属于个人自身的事物并为之奋斗,追寻有意义的人生。这个阶段的幸福理论的核心是:生活满意度。

　　到幸福2.0理论中,塞利格曼认为,幸福由五个元素构成:**积极情绪、投入、意义、成就和人际关系**。这五个元素都是可测量的独立元素,每个元素都能促进幸福。虽然每个元素都是一些人的终极追求,但每个元素并不能单独定义幸福。这个阶段幸福理论已不再是主观的幸福感,也包括了含有客观成分的成就、关系、投入、意义。每个人都有通往自己幸福的方式。

　　特别推荐大家学习"哈佛大学公开课:幸福课"。这是一门有广泛影响的在线课程,在哈佛选修课程中人数排名第一,同时也是哈佛最受欢迎率排名第一的课程。课程负责人塔尔博士(Tal Ben-Shahar)在哈佛学生中享有很高的声誉,受到学生们的爱戴与敬仰,因此被誉为"最受欢迎讲师"和"人生导师"。这门课探讨:我们来到这个世上,到底追求什么才是最重要的?这门课基于积极心理学的理论展开,他坚定地认为,幸福感是衡量人生的唯一标准,是所有目标的最终目标。

第三节　健康小卫士——自我管理的方法

▎案例故事

　　上一节中,我们向大家介绍了东东的心理困扰,按照心理健康的评定标准,东东自己觉得非常痛苦,且对鼻子的过分关注影响到了他的人际关系,可以认为,在这个阶段东东的心理出现了不健康的表现。不过,所幸的是,一周以后东东走进了学校的心理咨询室,东东很信任自己的心理老师,他主动提到自己在高中时经历了那场失败的初恋,当时觉得非常羞耻,这种羞耻的感觉自此之后一直伴随着他,使得他没法喜欢自己、接纳自己。本来,青春期有一个心理特点就是"聚光灯效应",处于青春期的少男少女会感觉自己像是站在舞台上,身体的每一个缺陷、一举手一投足都被聚光灯照着,无限放大了,也只有在青春期,我们才会那么关注自己。东东经历的这场风波就好像一个刚刚在懵懂之中走上舞台的青年被最在意的那双眼睛无情地"鄙视"了一下,带来的羞耻和退缩是可以想象的。

　　但是,很多男生都有被女生拒绝的经历,为什么东东会那么介意呢?

　　心理老师继续和东东讨论这种感觉,原来他的父母虽然是普通的农民,却对这个唯一的儿子充满了期望,从小就教育他要好好读书考上大学,东东也不负众望,不但从小到大成绩优异,而且也非常懂事、孝顺,是个典型的好孩子。但是,东东背负着父母的期望,对别人的看法非常敏感,那个"成绩好、品德好、体育好"外壳之内是一个小小的、不知所措的东东。虽然东东凭借自己的努力考上了大学,可以说逐步改变着自己的身份和命运,但鼻子却是改变不了的,它好像成了逐渐完美的东东身上唯一不完美,却又无法改变的部分。

　　于是,在心理咨询的过程中,心理老师和东东花了一些时间一起去探索"担心的到底是什么"。在探索的过程中,东东有很多被遗忘、被压抑的情绪流露出来,他开始体会到自己身上一直以来的压力,体会到内心的委屈和无奈,也体会到不被人喜欢的恐惧。东东自己也意识到鼻子的烦恼有时候其实是他担心自己做不好,他太想做好了。

　　此外,心理老师还帮助东东逐步想象自己能够在众人面前自信、流畅地讲话,引导东东在想象中轻松自在地进行公众演讲,心理老师又继续引导东东在现实情境中试试看。东东的第一次尝试是在英文口语课上的公开发言,他说:"还是会有些紧张,担心别人私下里笑话我的鼻子,但一旦开始讲了,就和打篮球一样,没有时间把心思放在这种不必要的担心上了。"在最后一次咨询的时候,东东有些羞涩地说,他决定和辅导员谈一谈,下学期他想争取做学院篮球队的队长,虽然还会有一些担心,但这已不足以影响他去做自己喜欢的事情了。

注:本案例改编自本书作者的咨询活动。

东东同学的问题属于大学生比较常见的心理困扰之一,青春期对体貌的关注是非常正常的,如果这种关注影响了正常的人际交往或是学习生活,则需要及时寻求心理老师或同学、辅导员的帮助了,一旦能够主动寻求帮助,这些青春期的烦恼大多都能获得比较好的解决。此外,大学生也需要有意识地学习一些自我管理的心理学方法,学习做自己的心理咨询师。

视频

获得帮助

理论与讲解

一、心理问题自我审查与处理

什么时候需要接受心理咨询呢? 当你有这样的疑问时,可以仔细审视自己的生活、学习、人际关系甚至是身体。这样的思考,主要分为三类:心理烦恼、心理问题和精神类疾病(如表1-2所示)。

	心理烦恼	心理问题	精神类疾病
常见的情况	非常孤独、想找人说话。 学习困难或是注意力无法集中、学习效率低下。 恋爱烦恼。 对未来感到迷惘。 与家庭、老师或同学的相处烦恼。	上网时间控制不住。 有些行为、想法控制不住。 有些恐惧、焦虑阻碍了自己的表现。 心理上有些只有自己才知道且无法忍受的 人际关系总是遭遇莫名其妙的挫折。	好几个星期无精打采,没有原因的落泪。 产生结束自己生命的念头。 听见其实不存在的声音或看见以前看不见的东西。 情绪非常不稳定。 生活习惯、饮食作息出现极大的、令人不适的改变。

表1-2

心理咨询的时机

有一句话叫"境由心生"。很多时候,人的痛苦与快乐,并不是由客观环境优劣决定的,而是由自己的心态、情绪决定的。你看路边的小草,被人踩来踩去,可它还是活下来了,它拼命地站起来,接受大自然给予的阳光、雨露,所以,它比温室里的花朵更有生命力。

——卢　勤

在检查出某些问题后,有些人可以轻松自如、游刃有余,有些人却疲于应付、自顾不暇,其实,这不仅是因为人们本身的问题解决能力有高下之分,很大程度上也与人们是否懂得管理目标有关。同学们不妨学习一些目标管理的小知识,合理分配自己的时间和精力,相信一定会事半功倍。

1. 设定一个切实可行的目标

很多人知道自己不喜欢什么,却从来没有真正想过自己喜欢什么。有目标比空抱怨更加能够振奋人心。但是目标也要切实可行,比如,很多深受职业压力困扰的女性常常是希望工作、家庭两不误。实际上,在生命的特定阶段,放弃部分工作或放弃部分家庭生活在所难免。职业女性自己规划好、制定好这个年龄阶段的重要目标将有助于缓解压力。

2. 制定实现目标的计划

从小到大我们都在做计划,可是真正能够实施的计划不到十分之一。大部分计划中途流产的原因不外乎计划太好,但难以实施。好的计划是可以帮助你分解大目标的计划,让你可以一步一步实现自己理想的计划,而不是平白无故给自己增加受挫感的计划。有些同学给自己制定了难以完成的计划,反而降低了对自己的评价和满意度。建议制定计划的时候可以把娱乐、休闲的活动也纳入计划之中,制定完了还要反复地问自己:"我真的能完成吗?是不是需要再修改一下?"

3. 适时给自己一些奖励

当你完成自己计划中的一小步时,非常建议你"找准机会"给自己一个奖励,比如,买一件心仪已久的首饰、吃一顿精美的晚餐、约好朋友出去看电影,等等。据说,一个孩子要被父母鼓励七千次才会形成健康开朗的个性,让我们也多给自己一些鼓励,何乐而不为?

4. 懂得放弃目标、转移目标

有时候放弃比选择难得多。所谓"有舍才有得",不"舍弃"哪里能"得到"?如果条件不具备,或者多方努力目标依然难以完成,不妨停下来分析一下目标是否合适。最糟糕的事情是爬到墙头上,才发现梯子搭错了地方。

二、学会调整之一：运动与饮食处方

大家都知道运动有百利无一害，但是真正能够坚持每天运动十分钟的人却少之又少。虽然已经有一些心理学的研究表明，每天慢跑两小时和抗忧郁药的治疗效果并无显著差异，但大多数人对于如此省钱又保健的运动却很难坚持。如果你想提高自己的免疫抗压能力，平时的运动功课不做好怎么能行？运动处方可以帮助你有效地缓解压力带来的紧张感，提高学习、工作的效率，可以说是压力管理的必备处方。

做自己喜欢的运动如同看自己喜欢的书，都能起到放松身心、愉悦心灵的效果。无论是长跑、羽毛球、高尔夫还是瑜伽、太极、爬山等，只要你能每天坚持哪怕十分钟，都会收到美妙的回报。当然，选择有氧运动更加"物超所值"，由于有氧运动的特点是有节奏和韵律、不是很激烈，持续时间长、充分活动大肌肉，如爬山、骑车、舞蹈、游泳等，可以温和地放松身体，带来舒缓的感觉。运动甚至还能扩大你的人际交往圈，结识更多的朋友呢！

几个人一起运动有时候会比一个人更加容易坚持。对于情感丰富的女性来说，和好友一起相约运动当然更加能够缓解压力，也许在边运动边聊天的过程里，你会不知不觉找到走出困境的好方法。要知道，唯一不合适的运动是不运动！

此外，大多数人不太会注意到饮食对我们的心理状态会产生多么大的影响，殊不知，我们摄入的食物将成为我们生命的一部分，有些食物本身就能从生理上调节你的机体状态，不妨慎重选择那些对你的身体有益的食物，它们同样影响着你的身体和心理状态。可以说，注意饮食是最容易做、也最难坚持的压力管理处方，你不妨试试看。比如，多喝水，每天喝足八杯水；多食用含有奥米伽-3脂肪酸的食物，如鱼类、菠菜、核桃等。研究显示，富含奥米伽-3脂肪酸的食物可以促进心率变异性，有助于人们抵抗压力和抑郁。

三、学会调整之二：心理处方

"一沙一世界，一花一天国"，人与人的心理状态常常有着明显的差异，这也常常决定了你会遇见什么样的人，过什么样的生活，拥有怎样的人生。不要忘了，每个人都具有自我调节的能力，如果你能怀着一颗感恩、开放的心迎接每一天的生活，悦纳自己、真诚待人，相信你一定能拥有轻松、愉悦的好心情。心理调节可以尝试下列方法。

1. 呼吸调节法

生命在一呼一吸之间，当你觉得压力过大的时候，不妨深深地呼吸，体会气流如何流入你的鼻孔,稍微屏住几秒再慢慢流出,随着每一次呼吸,想象自己的负面情绪慢慢地排出体外,同时吸入新鲜的氧气,为自己补充生命的能量……

2. 身体放松法

选择一个舒服的姿势坐着或者躺着,把眼睛闭起来,想象自己从头到脚每一块肌肉、每一根骨头逐渐地放松下来,从头部、眼睛、脸颊到下巴,再到脖子、胸部、腹部,整个上半身,腿、脚都完全地放松下来。有时候你需要多练习几次,直到自己的整个身体觉得自然、松弛。

3. 自我审视法

每个人都有一些莫名其妙冒出来的自动想法,比如:"我觉得自己永远都考不上""我连这样的问题都回答不出来,真是太笨了",等等。且慢,看看这些想法背后会不会有不合理想法呢? 比如,非此即彼(看到事物只有好坏、成败两极,如果没有达到完满,就是失败);以偏概全(把某一消极事物看作一个永远失败的象征);瞎猜测(轻率地作出有人正在消极地与你作对的结论,但又无心对它作出证明);消极预判(预估诸事不如意,并且相信自己的预言是一个既成事实),仔细监视你的"自动想法",也许,会有惊奇的收获!

4. 镜子微笑法

改变我们的面部表情和身体姿势能够改善我们的情绪状态。试着早上起来,对着镜子微笑,告诉自己今天是生命中独一无二的一天,重要的不是发生什么,而是我如何去应对。给自己一些积极的暗示,带着美好、轻松的心情出门。

5. 音乐调节法

音乐对我们的心情有着潜移默化的影响。选择一个安静、不受人打搅的环境,放一些轻柔、舒缓的音乐,如莫扎特的小夜曲,贝多芬的《田园》《月光》,巴赫的咏叹调,班得瑞的自然音乐等,充分地享受音乐带给你的放松、宁静的感觉。

6. 心理宣泄法

在日常生活中,人们积累了各种各样的负面情绪(如愤怒、悲伤等),这些情绪要择机表达出来。例如,情绪性眼泪可以有效排除体内毒素,与其让那些毒素在体内滞留,不如大胆地在合适的场合、合适的人面前——想哭就哭!

7. 发展兴趣法

最好的处方有时候需要你自己尝试发现,有些人喜欢运动、养花草缓解压力;有些人喜欢读书、熏香放松心灵;还有些人喜欢打桥牌、看电视剧释放情绪。从今天开始,去尝试属于你自己的应对压力的方法吧!

- **参与式活动**

小游戏 1-5　　制作我的减压卡片

目的:帮助同学们掌握压力管理的知识,学习制作自己的减压卡片。

时间:30—45 分钟。

地点:普通教室或团体活动室。

准备材料:卡片、彩笔等。

具体步骤:

心理老师介绍压力和压力管理的知识,并引导同学们制作自己的减压卡片。可分为 3—5 个同学一组,共同讨论减压的方法。

我的减压小卡片
我目前的压力有:
和我有类似压力的同学有:
我们一起商定的减压小方法有:

小游戏 1-6　　创造性地解决问题

目的:帮助同学们学习解决生活中的小烦恼。

时间:30—45分钟。

地点:普通教室。

具体步骤:由心理老师向同学们介绍创造性问题解决的方法,并带领大家练习以下步骤。

参考材料:人本主义心理学家亚伯拉罕·马斯洛认为,创造性是对付压力变化的一种必备途径。以下列出了创造性问题解决的思路,你可以试着和同学们按照以下步骤讨论。如果遇到这些问题,可以有哪些解决途径。

第一步,描述问题:_____

第二步,产生想法:_____

第三步,选择和定义想法:_____

第四步,实施想法:_____

第五步,评价和分析行动:_____

可讨论的问题:

问题1:在与你的室友生活六个星期后,你无法容忍这个人,想要搬出去。

问题2:你马上就要大学毕业,想要找一份工作或是不能忍受现在的工作。

问题3:你现在一无所有或是处于欠债中。

心理测试

小测试 1 – 1 **学生生活事件量表**

请回答,在近四个月中,以下这些压力事件有没有在你身上发生过? 如果有,请在左边的方框中打钩。

□ 父母去世(100)	□ 好友去世(87)	□ 入狱(78)
□ 你自己或你的恋人怀孕(68)	□ 严重交通事故(71)	□ 严重伤病(65)
□ 父母离异(74)	□ 被学校开除(72)	□ 严重的家庭成员健康状况改变(63)
□ 与恋人分手(62)	□ 严重或持续的财政困难(60)	□ 父母失业(66)
□ 失去好友(65)	□ 多门课挂科(67)	□ 寻求心理咨询或精神疾病咨询(52)
□ 有退学的想法(57)	□ 一门课挂科(53)	□ 与恋人激烈争吵(49)

（续表）

☐ 与父母激烈争吵(51)	☐ 与恋人出现性方面困扰(49)	☐ 在大学里开始本科或研究生课程(52)
☐ 离开家独自生活(54)	☐ 随父母搬家(58)	☐ 换工作(35)
☐ 轻微车祸(43)	☐ 校内转专业(33)	☐ 在考试中获得不公平的低分(55)
☐ 与恋人正在建立稳定的亲密关系(44)	☐ 轻微的财政问题(41)	☐ 失去一份兼职工作(40)
☐ 与父母一起度假(29)	☐ 寻找一份兼职工作(37)	☐ 家庭聚会(30)
☐ 轻微违反法律或法规(如超速开车被罚)(34)	☐ 买了自己的车(38)	☐ 独自与朋友外出旅行(24)

请将所有打钩的项目后面的对应的分数相加。健康大学生的平均压力是190，这表明大学生在生活中会经历压力事件，是比较平常的事，但随着分数的增加，有压力问题的风险也逐渐增加。例如，在此量表中得分如果超过300分，大学生在未来两年里有发生健康状况恶化的较大风险。[1]

课程思政案例

周恩来外交故事

周恩来的外交风格是尊重别人的人格，摆事实讲道理，以理服人，从不回避任何问题。1972年美国总统尼克松到中国来，与周恩来总理会谈，尼克松提到如果美国从某个地区退出，那么苏联就会趁机填补这个真空。周恩来听了之后，很耐心地解释说，我们理解美国为什么会有这样的想法，但事实上，国际上根本不存在什么"真空"的说法。过去英国退出美洲，美国人民就自己填进去了，没有出现"真空"，同样，美国退出中国以后，中国人自己也会填补进去。听了这样的解释后，基辛格和尼克松也不得不频频地表示认同。尼克松在《领导人》一书中曾经记述：(苏联时期的外交部长)莫洛托夫曾对美国的谈判代表说，"要是你们认为我们是难打交道的话，那等你们遇上周恩来，就知道什么叫难打交道"。其实是周恩来总理极具魅力智慧，应酬自如，对手甭想占到便宜。1954年，周恩来率团出席日内瓦会议，这是一个讨论朝鲜问题和印度支那问题的国际会议，当时中美之间没有外交关系，双方高度对

---

① 量表来源：Linden, W. Development and initial validation of a life event scale for students [J]. Canadian Counsellor, 1984,18,106-110.本量表目前尚无中国人群研究,结果仅供参考。内容有所修改。

峙。周恩来敏锐地抓住了美国代表团内部的矛盾,"哪壶不开提哪壶",其间美国代表国务卿杜勒斯则竭尽全力进行破坏。美方代表团团长史密斯声称可以商讨的发言,第二天被另一美国外交官罗伯逊推翻。周恩来见状毫不客气地回敬罗伯逊先生说:"如果美国敢于挑战,我们将能够应战。"虽然此次会议朝鲜问题未能达成协议,印度支那和平协议也被破坏,但却为后来持续15年的中美华沙会谈开启了一个序幕。周总理也借此建立了沟通渠道,解决了中国侨民和一些科学家被滞留美国的问题。

1971年3月,在日本名古屋举行了第31届世界乒乓球锦标赛,我方本来只邀请了哥伦比亚等四国代表团在世锦赛后来中国访问,后来美国代表团也提出希望访华,周总理要同时接见所有的乒乓球代表团,怎样在一次会见中既照顾到其他四国,又能与美国代表团单独谈谈呢?周总理接见时,首先在第一个代表团旁边的主位上就坐,接着第二代表团,最后坐在美国代表团旁边,当时美国代表团科恩问周总理对"嬉皮士"的看法,周总理作了机智客观的回答。由于这一会见正好发生在中美关系即将发生转折的关键时刻,被誉为"乒乓外交"。

● 相关资源

推荐书籍:《心理调适实用途径》

作者:克瑞尔(美)

出版社:北京大学出版社

内容介绍:本书将大量的研究和实际经验结合起来,介绍如何运用自我管理方法,适用对象广泛。所介绍的知识、方法涵盖多个领域,包括心理学和医学。每一章包括实践性练习,能使你借鉴其他人是如何运用自我管理方法和原则的,同时能模拟练习。

推荐理由:这是一本心理自助的经典书籍,帮助你学习心理调适的方法。

推荐书籍:《压力管理策略——健康和幸福之道》

作者:西华德(美)

出版社:中国轻工业出版社

内容介绍:从少年到老年,在我们的人生之路上,无处不在的压力令我们无法逃避。在承受压力时,我们往往会失眠、愤怒、恐惧或抑郁,各种疾病也接踵而至。如何有效地应对压力是我们健康和幸福生活的需要。这部教材曾被誉为压力管理领域的《圣经》和权威之作,它将教会你明智而理性地去看待外界的压力,在变化中实现和保持内心的平衡。

推荐理由:这是一本有关压力管理的经典教材,学习如何管理压力是每个现代人的必备技能。

推荐影片：TED 演讲《如何与压力做朋友》

讲师：Kelly McGonigal

授课语言：英文

类型：心理 TED

内容介绍：压力让你心跳加速，呼吸急促，额头沾满汗珠。长久以来，压力被视为公众健康的敌人。然而，新的研究表明，压力只有在你觉得它是健康威胁的时候才会对你的健康有不利影响。心理学家凯利·麦格尼格尔鼓励人们用更积极的态度看待压力，并且介绍了一种从未被提及的减压方式：帮助他人。

推荐理由：压力管理的秘密都在这里了！

第二章

心安是家

第一节　害怕有变化——不同阶段的适应

▋案例故事

　　同学们，当你步入大学校园，开始大学新生活时，你的心情怎么样呢？以下是同学们常见的心情状态，你也有吗？

　　好兴奋——结束了高三生活，踏入新校园，一切都是如此新鲜，很多同学都会觉得非常兴奋，忙着结交新朋友，布置新宿舍，参加社团活动……第一次离开家，终于一切可以自己做主了……

　　心理老师的话：好兴奋是大多数新生常见的心理状态，也非常有利于他们充满激情地开始自己的大学新生活。值得一提的是，过分的兴奋可能存在潜在的危险，比如，有些同学通宵玩游戏，有些同学兴奋地参加了过多的社团活动而忽视了学业，都有可能给未来的大学生活带来隐患。比较合适的状态是适当的兴奋和有节制的欢娱。

　　好失望——学校没有想象得美，住宿条件不如家里好，专业不尽如人意，学习还是那么苦，一点不比高中轻松。觉得很失望，为什么和想象中的大学生活那么不一样？

　　心理老师的话：青少年常常爱幻想，又非常理想主义，很多新同学入校之后都会有失望的感觉，这是非常正常的。与其沉溺在失望的感觉里，不如及时调整自己的态度，看看在现有的条件下可以做什么，让情况变得更好。大学提供的是一个相对完善的舞台，舞台上的舞者是你自己。

好犹豫——是不是发现自己好多事情都不能下定决心：是选这门课还是那门课；是在教室里上自修还是和同学们去搞社团活动；是继续如同高中时代以学业为重，还是多发展一些其他方面的社会能力。

心理老师的话：新生由于不了解大学生活，常常会面临很多两难选择，与其陷入犹豫不决的状态，不如多打听、多询问、多讨教，多征求辅导员或老生的意见，并且及早给自己作生涯规划，想清楚到底什么是自己真正想要的，避免随波逐流。

好担心——是不是觉得周围的同学都很优秀，甚至让你担心自己会考试不及格，担心未来找不到工作，担心自己和同学处不好关系。一切都是那么陌生，我好担心……

心理老师的话：新生进入大学之后，对未来常常有担心。适当的担心是非常有必要的，这将有助于新生保持警觉，为自己既定的目标奋斗，但是过分的担心会影响同学们的正常生活、学习。如果出现过分的担心，不妨静下心来，想想最担心的到底是什么，并为之做准备，也可以和心理老师或辅导员共同讨论。

注：本案例改编自本书作者的咨询活动。

图 2-1

有挑战的大学生活

每一位大学新生都要经历新生适应的过程，这也是成长的必经之路。

● **理论与讲解**

一、适应大学生活

每一次环境的变动都能促使个体不断扩展自己的可能性，大学入学也不例

既然不能驾驭外界,我就驾驭自己;如果外界不适应我,那么,我就去适应他们。

——蒙　田

外。一般来说,大学生在这四年中的成长目标不仅包括学业任务的完成,还包括各个方面能力的发展。作为一名大学新生,既要适应新环境,又要促进自己人格的成长与发展。

首先,要学会做职业规划。通过对自己的了解,逐步构想出符合自己愿望的职业发展计划,并为此做实际的准备。

其次,要提高自己的素养。例如,参加各种文娱活动,有效利用闲暇时间发展文学兴趣和鉴赏力,形成审美观念,陶冶生活情操;能够掌握独特的学习方法,善于自主、自律地完成学业目标,不满足于接受现成的知识、结论,而是能培养自己的新思维,形成对世界的思考,主动参与学术活动,达到一定的学术水平。

再次,要融入所处社会。能尊重且接纳不同文化背景、不同信念、不同生活方式以及不同观点的人。

最后,拥有智慧健康的生活。有生活自理能力,有生存的智慧,也能善用资源自给自足;有良好的生活习惯,合理饮食与锻炼身体,会有效处理各种压力。

大学生活是一次新的机遇与挑战,需要大学生有意识地培养自己的学习能力、人际交往能力、时间规划能力,从心理发展的角度来说,也同样需要培养快乐的能力。快乐,就像胆固醇水平一样,是一个受遗传影响的特质,但正如胆固醇会受到饮食和锻炼的影响一样,我们的快乐在某种程度上也受到个人的控制。

以下是一些基于科学研究的建议[①],用于改善你的心境,提高对生活的满意度:(1)认识到持久的快乐并不来自财富上的成功。(2)管理好自己的时间。(3)表现得快乐。有时,我们的行为表现能影响心理感受,做出一个微笑的表情,人们会感觉更好。(4)寻求能够施展你才华的工作和娱乐方式。(5)参加运动。(6)保证足够的睡眠。(7)重视亲密的人际关系。与那些深切关心你的人保持亲密的友谊这可以帮助你度过困难时期。信任别人对心灵和身体都是有益的,培养亲密关系的方法是:不要认为别人对你的亲密友好是理所应当的,对待好朋友也要像对待其他人一样友善,还要肯定他们,与他们一起玩耍和分享。(8)关注自我以外的人和事。帮助那些需要帮助的人,快乐会增加助人行为,而做了好事也会让你的心情愉快。(9)心存感激。心存感激的人,每天都会反思他们生活中积极的方面(健康、朋友、家庭、自由、教育以及自然环境等),培养很强的幸福感。(10)培养精神自我。对很多人来说,信仰提供了一个支持系统,一个关注自身之外的理由,一种追求目标和希望的意义。我们需要培养自己超越世俗生活的信念与追求。

---

① ［美］戴维・迈尔斯.社会心理学(第11版)[M].侯玉波,乐国安,张智勇,等,译.北京:人民邮电出版社,2016.

研究者发现快乐的人倾向于	然而快乐与下列因素关系不大	表2-1
拥有高自尊(在个人主义取向的国家)	年龄	**快乐的相关**
乐观、开朗、令人愉快	性别	**因素**
有亲密的朋友或令人满意的婚姻	教育水平	
有能够施展才华的工作和娱乐方式	家长身份	
有富有意义的信仰	外表吸引力	
睡眠好和积极锻炼		

二、适应反应

　　当你刚进入大学时,是否感到沮丧、孤单、焦虑或孤僻? 如果的确如此,也不必觉得诧异,因为你并不是唯一有这样体验的人。许多学生,特别是那些刚刚高中毕业、第一次远离亲人的学生,会在大学第一年经历一段调整期。新生适应反应(first-year adjustment reaction)是指一系列与大学新体验相关的心理困扰,包括孤独、焦虑和抑郁等情绪反应。尽管任意一名一年级新生都有可能经受适应反应中的一个或多个症状,但在高中阶段的学业或社会地位上取得过巨大成功的学生身上发生这种情况的频率则更高。这些学生在大学学习开始时,经历了地位上的突变,可能导致他们非常痛苦。一般来说,每个新生都需要面临的新生适应问题,会在尝试交往新朋友、体验学业成功以及让自己融入校园生活的过程中顺利解决,但是,在有些情况下,问题却会遗留下来,还可能激化,甚至导致更为严重的心理问题。

　　如果学生出现以下这些信号,如长期持续的心理悲伤,且这种情绪干扰了个人幸福感和正常工作生活学习的能力;感觉自己无法有效地应对压力;没有明显理由地感到绝望或是抑郁;无法和他人建立友谊;没有明显诱因的身体不适症状,如头痛、胃痉挛与皮疹等,则需要寻求专业心理咨询人员的帮助。

　　一般来说,个体在面对压力情境时的应激反应分为三个阶段:(1)警觉期。个体迅速动员躯体资源并对威胁作出反应。躯体往往从储存的脂肪和肌肉中获得所需的能量,即"战斗或逃跑反应"。值得一提的是,一些新生在适应阶段出现逃避行为,如厌学、网络成瘾等,这其实是处于应激反应的警觉期,需要家庭、学校、同学、老师的支持。(2)抵抗期。机体在设法应对应激源时适应了高唤醒状态。机体持续从脂肪和肌肉中提取资源,暂时关闭了一些不必要的生理过程,如消化、生长、性需求等,机体往往疲于抵抗,所有有趣的东西都被束之高阁了。如果新生出现低落、抑郁等情绪,其实已经是应激反应的第二阶段了,需要梳理当时所面临的压力,主动改变应对策略或及时调整作息时间进行休息。(3)衰竭期。如果抵抗期过长,机体就会进入衰竭期。抵抗期的许多防御型反应在运行过程中会产生渐进性损坏,机体需要为此付出代价,如感染疾病、老化、躯体问题等。大一新生在面临新环境压力时如果一直不知道如何调整和适应,的确会导致退学、逃避社交、抑郁症等严重的问题。因此,新生需要尽早了解大学阶段面临的压力,在机体应激反应的警觉期就能够主动寻求帮助与支持,了解新生适应的策略和方法,尽早度过应激阶段。

图 2-2

应激反应的
三阶段

根据塞里的理论,对应激的抵抗随时间而逐渐形成,但只能持续到衰竭阶段出现前。

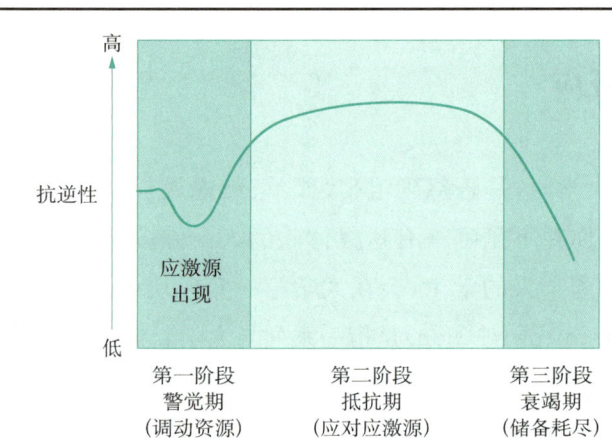

高

抗逆性

应激源
出现

低

第一阶段　　　　　第二阶段　　　　　第三阶段
警觉期　　　　　　抵抗期　　　　　　衰竭期
(调动资源)　　　(应对应激源)　　　(储备耗尽)

● 小问答

问题 1:高中时,老师都"盯"得很紧,还不时地有这个测验那个考试,不想努力都难。但是进了大学,作业不常布置了,老师也很少主动来关心自己的学习,连上课地点也不固定了。面对这么"宽松"的学习方式,我该怎么办?

——手足无措的大一新生　小周

答:高中是一个小范围的群体,同学们上下课都在一间教室,课程都由学校安排好了,平时又有老师和家长两方面的督促,所以学习基本上是被动式的。大学则全然不同,自由支配的时间越来越多,老师不再施加压力,成绩的好坏大部分取决于个人平时的学习是否自觉。建议新生在确定所学课程后,为自己制定一个合理可行的学习计划、确切的学习目标,以及适合自己的学习方法,探索最佳的学习时段,并坚持按照计划进行学习,平时有问题主动请教老师。此外,大学里很多课程是学生自己选的,即使是一个班级的同学,上课的课表也各有不同。所以要尽量安排好时间不要跑错了教室。大学里的一些基础课程教学一般都在阶梯教室里进行,建议"抢占"前10排的座位,这样听课效率也会高一些。除此之外,你还可以询问辅导员、学长、学导的意见,不同的专业都有其大学阶段的学习技巧、难点重点,早点掌握大学学习的方法,有助于你尽早成为一名主动学习者、终身学习者,这也是大学的培养目的所在。

问题2:高中时课程都安排得满满的,现在倒是经常有大段的空白时间,我都不习惯了,是不是上完课就可以了? 但是老师又布置了一些小论文,我也不知道自己是不是应该等老师下一步安排,还是自己去查资料?

——无所事事的大一新生　小飞

答:大学学习的课程多,课时少,每天的上课密度也不一样,有时甚至会出现一天仅有一两节课的情况。大量的空余时间决定了自主学习是大学里主要的学习方式,因此,学会安排大段的空白时间的确是大学阶段重要的任务之一。你可以参考以下步骤主动为自己制定学习计划:

第一步,确立自己的学习目标。想从事什么职业,想成为什么样的人才,现在就必须了解这一行业或成为这一类人才需要什么样的素质和资质。在了解这些的前提下,你的自主学习才能更有效率和目的性。

第二步,根据目标制定学习计划。学习计划主要是指选择大学阶段阅读的书目和适合的课程,可以参照与自己的理想相近的院校课程安排,看看除了本校的原有课程安排外,还需要补充哪些课程。

第三步,落实你的学习计划。计划制定完毕后的第一站应该是图书馆,在那里找到需要的书后要精读。除了多去图书馆、查阅电子文献外,你还可以经常和专业老师交流,那样,可以得到实际的指导。此外,你还可以考虑跨校学习、申请交换生等方式落实你的学习计划。

● 参与式活动

小游戏 2-1　　**数数你的"不适应"**

目的:帮助同学们探索自己曾经有过的不适应的经历,以更好地面对大学新生活引发的不适应问题。

时间:30—45分钟。

地点:普通教室。

具体步骤:

第一步,心理老师引导大家回顾自己过往人生经历中三个不适应的经历。例如,到一个陌生环境,与一个陌生人交往,处理一件比较棘手的事情等。可以放音乐请大家闭上眼睛进行想象,也可以请大家在空白纸上画下自己的生命曲线。

第二步,心理老师进一步引导大家写下以下问题的答案,与小组同学进行交流讨论,一起学习遇到不适应时该如何应对。

(1) 你的不适应的经历是什么?

(2) 最终的结果如何?

(3) 这次经历给你留下的影响是什么?

(4) 从中你学习到了什么?

第二节　要闯哪些关——常见的适应困扰

▌案例故事

　　风是一名来自北方的大一新生,入校一个月之后他垂头丧气地走进了心理咨询室,原来这一个月简直是风有史以来度过的最难熬的一个月,"女朋友上周和我分手了,理由是我和她不会有未来的,我这学校在南方,她在北方,以后我们就像南京的北京路和北京的南京路没有任何关系……她这是逗我吗? 刚一开学就和我分手? 我本来喜欢的是医学,结果选了这个生物学专业,我以为沾边呢,结果上课上的内容我真的和听天书一样,老师一下课都找不到了,而且我还和其他三个不是本专业的同学住在一个宿舍,想找个能问问题的同学都没有,好几次我自己还跑错了教室,这学校也没有多大,教学楼的名字都特别复杂,我真心觉得自己不适合这里。对了,这里的话我也听不太懂,上课前同学们聊个天,讲的本地话我根本听不懂,宿舍里有两个本地人,还有一个"闷油瓶",天天泡在图书馆里,他们两个聊天一开始还能顾及我,说普通话,一聊高兴了说的本地话我根本抓不到笑点,尴尬癌都犯了。老师,我真后悔死了,我为啥要报这个学校,进了这么个专业,谈了这么个不靠谱的女朋友啊?"

　　注:本案例改编自本书作者的咨询活动。

　　风同学现在所面临的问题是比较典型的新生适应问题,分手、语言不通、专业不喜欢等一连串的生活事件发生在风身上,让他有点措手不及。不过,风能在手足无措的时候主动寻求心理老师的帮助,这就是一个很好的开始。实际上,几乎每一位新生在进入大学时都会遇到这样那样的不适应,这本身就是个成长的机会。风可以一边试着在心理老师的帮助下从负面情绪中逐渐走出来,接受分手的

> 古之教者,家有塾,党有庠,术有序,国有学。比年入学,中年考校。一年视离经辨志,三年视敬业乐群,五年视博习亲师,七年视论学取友,谓之小成。九年知类通达,强立而不反,谓之大成。夫然后足以化民易俗,近者说服,而远者怀之,此大学之道也。
>
> ——《礼记·学记》

现实;一边试着应对目前的困境,尝试着融入新集体、学习本地文化,并对自己的生涯进行重新规划,考虑转专业或是跨专业考研等出路。相信在心理老师的帮助下,主动寻求帮助的风一定能够很快克服困难,融入精彩的大学生活中。其实,比较糟糕的情况是大一新生遇到了不适应的问题,却选择了逃避或是回避,进而造成了学业成绩跟不上或是比较严重的情绪问题。反而是像风这样主动寻求帮助,试着去面对挑战的,更容易度过几乎所有学生都会面临的新生适应期。

理论与讲解

一、新生不适应的表现

大一新生处于青年期向成年早期过渡的阶段,心理上正在从幼稚向成熟转变,适应新环境对他们来说是一次考验,能够尽快适应大学生活与学习会对他们以后的生活和职业生涯产生重要的影响。大一新生的不适应主要集中在以下几个方面。

1. 学习不适应

传统的中小学教育以教师安排为主,从课前预习到课堂听课、笔记,再到课后作业或生活,事无巨细。在以教师安排为主的学习氛围下培养出来的学生普遍缺乏主动性和自主性,进入大学容易感到茫然无措,因为大学教师不再手把手教他们如何学习、如何做笔记、课后该如何复习等。此外,大学学习在内容的广度、深度以及培养目标上都要求大学生用一种全新的方式来学习。在学习方法上,除了传统的课堂听讲,也需要大学生能积极主动地通过网络数据库或图书馆查阅资料,或是通过网上课程等进行积极自学。这些变化对于还不知道如何自学的大一新生而言自然是一种挑战。

另外,大一新生容易出现学习动力方面的不适应。经过紧张高考进入大学的新生,其中有些同学容易出现学习动力不足。这类学生中学时在老师和家长的督促下有着明确的学习目标。进入大学后旧的目标已经实现,新目标暂时还没有确

视频

学习的变化

立,可能会造成学习动力缺乏。另外,一些学生容易出现动力十足却效果欠佳,这类学生进入大学后虽然意识到大学学习对自身发展的重要性,但却因为学习策略不当或是难以平衡学习时间和精力而导致学习效果欠佳,因而怨天尤人或是自我放弃。

学习环境的变化也会引发不适应。中学时有相对固定的班级教室,回到家大部分同学都有自己的学习空间,但大学学习场所不固定,回到集体宿舍又容易受到其他同学的干扰,再加上大学校园里各种活动场所多,与周边社会环境的联系更为紧密,要求学生不仅要安排好自己的学习,还要发展各方面的综合素质,处理复杂的环境变化,这些因素都会造成新生在学习方面的不适应。

2. 生活不适应

大多数新生都是从一个生活多年的地方来到一个陌生的城市求学,需要适应当地的气候、水土、饮食习惯、语言等各方面的问题。有些同学从南方到北方,或是从北方到南方求学,可以非常明显地体验到文化差异带来的冲击,以前习惯的表述方式在不同文化里可能被视为不礼貌,以前约定俗成的规矩到了新环境里可能会被视为异类,尤其遇到宿舍里大多数同学来自一个文化环境时,少数来自不同文化环境的同学则会面临各种适应问题。

此外,大多数新生是第一次远离父母开始独立生活,常常会觉得孤独寂寞,有时会产生强烈的思乡情绪。再加上独立生活要求新生在日常起居各个方面必须自行安排好,往往让他们感到忧虑和不安。

3. 人际不适应

大一新生还面临人际关系不适应的问题。很多新生并不善于人际交往,主要是因为高中时期学业压力大,大家都埋头学习,社会交往能力没有机会得到锻炼,再加上不少同学是独生子女,往往不自觉地以自己为中心,但进入大学后,新生却需要去处理和其他来自不同文化的同学的关系、师生关系,尤其是和同宿舍同学的关系。一些对于新的人际关系不适应的新生,甚至会产生较为严重的人际交往障碍。而几乎对于每一位新生而言,都需要从埋头学习的习惯中走出来,学习与不同的人交往,学习表现自己、张扬个性等。

视频

大学的目标

以上三类不适应中,哪一个挑战最大呢?一项对全国部分高校9万多名新生开展的适应性情况调查(涉及不同性别、不同家庭背景,问题包括生活、经济和人际关系等方面)的结果显示,超七成新生或多或少遇到了适应性问题,其中学习问题是新生最大的苦恼。有75%(本科76%,高职高专75%)的新生遇到了学习适应性问题,学校未帮助缓解问题的比例为54%(本科56%,高职高专50%)。

如何规划好自己在大学生涯的学习,这涉及的其实是一个"管理"问题。大家可以探寻适合自己的时间管理方法,例如番茄工作法或思维导图等。

二、新生不适应的心理分析

大一新生进入全新的大学生活面临各方面的压力,除了在学习、生活上出现不适应之外,也容易出现心理上的不适应,如空虚感、失落感、自卑感等。高中时大多数学生有明确的奋斗目标,学习生活安排得紧张有序,过得较为充实。进入大学后有些同学觉得考上大学可以喘口气或是高枕无忧、享受生活了,再加上大学课程通常安排的空间较大,日常学习不再有老师时时督促,许多新生进校后容易感到无所事事、空虚无聊。

还有一些同学对大学生活充满过分理想的向往,进入大学后遭遇理想和现实的落差会使他们感到沮丧迷惘,再加上不同价值观的冲击,容易产生失落、难过甚至愤世嫉俗等情绪。此外,不少大学生在高中阶段都是班级中的佼佼者,进入大学后可能发现周围强手如云,而自己除了学习其他特长较少或是家庭背景、经济条件不如别人等,因为各种比较而感到自卑。这几乎是每个新生都会有的正常心理反应,但如果不及时疏导或以积极的方式努力应对也容易引发消极自闭等心理问题。

以上列出了大一新生常见的心理上的不适应现象,通常随着时间的流逝,这些不适应的感觉会逐渐消失,但也有一些同学因为新生阶段未能很好地适应大学生活造成人际交往退缩、学业成绩一落千丈难以弥补,进而引发更为严重的心理问题。因此,大学生要有意识地直面新生阶段的不适应问题,必要时及时寻求专业心理咨询老师的帮助,学校也有必要组织帮助新生适应校园环境、校园文化的一系列活动,帮助大一新生尽快融入精彩的大学生活中。

● **小问答**

问题 1:作为一名大学新生,我需要注意些什么吗?

——社会工作专业的女生

答:(师兄师姐对你说)在学习上遇到困难时,始终保持积极的态度。在这一点上,同学和老师给予的榜样力量和相互促进是十分有效的。我的看法是,尽量使自己的心态稳定,把握住最核心的东西,这样才能减少外界对自己的干扰,找准自己的方向。

很多新生由于知识、技能和经验的不足以及对新学习环境的不适应,在大学开始阶段中难免出现一些错误。我想说的是,这个时候不要因此对自己丧失信心,不敢去承担责任。当你感觉到处于学习的困境中,每前进一步都很困难的时候,正是你进步最大、收获最多的时候。有勇气接受锤炼,做好吃苦的准备,是需要在入学前做好的精神准备。

　　　　　　　　　　——圆圆　旅游专业大四学生　同学们眼里的学霸

　　在大学阶段,学习的不单单是知识,还有各种各样的技能,包括与人交往的各种技能。大学阶段的学习会更多强调团队合作。尤其对于在中学阶段走读的学生来说,刚刚进入大学,可能比较难适应寝室生活,几个人共同学习生活难免产生矛盾,如果处理不好很容易影响到学业和今后的发展。因此,在入学阶段,处理好团队成员之间的关系需要一定时间的磨合。

　　还要告诉师弟师妹的是,大学阶段,一定要加强英语口语和听力的学习。学校有外教的课程,基本全都是英语授课,不言而喻,英语的学习一定要加强。在大学阶段,也可以提早规划自己未来的道路,如果未来选择留学,英语的学习就更要提前。

　　　　　　　——啸天　电子信息专业大三学生　学生会主席　传说中的十项全能小王子

　　关注学校的微信号,加入你感兴趣的小团体,在那里也可以查询新闻动态、学术讲座、活动通知等信息,同时还可以在上面进行交流探讨,只要你提出问题总会有人为你解答。认识人、认识人、认识人,重要的事情说三遍!尽快加入自己所在地区的老乡会,在那里可以认识各专业的同学,扩展自己的视野、拓展交际面。通过跟师兄、师姐交流可以少走很多弯路,他们也会给新生很多帮助。

　　　　　　　　——小飞天不吃素　饭店运营与管理专业大二学生　爱和平爱吃肉爱编程

　　除了搞好自己的学习,别挂科别打架之外,我来啰唆点日常生活的,比如入学之后要习惯 AA 制,聚会或者活动一般实行分摊的方法,这样既可以减轻自己的经济负担,也可以培育平等、和谐的同学关系。"我请你吃饭"之类的话不要乱说,因为所有人都会当真。不管你自己怎么想,大学里请人吃饭是很平常的事,几乎连请一个自己不认识的人吃饭也是很正常的。

　　　　　　　　　　——刘响　新闻传播专业大三学生　同学们公认的"刘老大"

　　我觉得大家各有各的关注点,但对我来说,就是佩服每天早起的人。不信的话,你去做,做到后会发现有很多人佩服你呢,早起可以做很多事情,我大一的时候略颓,大二时转过频道开始早起读书、预习、安排自己一天的学习,我觉得很有帮助,分享给大家。

　　　　　　　　——素素　市场营销专业大二学生　学习效率极高　播音小能手

　　新生啊,主要就是吃穿住用安排好,学习玩耍两不误就行了,偶尔颓丧一下也是正常的,大家都讲了好多了,我再补充一点,经常给家里打电话,这是为人子女者必须做的事情。因为,你的父母一直等着你的声音,即使跟他们谈谈天气,他们也会开心很久。新生可能和家里联系多点,难得的是一直主动联系父母,毕竟,父母年纪越大,越希望孩子们回家看看。

——小鱼儿 工业机器人专业大四学生 同学们的知心姐姐

问题2: 老师,我从小到大都是一个人住一个房间,自己想干啥就干啥,有时晚上自己看小说看到个一两点,我爸妈比较开明也不会干涉我,现在突然房间里多了三个人,真心不习惯,我该怎么办?

——进了宿舍一脸蒙圈的大一新生 小娟

答: 大学所要学习的不仅是知识点和思维方式,更重要的是学习如何适应环境,学习如何发展更丰富的自己,因此,对你来说,这可能是个困难和挑战,但也同时是个锻炼自己的好机会。其实集体生活没有你想象中那么困难,只要记得主动和宽容就可以了。所谓主动,具体来说,比如打水的时候主动代给别人打;一个宿舍的同学来得有早有晚,早来的同学就把全宿舍的被子都抱到户外晒个遍,又把床铺铺好,这样刚下火车的同学一到学校就能上床休息;晚到的同学也不闲着,看到室友大扫除弄脏的衣服没来得及洗就抱到水房洗干净。每个人都这样做,宿舍同学间的感情就会越来越好。许多同学都愿意为宿舍、为别人做点什么,可要么抹不开面子,要么不知道该怎么做,关键是谁先主动,谁先开好一个头儿。

此外,在宿舍里,一个听收音机,一个在睡觉,一个和老乡煲电话粥,另一个却在看小说,大家来自不同地方,每个人都有自己的生活习惯,宿舍里的不合拍本属正常,可如果强求别人和自己一致或是对别人的"干扰"一点都不能容忍,冲突就难免发生。当然,每个人在多些宽容的同时更要学会体谅、照顾别人。

问题3: 一进校没两个月就赶上社团活动招新,有摄影、诗词、绘画,还有流浪猫协会啥的,好有趣,我一口气报了五个,接下来各种面试,各种活动倒是挺占用时间的,而且我还有个最喜欢的摄影协会的面试没让进,我也不明白为啥,我可是资深摄影爱好者啊。老师,我就想问问该如何选择参加社团呢?

——迷茫的大一新生 小红

答: 参加社团不要盲目,可选一到两项,最好不要超过三项,而且要先了解清楚某个社团组织到底是做什么的,是否与自己的兴趣相符。有些同学参加了某个社团后不久就开始后悔,但碍于面子等又不能退出。参加活动太多的同学中,有不少在期末考试中都有科目亮了红灯。建议同学们根据自己的兴趣爱好酌情选择社团活动,把学习、工作、娱乐、生活协调好。

此外,在社团报名入选失败的时候,千万用不着因此怀疑自己的能力,大多数时候,只是因为你的能力和这个社团的要求不符合,甚至因为这个社团暂时需要的人已经招满了,你不妨直接询问自己入选失败的原因,在以后的大学生活中逐步提高。

● 参与式活动

小游戏 2-2　　写给四年后的自己

目的：帮助同学们用更长远的眼光看待现在的压力与不适应问题。

时间：10分钟。

地点：普通教室或宿舍。

具体步骤：

心理老师引导同学们给四年后的自己写一封信，在信中写下自己目前的压力以及四年里对自己生活的向往和对未来的规划。可以请同学们自行设计信封、信纸，写好后交给心理老师统一保管，四年后发给大家，也可以请同学们写好后与其他同学互相交换，现场分享。

写给四年后的自己
我现在的烦恼：
大学四年我希望怎么过：
我的未来规划：

第三节　通关的秘籍——新生适应的对策

▎案例故事

　　皮皮今年大一，是个刚刚入校的新生，他背着大书包，穿着双凉拖慢吞吞地走进咨询室，懒洋洋地对我说："老师，我水土不服，我想回家。"

"皮皮，先坐下来喝杯水，和我讲讲怎么水土不服了，好吗？"

皮皮双手把水杯抱在胸前，揉着眼睛说："我浑身都难受，脸上还起了好多痘痘，我真的觉得自己不适应上海的气候，还有饮食，啥都是甜的，一想到还要在这里待四年，我真的，老师，我真的想回家了。"

"皮皮，你遇到了自己没有想到的困难，是吗？"

"是的，我本来以为上海是个好地方，都想来这里上大学呢，谁知道自己来了之后这么不适应。"

"最不适应的是什么？"

"我也不知道，觉得什么都不对劲，尤其是吃饭，同宿舍三个上海男生居然还爱吃什么冰激凌，我喜欢吃辣的，根本没法和他们吃到一起。"

"似乎因为饮食的习惯，你和同宿舍的其他三个人有点距离？"

"是的，他们周末居然约着去逛街！老师，逛街逛街逛街！"皮皮说到这里，倒是精神起来，声音也提高了，"说是要去逛逛周围的商圈，他们都是上海郊县的，这里也不是很熟，我一听就晕死了，四个老爷们去逛商场吗？"

"听起来你很不习惯，皮皮，要是你，周末会约他们做什么？"

"图书馆啊，打游戏啊，或是打球啊，逛什么街？"皮皮很不屑地说。

"听起来，这三个上海的室友因为各种习惯和你不一样，让你的感觉特别糟糕，甚至不想在这里继续上学了。"

"我也不知道，还有班级的同学，都不像高中时那么热情，感觉好冷漠，出去买东西也是，都好冷漠，我不喜欢这个城市。"

"皮皮，似乎这里和你想的不一样，和你以为的也不一样，有没有例外的情况呢？"

皮皮沉默了一会儿，开始喃喃地说："也不完全是这样，其实……"

"可以讲讲看吗？没那么糟糕的时候？"

"我这三个室友虽然……有点，嗯……但是上周我有些感冒在宿舍里，他们还给我带了饭，还帮我打水来着。"

"听起来，很温暖，也够哥们的。"我笑着说。

"是的，那次倒是还真挺感动的，但是他们接下来开始讨论什么护肤品，我又要晕倒了！"

"你有没有告诉过他们你心里很不爽的感觉，当面吐槽那种？"

"那倒是没有，觉得不太好意思。"

"所以，就是心中一万个神兽，但是什么都没有说？"

"嗯，一万个神兽，每天。"

"皮皮，是不是可以这样说，是这些神兽让你水土不服，而不是上海本身？"

皮皮看着我，露出一个笑容，说："老师，你的意思是我心里的神兽太多了？"

"不多，不多，神兽重在管理，现在关键是，你被神兽们搞得都想要回家了。"

"我可能一直是个挺希望自己爷们的人，有自己的一堆规矩，现在好像被打破了。"

"皮皮，你真的有很棒的反思能力，带着这样的了解，接下来的你会有什么不一样吗？"

"也许，会试着融入他们多一点，也许和他们一起去逛逛。"皮皮挠着脑袋说。

"好主意啊，那吃饭方面呢，总不至于和他们一起吃冰激凌吧？"我笑着说，"要不让他们试试四川麻辣烫？"

"对啊，学校里就有，我还没有带他们吃过，不知道他们能不能吃。"

"也许下周可以试试看，水土不服的时候，就像你说的，正是打破自己原来规矩的时候，召唤一个更大的、更有弹性的自己呢。"

第二周见到皮皮的时候，天气稍冷了点，皮皮也换了套运动装，看上去精神了不少。他一进咨询室就迫不及待地说："我们去吃了麻辣烫，哈哈，最后我还吃了冰激凌，太搞笑了，没想到麻辣烫和冰激凌还挺配的。"

"哈哈，太棒了，听起来你们这周相处得不错。"

"我也没想到，我们还一起打了回联机游戏，我教他们的，而且约了周末一起打篮球，有两个不会的室友说想和我学，我可是篮球高手，"皮皮得意地说，"而且我决定也学点上海话，省得买东西时听不懂，也够麻烦的。"

"皮皮，你三个室友都是上海人，学起上海话来倒是条件优厚，真的太棒了，你怎么做到在一周之内有这么大的变化？"

"我也不知道，大概忍无可忍到了极限了，一转身倒是海阔天空了。"皮皮挠着脑袋说，"谢谢老师啊，听我吐槽，还给我出主意。"

"我可没让你们麻辣烫配冰激凌，都是你勇敢地带自己走出牛角尖！"

皮皮有些不好意思地说："这周好像身体的感觉也好点，其实没那么严重，我还是决定放假时回家。"

"皮皮，你的想法改变了，身体的感觉也会慢慢改变，让我们一起给你自己点个赞！"

注：本案例改编自本书作者的咨询活动。

以上案例介绍了心理老师如何引导大一新生皮皮面对新生适应中的困难。实际上，许多新生在面对新环境时都会遇到类似的困扰，也容易在负面情绪的影响下越想越糟糕，甚至出现行为退缩、情绪抑郁的表现。在这种时候，及时寻求学长学姐、周围同学、辅导员、专业老师以及心理老师的帮助，主动学习应对压力的方法可以帮助自己渡过难关。更重要的是，在这个适应过程中克服苦闷与绝望而主动学习，由此培养出来的心理素质将会是同学们一辈子的财富。

● 理论与讲解

一、学会适应大学生活

1. 积极解决

问题解决策略强调的是思考和理解当前的情境，制定解决问题的策略，并付诸实践。因此个体需要努力寻求解决问题的信息，提高解决问题的能力，才能促进问题的解决。比如新生入学后发现周围强者如云，使用问题解决策略则需要仔细分析自己还希望发展哪些方面的能力，如何发展，如何为此做出努力，而不是怨天尤人或是自暴自弃；在面临和室友的人际冲突时，不要逃避问题或是让小事升级，而是应该有意识地学习主动沟通、对事不对人，并尝试理解对方的感受，以达到合理地解决冲突的目的。

2. 寻求支持

大量研究表明，社会支持能够有效地缓解压力对个体健康和心理状态的负性影响。在面临入学压力时，新生如果能够得到亲人、好友、老师、同学、学长、心理咨询师等较多人的支持，则更容易克服入学适应不良等问题。寻求支持与帮助，也是各个年龄阶段的个体最常使用的应对策略。有证据表明，支持性的环境甚至能帮助个体抵御某些危险因素对个体生理健康的影响。新生如果遇到了生活、学习、人际等方面的困难，千万不要因为顾虑或怕麻烦别人而放弃寻求支持。

视频

社团的选择

3. 控制情绪

情绪调节的所有策略在某种意义上都可以被看作应对方式，虽然情绪并不能针对问题的解决，但通过调节情绪却能更好地处理信息。适应良好的应对既可能取决于积极的情绪，也可能取决于对情绪的抑制与控制。值得一提的是，愤怒之类的负面情绪也有十分重要的应对功能，意味着个体在为扫除障碍做好准备，也意味着个体告诉他人我有这样的意图。新生入学后可能会出现一系列负面的情绪反应，如何适当地管理这些情绪去解决实际问题，对新生来说是一种挑战，更是一种成长的锻炼。

4. 适时放松

在紧张的工作学习之余学会放松自己，可以释放不良情绪，达到减少应激反应的目的。放松的方式有很多种，大一新生可以有意识地发展、选择、培养让自己感到最放松的方式，比如散步、打球、听音乐等积极的放松娱乐方式。此外，还可以练习一些放松技巧，如静坐冥想。已经有大量的研究表明，当个体静坐时，心跳自然放慢,血压下降,应激反应的症状自然消失。

二、追求自我实现

人本主义心理学家马斯洛指出,个体并不是生来就自我实现的,他们需要经历很多人生体验,在发挥、发展自己个人潜力的过程中逐渐走向自我实现。大学生正处于自我发展的重要阶段,在适应新生活的过程中,除了要满足自己的基本需求以外,也要以更高的要求来约束自己,努力成为一个自我实现的人。

自我实现的需要,这是人们追求的最高层次。在这个心理发展阶段,人们希望能挖掘自身潜能,充分施展自己的才华,完成一些自己觉得最有意义的、最能体现人生价值的事情。

图2-3

马斯洛的需
要层次理论

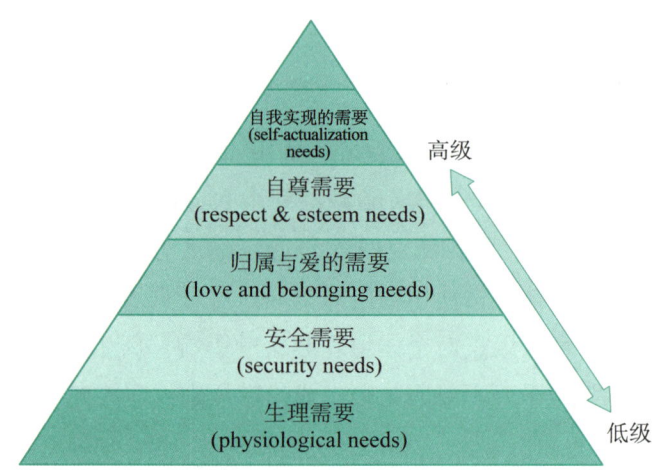

值得一提的是,在对最高层次的需要——自我实现的研究中,马斯洛观察了数以千计的人的日常生活,这些人包括学生、熟人、公众人物与历史人物等,在大量生活健康和充实完美的人身上发现了很多自我实现的个体的共同特点,如:对现实的高效感知,容忍,自然和自发,问题中心,独立性,发现和维持新鲜感,创造性,人际关系,幽默感,高峰体验。

● **小问答**

问题1:我发现下了课,老师连面都碰不到了……大学老师不像中学老师那样一直在办公室里,我有问题也很难及时找到人解答,让我自己去找,我又觉得特别不好意思,没事去找老师干什么,高中时候都是老师主动找我们，盯着我们，可是不找老师，很多问题又得不到解答，着实让我非常为难，我该怎么办？

——中餐烹饪专业新生　雨新

答：大学和高中不同，老师往往都有自己的研究或其他工作，一般课后就很难找到人，所以如果你有问题，最好一下课就"抓"住老师。如果还有更多的话想要交流，则可以问老师要手机号码或电子邮箱地址，或先约好时间再去办公室交流。

另外，课前的准备工作绝对不是无用功，只是准备的方向需要改变一下。同以往的教师相比，大学教师除了专业知识外，还拥有丰富的工作经验或长期理论研究的心得体会，所以在课堂上，他们往往也更愿意向学生们传授自己独到的见地。因此，如果课前没有足够的准备，那老师的讲课就会显得高深莫测不着边际。

问题2：刚进大学就听说有同学在课外补东补西，一点不输给高三的时候，我也在考虑是不是也要充电？否则毕业的时候，我觉得自己的本本肯定不如别人过硬，可是那么多形形色色的培训机构，那么多乱七八糟的培训，我该如何选择呢？

——税务专业新生　小强

答：许多大学生在校外培训班充电，希望能够在就业时占据优势。然而这其中存在不少误区。如果想给自己加些竞争的筹码当然无可厚非，但有些同学报名只是打发时间，有些可能是因为父母要求勉强来读，也有可能是因为身边的同学都在读所以也想来见识一下，这样做只是浪费时间和金钱，并不可取。因此，报名前不可太随意也不可以太功利，好的充电是根据自己的职业生涯规划来进行选择，选择那些真正需要的课程和培训，既可以是与专业相关的课程，也可以是与专业方向相反的课程，比如文科可以选择计算机的课程来读。如果学有余力还可以读一门第二外语等，但这样的充电一定是基于你对自己长处短处以及未来发展方向的了解，切不可盲从。最后要提醒的一点是，在校外的培训充其量只是作为专业学习的补充，一定要注意适量，也要注意不可影响自己本专业的学习。

问题3：我是一个对自己的未来很有计划的人，当初也是觉得现在的学校和自己的理想吻合才填的。可如今看了课表却发现学校的课程安排和我想的不太一样。比如，我认为实践操作应当尽早开始，可课程安排却要到大三大四，想先行一步吧又觉得缺少专业的指导，想跟着学校走又觉得太晚了，我该怎么办呢？

——园艺技术专业新生　小王

答：大一刚进校对自己未来就能有比较清晰的规划，这本身非常好，不过，入学第一、二年，学校都会先安排公共必修课程，专业课往往安排得比较靠后。大学的课程安排是每个学校根据自己的师资力量和育人目标来制定的，本来就不可能适合每个人。如果你有自己的学习计划，不妨先向学长学姐要一张课程表，看看感兴趣的课程是不是和自己的上课时间安排冲突，如果不冲突的话就可以去旁听。大学的课堂是开放的，年级的区分并不是非常明显。此外,你也可以在学有余力的情况下尝试做一些实践操作,良好的自学能力本身就是你最大的财富。

参与式活动

小游戏 2-3   学习有效管理自己的时间

目的:大学新生除了要完成日常学业以外,还需要面临人际关系、社团活动、班级活动、日常生活起居等各方面的问题,有效的时间管理能够帮助大一新生较快地适应大学生活。本游戏旨在帮助大一新生快速掌握时间管理的有效技能。

时间:10分钟。

地点:普通教室或宿舍。

具体步骤:

第一步,心理老师引导大家讨论自己常规的一天时间是如何安排的? 如果将一天24小时用一个圆圈(或是馅饼)来表示,你是如何分割的? 请在下面的圆圈(或是馅饼)上进行常规的一天的时间分割,并将每一部分的活动时间安排标注在旁边。

图 2-4

一名学生的
时间饼图

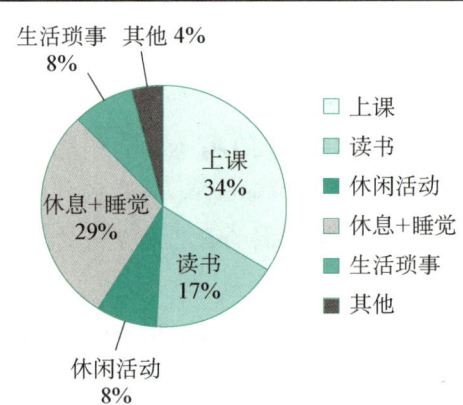

第二步,心理老师引导学生画完时间饼图后对以下问题进行反思。

(1)这样的时间分配你自己满意吗? 为什么?

(2)在时间的安排方面是不是兼顾到了自己所有的需要(比如学业、休息、社交、娱乐、自我反省等)?

(3)如果有可能的话和其他同学分享一下自己的时间饼图,看看有没有一些值得借鉴或是启发的地方?

(4)结合自己在大学期间制定的发展目标,问问自己,在时间安排方面,有什么需要改善的地方？

第三步，心理老师进一步引导大家重新规划自己每天的时间分配。按照重要和紧急两个维度将自己每天做的事情进行区分。

我们生活中的事大致可以按照"紧急—不紧急""重要—不重要"两个维度进行区分，其中：

（1）重要且紧急的事情，这是需要立即安排处理的事情，完成这类事情的价值最大，永远需要把重要的、有时效的事情放在第一位。

（2）紧急但不太重要的事情，这是第二位需要完成的事情，因为这类事情比较紧迫，需要优先考虑，但需要注意的是，这类事情对你来说并不重要，如果这类事情在你的生活里占据太多时间，就容易让你忽视那些尽管不紧急但相对重要的事情，让我们做事情的价值下降。如果可能，这类事情最好授权其他人去做，不必事事亲力亲为；如果这类事情在你的生活中占据太多时间，有时也和你难以拒绝有关，那么，适当地减少这类事情，花更多的时间在对你来说重要的事情上。

（3）重要但不紧急的事情，试着投入更多的时间在这一类重要却没那么着急的事情上，这类事情随着时间的推移慢慢地会变得紧急，成为重要且紧急的事情，这类事情往往和我们的长期计划有关。

（4）不重要也不紧急的事情，这类事情往往和你的休闲娱乐有关，能够有效地放松你的身心，试着适当给自己安排这样的时间，但是如果这类事情所占据的时间过多，身为大学生，你可能会无法有效地应对学业压力等。

以下是一名学生的时间四象限图，你觉得合理吗？

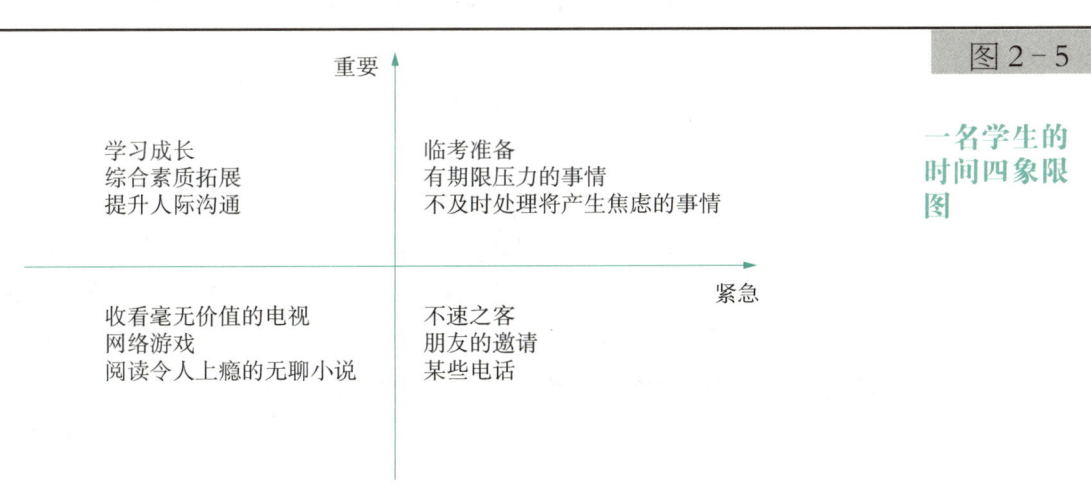

图 2-5

一名学生的
时间四象限
图

第四步，请画一画自己的时间四象限图并反思以下问题：

（1）这样的时间分配你自己满意吗？为什么？

（2）在时间的安排方面是不是兼顾到了自己重要的需要？比如那些重要却不

紧急的事情?

(3) 如果有可能的话和其他同学分享一下自己的时间四象限图,看看有没有一些值得借鉴或是启发的地方?

(4) 结合自己在大学期间制定的发展目标,问问自己,在时间安排方面,有什么需要改善的地方?

相关资源

推荐影片:《当幸福来敲门》(2006 年)

导演:加布里尔·穆奇诺(意)

内容介绍:本片改编自美国黑人投资专家克里斯·加德纳 2007 年出版的同名自传。这是一个典型的美国式励志故事。作为一名单身父亲,加德纳一度面临连自己的温饱也无法解决的困境。在最困难的时期,加德纳只能将自己仅有的财产背在背上,与儿子一起前往无家可归者收容所。实在无处容身时,父子俩只能到公园、地铁卫生间这样的地方过夜。最终,加德纳凭借自己坚持不懈的努力扭转了生活的现状……

推荐理由:在面对各种想象不到的不适应时,加德纳是如何度过的,他和他的儿子是如何适应并改变现状的,本片为你提供了一个战胜困境的视角。

推荐书籍:《痊愈的本能——摆脱压力、焦虑和抑郁的七种自然疗法》(2017 年)

作者:塞尔旺-施莱伯(法),黄钰书译

出版社:中国轻工业出版社

内容简介:每个生命都是独一无二的,每一个生命同样也充满了各自的艰辛和痛楚。本书介绍了全新的情感医学,以激发心灵和脑部的自我治疗机制来根治压力、焦虑抑郁,其基本理念认为,我们的身体跟大自然一样,具有自我痊愈的本能,它需要人们去了解和发掘。本书的七种自然疗法有一个共同的目标帮助我们发现并唤醒内在的痊愈本能,医治自己的情绪,享受身心健康、愉悦的生活。

推荐理由:很有趣的自助书籍,每个想要尽快度过新生适应期的同学都可以读一读。

第三章
认识自己

第一节　认识你自己——自我意识的发展

　　小雪今年大一,她比预约的时间早了十分钟走进咨询室。小雪穿了件鹅黄色的上衣,高高梳起的马尾辫显得青春俏丽,看到心理老师走进来,小雪露出了甜甜的微笑。眼前这位女孩,真的是助理口中焦虑自责的来访者?

　　小雪倒是开门见山,她看着我,急匆匆地说:"老师,我最近总是后悔,特别是在买东西上,买回来总是不满意,总在想当初如果……该多好,别的事情也是的,心里特别自责,好像陷入了一个怪圈,怎么会这样?"

　　小雪详细罗列了最近发生的一系列让自己后悔的事情,比如:当年在高考前买了一双鞋子,买回来之后发现鞋底太硬了,只好丢在一旁,又去买了一双,结果发现鞋码偏大,还是不能穿。临近高考的小雪觉得很郁闷,一直到高考都闷闷不乐,为此还影响了考试发挥;进入大学后,同样的事情也时有发生,小雪先后买了两双鞋子,一件上衣和一条裤子,回来之后都不满意,不是尺码不对,就是觉得款式或颜色不适合自己,最后都只能拿来送给同学,或者放在衣柜里束之高阁。

　　还有一个周末,小雪和同学去数码广场闲逛,看到一台笔记本电脑,当时觉得还不错,价格也能接受,小雪就心动了,因为之前也考虑过要换电脑,只不过还没有仔细收集相关的信息,这次真有点一见钟情的意外惊喜。因为当时没有新机,小雪当场就把样机抱回了宿舍,可是回来没多久,小雪发现电脑的电池待机时间很短,而且屏幕也出了问题,这让小雪的自责和懊悔更是无以复加。

除此之外,这种懊悔更渗透到小雪生活的方方面面:

小雪喜欢吃零食,平时去超市,总会买很多自己感兴趣的新鲜零食,还会买大包装的,但是因为自己肠胃不太好,有些零食吃了影响消化甚至导致腹泻,最后也只好分给同学。

大一刚开学时,同宿舍的一个同学喜欢排球,加入了排球队,小雪也跟着一起加入了,没多久她又后悔了,因为自己对排球根本提不起兴趣,技术提高也非常有限。

这些琐琐碎碎的事情加起来,小雪觉得自己简直被后悔包围了,每次遇到这种事情,就特别自责,觉得自己很没用。"我现在特别害怕自己作什么决定,因为觉得自己作出的决定都是错的。"小雪低声地说。

如今,小雪因为家在外地,以前的好朋友也不在身边,她觉得自己很孤独,这时候的她只能借助给家人和朋友打电话来给自己安慰。小雪说,她每个月的电话费都要花掉一百多块。

注:本案例改编自本书作者的咨询活动。

小雪看上去犹犹豫豫、容易懊悔的一系列行为表现其实是走向独立过程中的小曲折。大一新生处于自我意识的重要发展阶段,以前小雪几乎所有的决定都是父母帮她作出的,现在新的社会角色(大学生)要求她自己来处理日常生活,作出大大小小的各种选择,这对小雪来说是全新的挑战和机遇。由于以前缺少这方面的锻炼,小雪一下子处在困难中,再加上新生入学后的各种压力,让这种难以作决定的感觉泛化到生活中的方方面面。不过,小雪能够主动寻求心理老师的帮助,这已经是个很棒的开始,心理老师会引导小雪说出自己的担心、和她一起探索这种不确定的感觉,学着去肯定自己、鼓励自己,在选择中学习承担责任,从而真正走向独立。

知人者智，自知者明。

——老子《道德经》

理论与讲解

一、大学生自我意识的特点

进入青年期，个体自我意识的发展是一个崭新的阶段，这一阶段也是个体的心理断乳期。随着身体的生理成熟、性意识的觉醒以及社会与家庭角色的变化，大学生的自我认识、自我体验以及自我控制都发生了新的变化，他们会尽力摆脱对家庭和成人世界的依从关系，转而追求独立，处处渴望显示自己的力量。

1. 自我认识的内容更加丰富

青春期是一个自我发现的新时期，大学生开始对自己本身进行探究，比如"我已经是成人了吗?"或"我哪些地方开始像个大人了?"他们更注重外表，喜欢在镜子面前评价自己的容貌、身材和风度；他们也会十分关心自己所属团体在社会中的威望与作用，关心自己在团体中的威信；此外，他们还常常思考人为什么活着，人生的意义和价值在哪里等。

2. 情绪情感的体验更加敏感

随着大学生自我意识的发展、自尊心与自信心的增强，自己在团体中地位与威信的提高，他们往往对他人的言行和态度极为敏感，涉及自己名誉、地位、前途、理想以及男女社交方面的问题更容易引起大学生强烈的自我情绪体验，体验的丰富程度和深度也随着自我认识的发展逐步加深，但是，他们也会把自己最深的情绪情感隐藏起来，只有遇到能够理解的人才展露出来。此外，大学生的情绪波动比较大，容易被周围的情境所左右，有时客观积极、充满激情，有时则消极悲观、灰心丧气。

3. 行为心理的调节更加独立

大学生渴望能够摆脱来自成人世界的控制，按照自己的意志来行动，在行为的选择和调节方面表现出更多的主动、自觉和独立的倾向。大学生的独立意识迅速发展，一方面，希望能在经济、生活、学习、思想等方面保持独立，自主地处理所遇到的一些问题；但另一方面在心理上又依赖于他人，无法做到真正独立，常常处于独立与依附、自觉与不自觉的矛盾中，也正是在这样的矛盾中，逐渐发展出成熟的

知识延伸

中西方自我的
差异

自我意识。

4. 现实理想的矛盾更加强烈

大学生处于不断发展成长的青春期,其理想自我常常超越现实自我,从而产生各种矛盾,并引发个体的焦虑和不安,而个体为了摆脱这种焦虑和不安,就会重新自我调节,力图使自我意识中主观和客观的两部分重新协调统一。这种协调的过程,可能是个体不懈努力让客观自我向理想自我靠近的过程;也可能是减少期待,让理想自我降低标准和要求的过程;或是纠缠在矛盾状态下无法找到自己的定位的过程。作为一名心理健康的大学生,应该主动追求自我肯定的状态,即发展合适的理想自我,引导现实自我通过积极的努力达到与理想自我的协调,使现实自我在理想自我的引领下不断完善、进步。

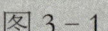

图 3 - 1

大学生自我意识的特点

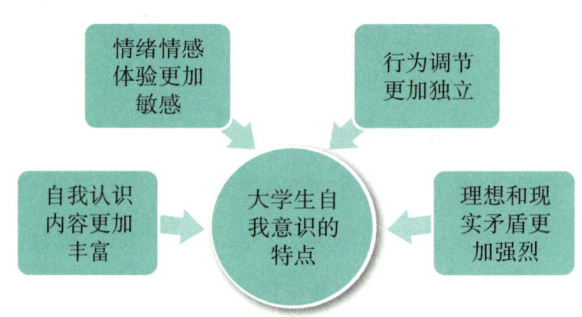

二、积极的自我意识与心理健康密切相关

自我意识与心理健康密切相关,积极的自我意识是心理健康的重要标志。大学生自我意识的混乱、自我定位不准,容易引发心理障碍,进而妨碍良好的自我意识的形成。大学生一般处于青年中期,自我意识的发展进入了新阶段,正经历着明显的分化、整合与转化的过程,原本"笼统的我"被打破了,出现了两个我:一个是处于观察地位的我,即主体的我;另一个是处于被观察地位的我,即客体的我,这就是理想的我和现实的我之间的分化。这种分化标志着大学生的自我意识走向了成熟,正是这种分化过程,促进了大学生思维和行为主体性的形成,从而为客观地评价自己或他人、合理调节自己的言行奠定了基础。

大学生的自我意识发展具有导向作用,他们通过正确的自我认识,确立较为合理的理想自我的内容,这为个体未来的发展确立了目标,对个体的认知、情感、意志、行动会产生很大的影响,是个体活动的动力。自我意识还具有自控作用。一个人要获得发展、取得成就,光有目标是不行的,还必须具备自立、自主、自信、自制的意识,对自己的情感、行动加以调节和控制,自我意识健全的个体能够在对自己作出正确认识、合理规划的基础上,控制自己的注意力、情感、行为等,以实现自己的目标。此外,自我意识还能对自己的认知、情感、意志、行为等进行反省,找到受挫的主客观原因,并重新调整认识。

　　大学生可以有意识地培养自己积极的自我意识。一般而言,个体总是通过和与自己条件相似的人比较来评价自己,大学生不仅要和自己情况差不多的同学比较,更要和优秀的人相比,以理想人物的要求来约束自己,正所谓"见贤思齐焉,见不贤而内自省也"。大学生还要通过反省自己的行为来评价自己,随着大学生自我认识与评价功能的提高,应学习经常反思自己、严于自我剖析、敢于自我批评。更重要的是,大学生要积极参加实践活动,借活动成果认识和评价自己,在大学阶段多尝试实习、社团活动,增加社会阅历,在积极参加实践和交往的过程中使自己的天赋和才能得以发挥与培养,从而更加全面地评价自我和发展自我。

小问答

问题1:老师,我觉得自己上了大学之后,明明成长了很多,在学校自己的事情也安排得妥妥的,可是放假一回到家里,好像又成了父母身边的小屁孩,恢复了饭来张口、衣来伸手的日子。我都觉得挺分裂的,这样正常吗?

——护理专业大二学生　小豆豆

答:不仅正常,而且这说明你有很好的反省能力,你注意到自己在学校像个大人,在家好像又成了小孩子。一方面大学生本来就在走向成熟的过程中,这样的矛盾心理很常见,你正在独立性和依赖性两者之间徘徊并逐渐走向独立;另一方面,你开始反省自己的状态,正在形成对自己较为稳定的评价,这是非常好的开始,并不是所谓的"分裂"。你可以锻炼自己,如在家里主动为父母分担家务、做些力所能及的事情孝敬父母,逐渐改变在家里当"小屁孩"的状态,真正走向独立。

问题2:我总是对自己不满意,觉得自己这也不行,那也不行,但其实我可能在同学们眼里还是挺学霸的。我想这会不会和我是单亲家庭有关,有时我觉得我父亲离开我和妈妈,就是因为我是女孩子……

——临床医学专业大二学生　张又虹

答:你已经注意到自己的评价和他人的评价好像相差挺远的,这是个很好的开始,说明你已经在整合各种评价,形成对自己合理的评价,发展良好的自我意识。不过,你提到童年经历,可能是你对自己评价较低的原因。的确,有时童年经历会让我们形成对自己一个固定的、看似理所应当的却不一定理性的自我认识。你可以在学校心理老师的帮助下梳理一下过去的经历,尝试新的、更加客观的自我评价,相信这会让你的生活更丰富有趣,也会让你更愿意尝试新的选择和可能。

问3:老师你好,我是一名大一新生,读大学一直是我的梦想,现在这个梦想实现了,但好像我还是闷闷不乐,每天并没有朝气蓬勃,也没有胸怀大志,学习上也没有那么用心。我虽然不是那种学霸型学生,但在亲戚朋友眼里一直是很乖巧懂事的那种,上大学前每天回家,和父母一起生活,很规律也有一些无趣,现在住在宿舍里感觉还不错,不过我妈每天和我通电话,督促我好好吃饭和认真学习,还叮嘱我不要在学校里谈恋爱,而我呢,每天喜欢和同学们聊聊八卦新闻,吃些油炸食品,甚至我还有点喜欢上了一位学长,我感觉我没有按照我应该有的样子在生活,我心里很忐忑,觉得自己对父母没说实话,是个不诚实的人,我该怎么办呢?

——向阳的蝴蝶

答:向阳的蝴蝶,你好,这个名字是你给自己取的吗? 这是个很好听的名字。从你的留言中能感觉到你一直很乖巧,也很诚实,生活规律,也很尊重父母,这些都是你非常宝贵的品质,这些品质成了你的一部分。

而现在你觉得自己不那么乖巧了,生活不那么积极向上了,这是从什么时候开始的呢,是从你上大学开始的,我猜测你超过18岁了,因此,无论从年龄上还是从生活环境上,你开始独立了,这样的独立意味着你开始从各方面自己去做探索、自己去做安排以及自己去做决定,这个过程会和以前有很大差异,但这不意味着你以前的优秀的品质就不存在了,而是在以前的基础上增加了"独立""探索"这些品质。聊八卦、吃油炸食品、喜欢学长……这些都是你大学的一部分,就像"独立""探索""合群"是你的品质的一部分,你现在的生活不是在否定以前的自己,而是在丰富以前的自己。

至于要不要现在和父母讲你自己的大学生活,讲哪些? 看上去你的生活都在正常的大学生生活表现之内,所以,我觉得都可以,如果讲的话呢,那么"真诚的分享"会成为你新的品质,而暂时不分享或者不分享全部也正是说明你拥有了"保持一些界限"的能力。也祝福你像自己的名字一样,像一只蝴蝶,向着心中的阳光飞翔。

参与式活动

小游戏 3-1　"我眼中的我"小测验

目的:帮助大学生梳理、觉察自我意识。

时间:10分钟。

地点：普通教室或宿舍。

具体步骤：

请完成以下填空，看一看你理想中的自己和现实中的自己是什么样的，心理老师可引导到大家分享、讨论如何减少理想自己和现实自己的差距。

1. 现实的我

我的外貌（身高、体重、体形等）是：＿＿＿＿＿＿＿＿＿＿＿＿＿＿＿＿＿＿＿＿

我的性别是：＿＿＿＿＿＿＿＿＿＿＿＿＿＿＿＿＿＿＿＿＿＿＿＿＿＿＿＿＿＿＿

我有以下这些能力：＿＿＿＿＿＿＿＿＿＿＿＿＿＿＿＿＿＿＿＿＿＿＿＿＿＿＿

我有以下兴趣爱好：＿＿＿＿＿＿＿＿＿＿＿＿＿＿＿＿＿＿＿＿＿＿＿＿＿＿＿

我的性格是：＿＿＿＿＿＿＿＿＿＿＿＿＿＿＿＿＿＿＿＿＿＿＿＿＿＿＿＿＿＿＿

我的人际关系状况是：＿＿＿＿＿＿＿＿＿＿＿＿＿＿＿＿＿＿＿＿＿＿＿＿＿＿

在群体中我的形象和地位是：＿＿＿＿＿＿＿＿＿＿＿＿＿＿＿＿＿＿＿＿＿＿＿

2. 理想的我

我希望我的外貌是：＿＿＿＿＿＿＿＿＿＿＿＿＿＿＿＿＿＿＿＿＿＿＿＿＿＿＿

我希望我的性别是：＿＿＿＿＿＿＿＿＿＿＿＿＿＿＿＿＿＿＿＿＿＿＿＿＿＿＿

我希望我有以下能力：＿＿＿＿＿＿＿＿＿＿＿＿＿＿＿＿＿＿＿＿＿＿＿＿＿＿

我希望我有以下的兴趣爱好：＿＿＿＿＿＿＿＿＿＿＿＿＿＿＿＿＿＿＿＿＿＿＿

我希望我的性格是：＿＿＿＿＿＿＿＿＿＿＿＿＿＿＿＿＿＿＿＿＿＿＿＿＿＿＿

我希望我的人际关系状况是：＿＿＿＿＿＿＿＿＿＿＿＿＿＿＿＿＿＿＿＿＿＿＿

我希望我在群体中的形象和地位是：＿＿＿＿＿＿＿＿＿＿＿＿＿＿＿＿＿＿＿＿

3. 我对自己的情感是（正面还是负面，积极还是消极，满意还是不满意，自豪还是自卑等）：＿＿＿＿＿＿＿＿＿＿＿＿＿＿＿＿＿＿＿＿＿＿＿＿＿＿＿＿＿＿＿＿＿＿

4. 我对自己的行为（能够控制还是无法控制）：＿＿＿＿＿＿＿＿＿＿＿＿＿＿＿＿

5. 我对现实的自己是否能够接纳？＿＿＿＿＿＿＿＿＿＿＿＿＿＿＿＿＿＿＿＿＿

我对理想中的自己是否能够悦纳？＿＿＿＿＿＿＿＿＿＿＿＿＿＿＿＿＿＿＿＿＿

如果你已经完成以上填空，请思考并和你的同学分享以下问题：

完成这些填空作业让你会有怎样的感受？

现实的你和理想的你差距大吗？

这说明什么？对你有怎样的启发？

第二节 培养"好"个性——自我人格的探索

▌案例故事

在成长的过程中,我常常对自己感到困惑,我总是充满了各种各样让人糊涂的矛盾。我在一年级和二年级时表现得很差,老师都希望我重读,但是到了三年级的时候,我就表现得很优秀了。有时候,我非常活泼且健谈,言谈干脆利落且有见地。如果是我熟悉的话题,我可以滔滔不绝地说个没完。但是,大多数时候我想要讲话却头脑一片空白或者是我要在班上说点什么并举起了自己的小手——我的心怦怦地跳着,我可以提高占总成绩25%的基于课堂表现的成绩了——但是当我被老师叫到时,我想说的话却又跑到九霄云外去了。我的内心世界陷入了黑暗之中,简直想钻到座位底下去……

我的大脑的工作方式让我大为困惑,不清楚自己为什么总是在事情发生后才有那么多想法。当我对过去发生的某事发表观点时,老师和朋友们总会以一种不悦的语调问我为什么以前不说。他们似乎认为我在故意隐瞒自己的想法和感情。我发现自己的想法就像是遗失的航空行李,它们迟了一段时间才到达。当我长大后,我开始认为自己是一个神秘的人,沉默寡言、深沉、不喜欢抛头露面。

社交活动让我感到迷惑,我喜欢人们,而人们似乎也喜欢我,但是我常常害怕外出。对于是否要在某次聚会或是公共活动上抛头露面,我会犹豫不决。我认定自己是一个害怕社交的人。有时候我会觉得尴尬和不舒服,有些时候我又会感觉良好。但是,即便我玩得非常开心,也总是忍不住眼睛盯着门口,幻想着自己此刻穿着睡衣睡裤蜷缩在床上。

让我感到痛苦和挫败的另外一个来源是我的精力不济。我会非常容易就感觉到疲惫,似乎没有我的朋友和家人有那么多的精力。当我疲倦的时候,我走路很慢,吃东西很慢,讲话很慢,与人谈话也是时断时续。另一方面,如果我休息好了,谈话时我可以妙语连珠,从一个想法跳到另一个想法,和我谈话的人都会感到难以应对。所幸的是,即便我的步调很缓慢,最后也实现了生活中的大多数梦想。我用了很多年的时间才发现,所有令我感到困惑的矛盾实际上都有其意义。原来,我是一个正常的、性格内向的人。这一发现让我如释重负!

——引用并改编自 Marti Olsen Laney. 内向者优势——如何在外向的世界中获得成功[M].杨秀君,译.上海:华东师范大学出版社,2008:5-6.

你可能觉得有些人性格好,有些人性格不好,实际上,性格真的有好坏之分吗? 通常的好性格在我们的印象里是阳光开朗、落落大方、幽默热情等,你可能注意到这些所谓的"好"性格的描述往往指的是一个外向的人,但是,如果你像本案例中的作者一样天生内向呢? 实际上,内外向相对来说是较为稳定的气质。所谓的培养好性格,更多是了解你自己的特点,根据你自己的特点来发挥优势,像案例中这位性格内向的人,一直对自己的一些特点迷惑不解,最后发现自己只是偏内向的一类人而已。希望你也能和他一样,尽早发现自己的性格特点,根据自己的特点来充实、完善自己。

图 3 - 2

内向者的内心独白

● **理论与讲解**

一、人格的定义

在心理学领域,虽然人格的定义尚未统一,但是一般来说,人格包含比较广的范围,包括需要、动机、兴趣、态度、气质、性格等。我们将人格定义为一系列复杂的具有跨时间、跨情境特点的,对个体特征性行为模式有影响的独特的心理品质。人格常常与另一个词混用,即个性,这两个是同义词。

不论人格如何定义,但关于人格的几个特征是大家公认的。首先,是人格的独特性。所有心理方面都有个别差异,人格的个别差异就更明显了,就像人脸一样,世界上没有两张一模一样的脸,世界上也没有两个人的人格是完全相同的。这种差异性便是人格的独特性。

其次,是人格的同一性。一个人的人格一旦形成,不管面对什么事或人,都会有相对统一的行为。急性之人不管做什么事情都会风风火火,除非是人格发生病理性变化。也有些人为了某种目的进行故意的掩饰或伪装。

最后,是人格的恒定性。人格一旦形成就是稳定的,即江山易改、本性难移。

教育应当促进每个人的全面发展,即身心、智力、敏感性、审美意识、个人责任感、精神价值等方面的发展。应该使每个人借助于青年时代所受的教育,能够形成一种独立自主的、富有批判精神的思想意识,以及培养自己的判断能力,以使他自己确定在人生各种不同的情况下做他认为应该做的事情。

——联合国教科文组织国际教育发展委员会:《学会生存:教育世界的今天和明天》

人格形成后在很长时间里都相对稳定,虽然不是一点都不变化,但即使有变化也是缓慢的,而且后来的变化也以原有的人格为基础。也正是因为人格相对恒定,才能进行测量。

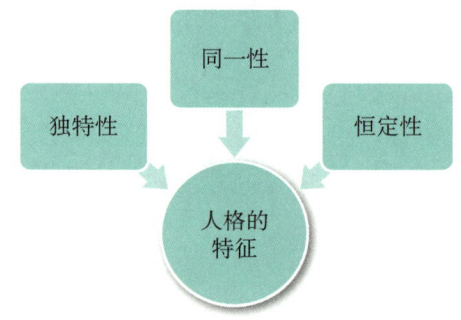

图3-3

人格的三个主要特征

二、人格的常见理论:类型论

最早描述人格的方法就是通过有限的几种类型对个体进行分类,在不同特质上对个体用等级的方法进行评定。对自己或他人的行为进行分类似乎是一种天生的倾向(如星座、血型等),以下介绍几种常见的分类方法。

古希腊著名医生、"医学之父"希波克拉底提出了体液说。他认为,个体的人格是由体内何种体液占主导所决定的,他将与人格气质对应的体液依据以下方案进行配置。

表3-1

希波克拉底的体液说

体液类型	气质类型	特　点
血　液	多血质	敏捷、适应性强,浮躁、韧劲不足
黏　液	黏液质	稳重、自制,死板、固执、行动迟缓
黑胆汁	抑郁质	勤勉、谨慎、细腻,悲伤、易哀愁
黄胆汁	胆汁质	热情、直率,易激怒、急躁、粗心

心理学家弗兰克·沙洛威提出了基于出生顺序的现代类型理论,即使用出生顺序预测人格。根据他的观点,头生子的位置是现成的,他们直接要求父母的爱与关注,通过认同和遵从父母来寻求保持最初的依恋;相反,后来出生的孩子位置就不同了,处于一个无法非常清晰地得到父母模范作用的位置。沙洛威将后出生的孩子特征化为"天生的反叛",他们要在先出生的孩子还没有占到主导地位的领域里占有优势。后出生的孩子通常被培养成对经验持有更开放性的态度,因此在生活中获得更新颖、更成功的位置。

著名心理学家荣格考察了人的意识和经验的关系以及人是如何认识世界的,由此归纳出四种基本的心理机能:感觉、直觉、思维、情感。荣格这样描述:"感觉告诉你存在某些东西,思维告诉你它是什么,情感告诉你它是否可以接受,直觉告诉你它从何而来、去往何处。"这四种机能和两种态度(内倾、外倾),可组合成八种人格类型。

功能	态度	
	外 倾	**内 倾**
思维	集中于了解外部世界,现实、客观的思考者;对事实感兴趣,有时看起来冷酷、不近人情,适合做科学家,善于应用逻辑和规则。	对了解自己的想法感兴趣,善于思考哲学问题和人生的意义,可能固执,不容易接近、傲慢,更善于了解自己,而不太善于了解他人。
情感	情绪化、反复无常,容易适应群体规范,喜欢追赶时髦,有时情绪高涨,能在新情境中迅速转变情绪。	有深刻的情感体验,但不把它公开,不善言谈,自我认为是冷酷的人,实际上隐藏着强烈的情感,往往不信宗教。
感觉	对外部世界的经历感兴趣,喜欢感官刺激,沉迷于快感寻求,喜欢及时行乐的生活。	对自己的思想和内在感觉的兴趣胜过对外界事物的兴趣,通过艺术、音乐等形式表达自己,且不为人所理解。
直觉	不断寻求新的挑战,对外部世界感兴趣,容易对工作和与人的关系感到厌倦,喜欢小说式的情境,有不稳定和轻浮的倾向。	喜欢标新立异,但不能形成深刻的思想,认为自己是先知或幻想自己是一个想为他人实施的梦想家,常不了解社会常规,有时不能把计划付诸实践。

表 3 - 2

荣格的心理类型说

三、人格的常见理论:特质论

类型理论把人划分为不同的类型,这些类型是独立的、不连续的;特质理论则推崇连续的维度,所谓的特质是持久的品质或特征,这些品质或特征使个体在各种情况下的行为具有一致性。比如,某一天你可能会通过归还一个捡到的钱包来

知识延伸

人格特质理论

证明你的诚实,而另一天你可能会在考试中通过拒绝作弊来证明这一点。持有特质论的心理学家认为,特质是引起行为的先决条件,但更加保守的理论家仅仅将特质作为描述性的维度。常见的以特质论来描述性格的理论有以下几种。

奥尔波特确定了三种特质:首要特质、核心特质和次要特质。首要特质影响一个人如何组织生活,比如对于特雷萨修女来说,首要特质可能是为了他人的利益自我牺牲。核心特质是代表一个人主要特征的特质,如诚实和乐观。次要特质是有助于预测个人行为的特定的、个人的特征,但次要特质对于理解个体的人格帮助较小。

1936 年,奥尔波特和他的同事通过对字典的检索,发现英语中有超过 18 000 个形容词被用来描述个体的差异。此后,研究者一直试图在如此大量的特质词汇中确定基本的维度。卡特尔使用这些形容词作为研究的起点,揭示出一些数量合适的(16 种)、基本的特质维度。他将这 16 种因素称为根源特质,认为这 16 种因素是表面行为的潜在根源,而这一根源就是我们所说的人格,如保守的和开放的、信赖的和怀疑的、放松的和紧张的等。

现代特质理论认为,比 16 个因素更少的维度也可以包括人格中最重要的特性。艾森克根据人格测验的数据推出三个范围很广的维度:外向型(内源导向性的或外源导向性的)、神经质(情绪稳定的或情绪不稳定的)、精神质(善良的、体贴的或有攻击性的、反社会的)。艾森克将外向性和神经质这两个维度组合起来建立起一个环状图形,这个图形中的每个象限代表了希波克拉底提出的四种人格类型中的一种。个体可以落到这个圆圈中的任何一点上,圆圈上所列的特质描述了两个维度的组合,比如,一个非常外向且有些不稳定的人可能是冲动的。

图 3-4

艾森克的人格类型维度

近年来,多数研究者认为,五因素可以最好地描述人格结构,这五个维度非常宽泛,因为在每一个维度中都包含许多特质,这些特质有着各自独特的内涵,但又有一个共同的主题。人格的这五个维度现在被称为五因素模型或是大五模型。具体来说包括以下五个因素。

因素	双极定义
外向性	健谈的、精力充沛的、果断的/安静的、有保留的、害羞的
和悦性	有同情心的、善良的、亲切的/冷淡的、好争吵的、残酷的
公正性	有组织的、负责的、谨慎的/马虎的、轻率的、不负责任的
创造性	有创造性的、聪明的、开放的/简单的、肤浅的、不聪明的
情绪性	肯定的、冷静的、满足的/焦虑的、不稳定的、喜怒无常的

表 3 - 3

人格的五因素模型

这个五因素模型可以勾画一个较为完备的分类方法,能帮助个体对自己及身边的人进行性格描述,抓住人与人之间的区别之处。需要强调的是,五因素模型很大程度上是描述性的,是通过对特质项目类群的统计分析得出的。

四、常见的人格测试

你的性格是怎样的?通常我们在网络媒体上看到的都是一些有趣却不一定靠谱的性格测试,那么,在心理学领域里,专业的性格测试到底是怎样的呢?我们可以简单地把性格测试分成主观测验和投射测验两大类。

1. 主观测验

主观测验的计分和施测都相对比较简单,也有定好的规则。一些主观测验的计分甚至解释都可以通过计算机程序来完成,最后的分数通常就是沿着某一单一维度分布的简单数字(如:从适应到不适应),或是在不同特质上的一系列得分(如:冲动、依赖、外向等)。不过,这些分数并不能代表什么,需要与常模(即一个标准化样本在这个量表上的得分)进行比较后才能解释测试结果。

最常使用的人格测量工具是明尼苏达多相人格问卷,该量表是 20 世纪 30 年代由美国明尼苏达大学的心理学家哈萨维和精神病学家麦肯利编制的,用于临床诊断并指导心理治疗。该问卷包括 10 个临床量表,每个量表都能区分一种具体的临床群体(如精神分裂症、抑郁症、妄想等)和正常人群。此外,这个问卷还包括三个效度量表,用来测量被试可疑的反应模式,比如,明显的不诚实、粗心、防御与逃避。明尼苏达多相人格问卷主要用于临床诊断与治疗,测量的特质偏病理性,针对普通人群的较为常见的测验还包括大五人格问卷、卡特尔 16 种人格因素问卷等。

2. 投射测验

人格测验的另一种形式是投射测验,即给受测者一系列的模糊刺激,如抽象的话语、可作各种解释的未完成图片、绘画等,要求受测者进行描述、完成图片或讲述画中的故事。投射测验最早由精神分析学家所使用,他们希望通过这种测验去揭示病人人格的无意识动力。因为刺激是模糊的,反应部分取决于被试带入情境的内在情感、个人动机与先前生活经验的冲突。这些个人的、特异的方面会被投射到刺激中去,使得人格评估者可以根据这些反应作出各种解释。常用的投射测验包括罗夏墨迹测验、主题统觉测验、房树人测验等。

以主题统觉测验为例,该测验是由美国心理学家默里和摩根等人所创。全套测验有 30 张任务和风景的黑白图片,其中有一张空白卡片。图片上的形象有些是模糊的、阴暗的、抽象的,有些比较明显或有结构。默里认为,当一个人要解释一种含糊不清的社会情景时很容易表露自己的人格。主题统觉测验是通过让被试看图片编故事来评定被测者的人格,基本假设就是个人面对图画情景所编造的故事与其生活经验密切相关,其想象部分包含着个人有意识的以及潜意识的反应,不自觉地把隐藏于内心的冲突和欲望穿插在故事情节中,因此,对被测者的故事加以分析便可以了解其心理需求。

五、良好心态的形成

经过以上学习,你可以看到人格(个性)是相对稳定的特质。一方面,在大学阶段,大学生可以通过自己有意识的努力形成积极乐观的健全人格;另一方面,也要注意到人格一旦形成,在一定程度上往往难以改变。一般而言,我们所说的好个性往往指一些良好的心态。大学生可以有意识地培养自己乐观、感恩的心态。

乐观是可以学习的吗? 根据著名的积极心理学家马丁·塞利格曼的理论,答案是肯定的。在他广受好评的《习得乐观》一书中,塞利格曼指出,我们最有可能是从父母那里学习到乐观或是悲观的特质,但是,即使我们的成长环境是消极的,我们也可以培养积极思考的一面,并转向一种积极的生活方式。实际上,我们的思维中存在着永不停止的自我交谈,研究已经表明,这些自我交谈与思考模式在很大程度上是消极的,也是产生毒性思维过程的根源,比如,消极主义(只看最坏的情况)、灾难主义(把事情引向最糟糕的境地)、责备(把责任转移到其他人身上而不是自己承担)、完美主义(将超人类的标准强加到自己身上)、极端思维(把任何一件事情都看成极端的情况,没有中间状态)、应该思维(为本应该做而没有做的事情而责备自己)或夸大(把事情放大)。当你发现自己在进行这样的消极思考时,应该打断意识进程,告诉自己停止这种想法。通过练习,采用思维中断可以帮

知识延伸

健全人格的
模式

助人们消除消极思维,并平衡情绪。

心态对个人行为既有不利的一面,也有有利的一面。体育比赛中有很多这样的故事,那些相信自己会获胜的运动员最终证实了他们的预言。实际上,在奥运会这样高水平的竞技活动中,金牌得主与银牌或铜牌得主的区别不仅仅在于他们的运动体质,也在于伴随着比赛的取胜态度。许多运动员因为输了一场比赛而一蹶不振,是因为他们在起点和终点之间的阶段给自己埋下了自我怀疑的种子。那些对自己或遇到的情况持有消极想法的人,更容易促使消极行为的出现,由此引发恶性循环,这种循环为压力知觉的反复出现提供了平台,继而使得自己心头的乌云难以消散,这就是自我实现预言的最终实现。

反之,积极心态就是把心理能量集中在可能上而不是集中在不可能上,你可以采用以下四种态度培养自己的积极心态:一是不要扮演一个受害者,而是以主动参与者、改变者的角色投入你所做的事情,这会将你的机遇最大化;二是听从你的直觉,跟随你内心的感觉而不是那些会让你退缩、恐惧的声音;三是把注意力集中在积极的事情上,冒一些可以预计的风险,见一些不认识的人,尝试一些新的活动,这样可以增加扩展思维的机会,并有可能增加你设定和实现新目标的机会;四是在糟糕的情境中寻找积极的一面,每一种情境都有好的一面和坏的一面,在每个时刻都是由你来决定什么是好的,什么是坏的。

小问答

问题 1:老师,我觉得自己是个害羞的人,害羞到底是怎么回事? 我想要改变自己,我该怎么做呢?

——大二学生 困扰的小丑鱼

答:实际上,研究者发现,超过50%的大学生认为他们自己是"经常害羞"的人,大多数你身边的人可能和你有一样的感受。在心理学上,害羞一般来说是指一种在人际环境中使人感到不舒服和压抑的状态,它影响了一个人的人际交往以及是否能顺利达到人生目标。害羞可能是缓慢的、气质性的,作为一种人格特质起作用;可能是我们中的许多人到了新环境后感到有点沉默寡言或是窘迫;也可能会发展成由于对人害怕而引起的极端恐惧。许多害羞的人同时也是内向的人,他们采用独居的方式生活,没有社会活动;还有一些是外向型害羞的人,在公众场合表现活跃但内心是害羞的,他们喜欢参加社会活动,但仍然担心别人是否真正地喜欢自己。

害羞与否同时受到遗传和环境的影响。实际上,在我们的东方文化中,害羞的比率要比西方国家更高。已经有研究发现,大概有10%的幼儿天性害羞,从一生下来,这些幼儿在与不熟悉的人或环境接触时,就会显得不同寻常的谨慎和缄默。

如果害羞的确让你觉得困扰,可以试试以下做法:(1)要意识到,并不是只有你一个人感到害羞。每一个你见到的人可能都会比你更害羞。(2)即使存在着遗传因素,害羞也是可以改变的。但这需要勇气和毅力,就像你要改变一个存在了很久的习惯一样。(3)尝试对你所接触到的人微笑,并与他们进行目光接触。(4)与别人交谈、大声说话,用最清晰的声音,特别是当你说出你的名字或询问信息时。(5)在一个新的社会环境中努力使自己第一个提出问题或是发表观点。准备一些有趣的事情来告诉别人,并且第一个去说。每个人都会欣赏这一类破冰者,以后也就不会再有人认为你害羞了。

问题2:老师,我总是觉得很孤独,不知道其他同学也会有这样的感觉吗?我该怎样走出孤独呢?

——大三学生　小月

答:孤独与孤立是不同的,最孤独的一些人在大部分时间都身边并不缺人,确切地说,孤独涉及我们与社会相互作用的感觉。当一个社会关系网比预期的更小或更不满意时,孤独就会出现。有些同学可能与别人只有很少的接触,但只要他/她自己对此满意,就不会感到孤独。相反,即便你已经有很多朋友,但依然感到需要更多、更深刻的友谊,你就会觉得孤独。其实你所说的孤独是大学生最常见的抱怨之一,你可能需要的是以亲密的、真诚的方式与特殊的人交往,发展真正的朋友,这才是你内心深处的需要。而一群看上去熟悉,其实并不能彼此深入了解的朋友才会使人感到孤独。如果是这种情况,你不妨试着去发展一两个可以深交的朋友,从彼此袒露心扉开始。

值得一提的是,尽管每个人有时都会觉得孤独,并且这种孤独感会因为环境的改变或有或无,但是每个人都表现出对孤独感相当稳定的敏感性。一些人极其容易感到孤独,并好像长期因为没有足够亲密的朋友而感到痛苦,另一些人则对孤独比较有免疫力,即便朋友很少,他们也几乎没有过孤独感。如果你是第一种人且缺乏一定的社交技巧可能会让你常常陷入孤独的感受里。其实,发展社交技巧的最好的方法就是练习与他人交谈,有研究表明,孤独者更倾向于去扮演"被动的人际交往角色",不太会做太多努力去加入谈话,通常比谈话场所里的其他人自我表露得更少,而且容易对谈话抱有消极的期待。以下介绍了成功交谈的三个要素,你可以在生活中进行练习,这些技巧能够有效地帮助你掌握社交技能、发展深入亲密的人际关系。

1. 善提问题

一般有两类问题:礼节性问题和询问性问题。礼节性问题主要用于了解一个人的姓名、籍贯、职业等。礼节性问题通常被作为交谈的开场白,但随即会让位于询问类问题,后者更加具体,主要用来引出与对方经历、信仰及感情有关的重要事实。"你的近况如何?"这样一个礼节性问题会获得一句"很好,你呢",但是一个询问性的问题,如"与同学相处得怎样?""你最好的朋友是怎样的?"会促进更为亲密的交往。

询问性问题可以让你开始给对方作一个速写。令人兴奋的交谈的奥秘是满足你的好奇心,问一些你真正想获得答案的问题。也许你会想知道一个人如何在不一样的成长环境中面对困境,继续问下去也许你还想知道她是否一个人住,是否已经有男朋友等。交谈的基本惯例是打听,人们总是喜欢谈论自己,大胆点提问,每个问题都会让你们彼此更熟悉一点,从而使得兴奋与愉悦保持下去。

2. 积极倾听

健谈者的第二个标志是让对方感觉到自己在认真倾听。一个积极的倾听者能用自己的话对听到的一切作出反馈,通常这样的反馈一方面表明自己能够听清并完全理解对方的话,另一方面也让说话人确信对方在听他(她)说话且很感兴趣,从而更愿意袒露自己。例如,一个登山回来的朋友向你描述一次艰难的登山过程中的细节,你不妨声调中带着点惊讶,以表示自己在聚精会神地听。比如:"你竟然能够在那么陡峭的山上睡着",那么,对方也许会说:"其实也睡不好,总是担心有野兽啊!"他(她)可能会在你的鼓舞下继续讲述自己如何度过那个艰难的晚上。

不会倾听是交谈失败的常见原因,一些人不会倾听其实是因为他们生怕尴尬而心不在焉,另一些人是因为不停地准备着将要说的话,还有一些人是因为忙着要提意见或是想赢得争论。如果你不能倾听,你也就无法给予别人关心、注意和尊敬,而这正是在交谈中彼此最需要的。

3. 自我暴露

自我暴露使得亲近成为可能,不想透露自己就想去套近乎,这是绝对办不到的。如果你谈论自己有困难,不妨回想一下你生活中的重要事件,也就是那些让你成为今天的自己的事情,比如,你小时候所发生的影响你性格的事情、你心目中学校的模样、你最喜爱的老师、你从事过的一些比较有趣的工作、你所热爱和关心的人、你的最大的失败、你最美妙的时光等。每当你需要参加社交活动时,浏览一遍自己的自传会为你提供丰富的逸闻趣事。

自我暴露并不表示你需要透露自己内心深处的需要和秘密。自我暴露有三个层次:第一层次是纯粹资料性的,比如,谈谈你的工作、你最近的学习、度假的情况等,在你准备透露自己的情感之前,交谈的前几分钟一直停留在这个层次。

随着进一步深入接触,你会转向自我暴露的第二层次。这一亲密性的层次包含思想、情感、需要,比如,你所持有的信念和主张、儿时经历的情感风波、对未来的期望、曾经有过的恐惧或对未来的担忧、亲朋好友的问题等。有些人害怕表达自己的趣味和感情,因为他们感到暴露会破坏自己与对方相似的幻觉,他们生怕显露差异会破坏潜在的亲近感,但事实是,差异的观点、趣味与兴趣可以活跃关系,而不愿袒露你的情感,可能会少一份担忧,但不可信最终会僵化你们的关系,让彼此错过深入了解的机会。

许多人从未跨越自我暴露的第二层次,他们所谈论的事情和感情已经成为过往,因而是安全的,他们不会向他人透露对现有亲朋关系的感受。自我暴露的第三层次涉及你对谈话对象的感受,包括说出对方有什么地方吸引你、你如何被对方此刻的行为所感染、你在哪些事情上不喜欢对方等。达到最深层亲密性的关键是说出你此时此刻的感受,那是要冒风险的,可能还会有点担心。但是,当你在冒险,尤其是吐露你的消极情感时,你在与他人建立牢固的纽带,犹如同一战壕中的战友会感受到一种特殊的亲近感,冒险与人分享其隐蔽情感的人可以很快与人变得亲近。

● **心理测试**

小测试 3－1　　你是一位性格内向的人吗？

请逐一阅读以下主要特性的列表,感觉哪一类所列的描述更像你,或是大多数时候更像你。因为我们生活于一种偏爱外向性格的文化氛围之中,而且我们的工作、学习、家庭都可能要求我们变成一个性格外向的人。请根据实际情况进行回答,而不是根据你想要成为的那样去回答。请根据你的第一印象进行选择。

特性 A

喜欢处于各种各样的事情之中。

喜欢多样性,厌烦千篇一律。

认识很多人,并将他们视为自己的朋友。

喜欢聊天,即便谈话的对象是陌生人。

活动后觉得精力充沛,并渴望参加更多的活动。

说话或做事时不需要先想一想。

通常是精神饱满、劲头十足的。

喜欢说话而不愿意倾听。

特性 B

休息时喜欢独自一人或与少数几个亲密的朋友在一起。

只是将关系较深的人视为朋友。

在外出活动(即便是喜欢的活动)之后,需要休息。

通常是一位倾听者,但在谈论对自己重要的话题时,能侃侃而谈。

看起来是平静的、沉默寡言的,并喜欢观察事物的。

在说话或做事前倾向于先想一想。

在群体中或压力大的时候感到头脑变得一片空白。

不喜欢匆忙行事。

哪一类特性更好地描述了你？ 如果是特性 A,你是一位性格外向的人;如果是特性 B,你是一位性格内向的人。你可能不会具有表中的所有特性,但其中一个特性会比另一个更加合适你。

参与式活动

小游戏 3 - 2　　　**"如果我是"句子完成小测验**

目的：帮助大学生梳理、觉察自己的性格特点。

时间：10 分钟。

地点：普通教室或宿舍。

具体步骤：

请完成以下一些想象的主题，把句子填写完整：

（1）如果我是任何一种动物，我希望我是＿＿＿＿＿＿＿＿＿＿＿＿＿＿＿＿＿

（2）如果我是一种鸟，我希望我是＿＿＿＿＿＿＿＿＿＿＿＿＿＿＿＿＿＿＿＿

（3）如果我是一种昆虫，我希望我是＿＿＿＿＿＿＿＿＿＿＿＿＿＿＿＿＿＿＿

（4）如果我是一朵花，我希望我是＿＿＿＿＿＿＿＿＿＿＿＿＿＿＿＿＿＿＿＿

（5）如果我是一棵树，我希望自己是＿＿＿＿＿＿＿＿＿＿＿＿＿＿＿＿＿＿＿

（6）如果我是一种家具，我希望自己是＿＿＿＿＿＿＿＿＿＿＿＿＿＿＿＿＿＿

（7）如果我是一种乐器，我希望自己是＿＿＿＿＿＿＿＿＿＿＿＿＿＿＿＿＿＿

（8）如果我是一种交通工具，我希望自己是＿＿＿＿＿＿＿＿＿＿＿＿＿＿＿＿

（9）如果我是一个国家，我希望自己是＿＿＿＿＿＿＿＿＿＿＿＿＿＿＿＿＿＿

（10）如果我是一部影片，我希望我是＿＿＿＿＿＿＿＿＿＿＿＿＿＿＿＿＿＿＿

（11）如果我是一种颜色，我希望我是＿＿＿＿＿＿＿＿＿＿＿＿＿＿＿＿＿＿＿

（12）如果我是一种食物，我希望我是＿＿＿＿＿＿＿＿＿＿＿＿＿＿＿＿＿＿＿

（13）如果我是一项世界纪录，我希望我是＿＿＿＿＿＿＿＿＿＿＿＿＿＿＿＿＿

（14）如果我是一种自然现象，我希望我是＿＿＿＿＿＿＿＿＿＿＿＿＿＿＿＿＿

（15）如果我是一本书，我希望自己是＿＿＿＿＿＿＿＿＿＿＿＿＿＿＿＿＿＿＿

如果你已经完成，你可以重新再仔细读一下自己所写的那些东西，然后问一下自己那样写的理由："我希望自己是……因为……"

此外，你写下了自己的希望，也思考一下，你的现状是怎样的，两者有什么不同？ 存在怎样的差距呢？

如果有其他人也做了这个练习，你可以试着和同学交流一下，看看别人会写什么，为什么会这样写。

这是一个通过比喻的途径来认知自己的方法，借此，你还可以多了解自己想要做什么事，想要成为怎样的人。如果能和别人交流讨论，你就能了解别人的想法，也许别人会有一些与你视角不同的观察,还可以反馈给你一些原先没有考虑过的或是你自己没有意识到的盲点呢!

小游戏 3-3　　画出你的树木人格图

目的:了解投射测验并帮助大学生梳理、觉察自己的性格特点。

时间:10 分钟。

地点:普通教室或宿舍。

具体步骤:心理老师为学生提供白纸、彩笔等绘画工具,引导学生在白纸上画一棵树。接下来可根据以下参考材料,帮助学生了解自己的性格特点、成长经历,引导学生互相交流与分享。

参考材料:由于树的成长和人的成长有相似性,树木人格图用树来比喻人的成长,可以让人产生丰富的联想。画树时给出的指导语可以是"请在白纸上画一棵树",如果作画者问:"画一棵自然界有的树,还是想象中的树?"可以回答:"你想要怎么画,就怎么画。"通过画树,可以考察一个人的成长经历,能反映一个人对成长的感受,容易呈现一个人对自我负面的感受,也可以让人表现出原始、较为基本的层面。

树是地球上古老的生物,是生命的化身,成长的象征。树的根从大地汲取生长的营养,人类也从大地母亲那里得到生存物质。树从幼苗成长为参天大树的过程与一个人的成长过程非常接近。树干上的疤痕、节孔等是生命成长过程中的创伤,这也同样适用于人类。正因为人和树之间的可比性,通过对树的分析,我们可以看出人的某些特征。

图 3-5

常见的画树测验及其解释[①]

代表冲动,易受感情刺激、敏感性神经质、爆发性兴奋等倾向。		代表感受性强烈、美感性要求高、有强烈共感、同情,或代表人格丧失,对境界的认知性差、自我和他人环境处于浮动朦胧状态。 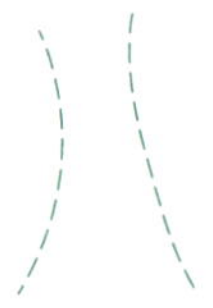
表示内心世界软弱、受抑制,或曾有过心理创伤体验等。		树冠特大表示自信、达成欲望强烈、有野心、自豪、自我赞美、自我执着、热心等。 

---

① 徐光兴.学校心理学[M].上海:华东师范大学出版社,2016.

代表适应困难、易产生矛盾,过去有创造性,现消失,目前遇到困难,或有疾病体验等。		若是学龄前儿童,发展障碍、弱智、幼儿性强、天真、可爱或向原始状态退化、神经质等。	
代表自我中心、快活,对异常事情不关心、任性、趣味不健全等。		树冠过大有垂下迹象,表示情绪比较稳定,但意志比较薄弱、缺乏创造力,很少攻击性;做事优柔寡断等。	

　　值得一提的是,树木人格测验的优点在于施测简单方便,具有一定的诊断价值。不过,有关所画图画的解释分析,需要有熟练的技术和丰富的理论基础及临床经验,并要以高度谨慎的态度对待这个测验的结果,否则会因错误的解释造成误解。

思考点

什么样的人格特质最抗压?

　　参考材料:早在 20 世纪 70 年代,心理学研究者就发现,有一些个体不管压力情境如何都能抵抗住压力所带来的生理和心理影响。一项在美国伊利诺斯贝尔公司进行的研究分析了超过 700 名职业经理人的压力反应,结果发现在同样的压力环境中,数百名经理人表现出压力带来的生理症状在另一些人身上却没有。对这一小部分人群进行进一步研究发现,他们与那些屈服于压力的人的区别在于拥有独特的人格特征,这一系列研究的负责人、心理学家卡巴沙把这样的人格特征称为坚韧人格。

　　心理学家卡巴沙还对不同种族、宗教和性别的人群中共有的坚韧人格进行了如下归纳:(1)坚韧人格可能可以克服遗传的患病倾向。(2)个体可能表现出 A 型人格特质[①]却没有心脏疾病的风险(A 型人格是指一种急促或匆忙的生活风格,这种人格与时间紧迫感有关,个体擅长思考或做许多事情,A 型行为比其他所有危险因子的组合更能有效预测心脏疾病)。(3)在更高压力的工作中,内部资源比强有力的家庭支持更为重要。(4)一些被视为坚韧人格的人会表现出 A 型人格中除了敌意以外的其他行为表现,这些人会非常享受生活。

---

① 美国学者 M. H. 弗里德曼等人研究心脏病时,把人的性格分为两类:A 型和 B 型。A 型人格者属于较具进取心、侵略性、自信心、成就感,并且容易紧张。A 型人格者总愿意从事高强度的竞争活动,不断驱动自己要在最短的时间里做最多的事,并对阻碍自己努力的其他人或其他事进行攻击。B 型人格者则属较松散、与世无争,对任何事皆处之泰然。

卡巴沙和他的同事认为,虽然坚韧人格是天生的,但是承诺、控制、挑战的特质却可以习得。在一项研究中,为了证明为期八周的坚韧技能培训的有效性,伊利诺斯贝尔公司的 16 名正经历着与压力相关的健康问题的经理人被分成两个小组,一组学习坚韧技能,另一组为控制组没有接受相关训练。教给学习组的技能包括:聚焦或认识压力的身体信号(如身体紧张等)、重构(重新解释压力源以及解决它的种种观点)、补偿(把个人才能的控制转为重要力量的能力,而不是助长无助感)。在学习这些新技能后,学习组在坚韧人格量表上的得分提高了,甚至血压也随之降低了。实际上,卡巴沙等人的研究结果与马斯洛的理论和自我实现的概念很接近,坚韧人格有助于心理健康。

第三节　面子与里子——自尊心的培养

▌案例故事

　　小安今年大四,正如她的名字,小安是个很安静的女孩子,交谈中时不时地低下头去,似乎要回避咨询师的目光。小安的烦恼来自同学的评价。她的同学小 H 与她的关系不错,正因为如此,小安才特别在意她的评价。前两个星期,小 H 说她在实习带教的时候声音太小,声音那么轻还做什么老师? 小安为此深深困扰,她多年的理想就是成为一名老师,现在小 H 说她不适合,小安也开始想自己是不是真的不适合做老师呢? 小安说起她为什么想当老师,是因为小学老师的声音特别动听,她很喜欢,从那时起她就想做一个那样的好老师。为了实现做老师这个理想,小安大学毕业以后离开家到很远的地方求学,现在正在一步步接近自己的理想。可是她现在得到的评价是自己声音太轻,做不了老师。此外,她又说起困扰自己的另一个问题,原来小安一直以来很难对她的学生作出评价,因为她怕伤害到学生,这造成了她在上课时变得束手束脚,几乎没办法和学生交流。

　　在心理老师的引导下,小安开始探索这种过分在意他人评价的感受,以及这种感受的来源。原来,小安的家庭是一个有很多规矩的大家庭。妈妈是一个很严格的人,追求完美,直到现在也会因为要把事情做到更好而觉得很累。小安还回忆起自己小时候有一次因不愿意去亲戚家做客,被爸爸当着许多亲人的面打了一顿,这给她留下深刻的印象,让她认为自己不能说出自己真实的想法，否则会被打。

还有一次，小安从外地寄贺卡给父母，却神使鬼差地寄到了老师的办公室。结果老师当众把这件事向所有的同学说了，意思是怎么没有给老师寄贺卡，好像还说了什么"滴水之恩，当涌泉相报"之类教训小安的话。当时她非常难过地哭了，羞愧得恨不得马上从教室里消失。后来这件事渐渐淡忘了，她每年会给这位老师寄贺卡，每年也会去看这位老师。小安说自己对这个老师一直是很感激的，在她家里"忘恩负义"是非常严重的悖伦常行为。

在咨询过程中，小安的声音一直很轻，听起来比较费劲，如果咨询师没有听清她在讲什么而特别注意到她时，她反而就会停下来，似乎不确定自己该说什么。咨询师感觉是她一直在躲开别人的注意。小安谈到在高中的时候没有像初中时那样得到老师的关注了，所以一来二去就形成了"躲"的态度。另外，小安一直在用"您"称呼咨询师，并说她一直对老师等权威采取这样尊敬的态度。咨询师请她尝试把称呼换作"你"，告诉她希望在咨询室里建立一种平等的关系。在咨询室里面，并没有一个比她高级并且无所不知的权威，而是一个希望能了解和帮助她的一个人。小安说这样的改变令她一下子轻松很多。第一次咨询结束时，心理老师给她布置的回家作业是练习大声说话，小安欣然接受，正如她自己所说，她一直是一个很乖的来访者，从来不敢表达自己真正的想法，现在是时候让她作一些改变了。

注：本案例改编自本书作者的咨询活动。

小安同学是个不自信的姑娘，也正是因为对自己的不确定，才会那么在意外在的评价，生怕自己做错了事情，从来不敢表达自己真正的想法，你也会有像小安这样的时候吗？实际上，当咨询师询问小安是否喜欢自己的时候，小安低下了头，从小到大，内向的小安似乎从来就没有喜欢自己的时候，总是觉得自己做错了，即便表现得还不错，也会觉得自己不够好，这样的自我信念让小安变得缩手缩脚，说话声音都大不起来。在本节中，我们将向你介绍自我悦纳的知识，了解喜欢自己、接纳自己、欣赏自己是一种能力，在自我悦纳的过程中，你也会像案例中的小安一样，从大声说话开始，真正绽放出属于自己的精彩。

● 理论与讲解

一、测测你的自尊

"知道自己是谁"和"喜欢自己是谁"是两回事。上一节介绍了如何了解自己个性的一些心理学方法，大学生也的确在理解自己是谁方面越来越准确，并逐渐形成自我概念,但这种知识其实并不能保证他们更喜欢自己。事实上,伴随着对自己越来越准确的认知,大学生可以更加全面地看待自己、如实描绘自己,这种认知的复杂性使得大学生们可以区分自我的各个方面。比如,一个大一学生可能在学业表现方面有高自尊,但在与他人的关系方面有着低自尊,或是正好相反。自尊是个体对自身价值、长处、重要性等各个方面的情感上的评价,它表达了一种肯定或是否定的态度,表明个体在多大程度上相信自己是有能力的、重要的、成功的和有价值的,自尊是自我概念的重要成分,也是人格特征中关于自我价值感的核心概念。自尊与心理健康密切相关,是心理健康的主要标志之一,同时制约着人们个性发展的方向。你可以先用以下著名的罗森博格自尊量表①测一测,评估一下自己的自尊水平到底如何。

这个量表是用来了解你是如何看待自己的,请仔细阅读下面的句子,选择最符合你情况的选项,请注意,这里要回答的是你实际上认为自己怎样,而不是回答你认为自己应该怎样。答案无正确与错误或好坏之分,请按照你的真实情况来描述自己。

表 3-4	选　　项	非常符合	符合	不符合	很符合
罗森伯格自尊量表	1. 我认为自己是个有价值的人,至少与别人不相上下。	4	3	2	1
	2. 我觉得我有许多优点。	4	3	2	1
	3. 归根结底,我倾向于觉得自己是一个失败者。	1	2	3	4
	4. 我能像大多数人一样把事情做好。	4	3	2	1
	5. 我感到自己值得自豪的地方并不多。	1	2	3	4
	6. 我对自己持肯定态度。	4	3	2	1
	7. 总的来说,我对自己是满意的。	4	3	2	1
	8. 我希望我能为自己赢得更多尊重。	1	2	3	4
	9. 我确实时常感到自己毫无用处。	1	2	3	4
	10. 我时常认为自己一无是处。	1	2	3	4

这个量表的分值范围在 10 分到 40 分之间,分值越高,说明你的自尊水平越高。实际上,在遇到困境时,自尊水平越高的个体越倾向于采用问题解决和求助

① 自尊量表(self-esteem scale,简称 SES)是由罗森伯格(Rosenberg)于 1965 年编制的最初用以评定青少年关于自我价值和自我接纳的总体感受的量表,目前是我国心理学界使用最多的自尊测量工具。

的应对方式,而自尊水平越低的个体则越倾向于采用自责、幻想和逃避的方式。高自尊者对自己有一系列的正面评价,认为自己表现比较出色,有能力、有信心克服所碰到的困难和问题,即便暂时没有能力应付当前的问题,也会因为正向的、好的自我评价以及自我悦纳感而积极寻求解决方式或主动寻求帮助。自尊与遗传因素、家庭环境、父母的教养方式、学校的教育以及自身能力等许多因素有关。大学生正处于自我意识飞速发展的阶段,有意识地培养自己良好的自尊,学习欣赏自己、悦纳自己也是大学阶段的必修课。

和自尊脆弱的人相比,把自尊更多地建立在良好的自我感觉而不是分数、外貌、金钱或别人的赞美等外在条件上的人往往会比较稳定地感到状态良好。研究者在对密歇根大学的学生的自尊研究中发现,把自尊建立在外部因素基础上的个体自我价值感较为脆弱,会经历更多的压力、感到愤怒,甚至产生人际关系、吸毒酗酒、饮食障碍等问题。也就是说,虽然发展良好的自尊是大学生重要的心理成长任务,但如果这种自尊只建立在外在评价标准上,反而容易带来更多的压力以及人际关系问题。只有多培养自己的才能,发展良好的人际关系,建立自己稳定的自我评价标准,这样的自尊感才能给我们带来更大的幸福感。

二、培养良好自尊的方法

当我们认为自己价值很低或是没有价值时,自我容易被感知到的压力所攻击,被压力压垮;相反,如果我们具有高自尊,问题和忧虑就容易被忽视。自尊是经由在对我们身份进行有意义的思考、感觉、行动中不断培养而成的。但是,自尊也是个可变的整体,就像环境温度一样,在一天中也有可能产生升降,不过,这个升降会维持在一个特定的范围中,个体自我价值的核心就蕴藏其中。一般来说,具有压力耐受性的个体通常具有较高的自尊,也正因如此,发展良好的自我感觉相当于为自己发展良好的意识免疫系统。

自尊领域的研究者、心理学家布兰登提出了自尊的六个支柱,大学生可以有意识地培养这六个方面:(1)关注行动,即不断克服困难、勇于挑战目标的过程,扎扎实实地发展自己基于内在评价标准的自尊;(2)有意识的生活实践,即留心自己参与的每一项活动,从手边的事情做起,将手头在做的事情做好、做精;(3)自我接纳的实践,即采用这些认知行为疗法①的技术,驳斥那些不假思索的、与自己作对的想法,学习自我激励、自我接纳;(4)自我负责的实践,即选择对自己的感觉负责,试着从心里认为"我对自己的幸福负责",而不是让自己的感觉屈服于自己所

---

① 认知行为治疗是由贝克(A. T. Beck)在 20 世纪 60 年代发展出的一种有结构、短程、认知取向的心理治疗方法,主要针对抑郁症、焦虑症等心理疾病和不合理认知导致的心理问题。它主要聚焦于患者不合理的思维方式上,通过改变患者对己、对人或对事的看法与态度来改变心理问题。

处的关系中；(5)自我肯定的实践，即尊重自己的想法、需要和价值，寻找合适的方式来获得满足，也要多尝试能够让自己肯定自己的实践活动，在不断的实践中开拓自我；(6)有目的的实践，即避免过多地陷入希望和愿望的思考过程中，而是做你需要做的事情，使你的目标实现。避免想得太多、做得太少。

此外，低自尊的个体常常觉得自己无能，容易受到他人的影响，表达情感的范围较为狭窄，容易变得偏重防卫或易受挫，倾向于因为自己的弱点而责备别人。而高自尊的个体比较独立、能承担责任、乐于接受新挑战。提高自尊的方法如下。

(1) 消除消极的标准。如果你在内心总是贬低和批评自己，就需要挑战这些消极的声音，这些消极的声音适当时可能会帮助你更有准备地应对困难，如果太多时则会威胁到你的自尊，需要勇敢地挑战这些内心深处自我否认的声音。

(2) 积极地肯定自己。有些大学生哪怕取得了进步和成绩，依然觉得自己不够好，就需要学习时常给自己积极的强化和肯定，可以试着记录自己优秀的品质和过往成功的经历，在自己情绪低落时，拿出来看看。

(3) 把失败看成财富。当你在实现愿望的过程中犯了错误时，要避免说："我本来应该……"而是从失败中获取经验，不要沉溺在错误中觉得自己永远无法弥补，而是把这暂时的失败看成成长的经验，寻找新的成长机会。

(4) 关注真实的自我。记得聆听你内心深处的声音，避免在外在的要求和他人的眼光下不知不觉地离自己越来越远，冥想、静思、反思都能帮助你聆听自己内心深处的声音。

(5) 避免与他人比较。大学阶段是个学习了解自己、发展自己的好时机，你可以试着列出自己独一无二的个性、优点、特长，试着去发展这些部分，记住，你不可能比任何人在任何方面都有优势，你唯一要做的是发现你自己的特长，成为独特的自己。

(6) 让兴趣多样化。如果你只是关注自己的学业成绩，偶尔在考试中表现糟糕时，你可能会让自己的自尊受到严重的打击，虽然考试失利对于一个学生来说几乎不可避免，不妨多发展自己的兴趣或其他方面的特长，让自己的人生更加丰富。

(7) 主动联系朋友。发展几个深交的朋友，拓展你的朋友圈，与优秀的、有趣的、亲密的、温暖的朋友相处能帮助你拓展自己的见识，锻炼自己的社交能力。

(8) 肯定自己的价值。在压力事件发生之前或身处其中时，记得有意识地强调你的价值，有意识地对自己表达感谢和欣赏，这份自我肯定将有助于你面对压力、度过困境。

小问答

问题:老师你好,好不容易我才敢在键盘上打下这些字。有时候,我也弄不清自己究竟是什么样的人。我也渴望积极参加社会实践,但是我怕自己不能胜任。曾经有三次我试着加入社会大家庭,积极成为身边同学中的一员,我渴望和他们聊天、和他们打闹,但是每次是怀着希望而去,带着失望而归。

我生长在农村,自我封闭使我成了一个内向的人,尽管有时候我会很积极地参加某些活动,但那只是为了掩饰内心的空虚。有时候我真的好寂寞,好无聊,好想找人聊聊天,我真的好羡慕那些有女朋友或者人缘很好的同学,但至今为止我不知道自己喜欢哪些类型的女生,也不知道该怎样去交朋友。在上大学以前,我的任务就是考上好大学,可是等到考上大学之后,我才发现,我失去的原来比我得到的多,真的真的好怀念小时候在田间打滚的日子,真的希望能够和自己的家人出去尽情地游玩一次,真的希望能够拉着爱人的手走在黄昏后,可是这一切似乎都与我无缘。我不承认自己是上天的弃儿,我知道自己在很多方面都做得不好,可是有谁愿意把事情搞砸。有时候真的觉得好烦好烦,但有时真的不知道该怎么办。

——想要走出来却又不知道怎么办的阿强 大三国际商务学生

答:强哥,能感觉到你正处在困境中,想要走出来却又不知道该怎么办。我猜想,一方面你可能缺少一些社会交往的技巧,就像你说的,过去的成长环境可能没给你锻炼社会交往的机会,上了大学之后几次有限的尝试可能因为缺少方法或是机缘巧合又不太顺利。建议你主动学习一些社交技巧,可以参考一些书籍(比如人际交往技巧等,在上一节中,我们也介绍了一些日常沟通的小技巧)或是在本校心理老师、辅导员、同学的帮助下进行练习。你需要一些支持和鼓励,要知道人在低谷的时候,我们都需要有人可以拉一把。另一方面,我也注意到你可能对自己的评价偏低了,你说自己不是上天的弃儿,在很多方面都做得不好,这些负面的自我评价从哪里来,你是否质疑过自己的这些评价?也许你没有想到,可能正是这些糟糕的自我评价让你在面对同学或是陌生人时容易紧张、缩手缩脚。试想一下,从今天开始,如果你对自己的感觉更加积极,更加肯定自己、喜欢自己,生活会有什么不同吗?当你参加这些社会实践或和异性相处的时候会有不同吗?试着和心理老师聊聊看,一旦你可以改变看待自己的方式,提高自己的自尊,也许你的表现也会大不同了呢!

参与式活动

小游戏 3-4 **和身边的人说谢谢**

目的:培养感恩的心态,并将感恩发展成生活中的习惯。

时间:30分钟。

地点:普通教室或宿舍。

具体步骤:

心理老师引导大家完成以下练习。

第一步,写出感恩的名单。

请写下三十个在你过去的生活中遇到的、值得感谢的人。检讨一下自己是否明确将你的感谢之意传递给了他们。如果没有做,就赶紧补做。记得表达感恩之心是永远不会迟的。如果你已经做过了,再做一遍也无妨,为何不让对方再高兴一回呢?

第二步,写一封真心实意的感谢信。

不要让上面三十个人的名单局限了你的感恩之心。你可以试着写一封真心实意的感谢信,也可以回顾一下自己的生活,看看有没有更多的人值得你写信给他们。他们可以是你认识的人,也可以是已经过世的或对方并不认识你的人,比如对你影响很大的一位长者、作家或思想家等。写信的目的是向他们表达爱和感谢,感谢他们能够在你的人生经历中出现,感谢他们让你自己有这样的好运气。

第三步,回顾感恩时刻。

回顾自己的生活经历,看看留在你记忆里的那些重要时刻,它们当时给你留下了怎样的印象和影响? 是福是祸? 是你想要的还是不想要的? 现在回头看看,有没有一些值得感恩的经历和时刻,甚至当时那些痛苦的困境和挫折是不是已经成为自己的宝贵的阅历和心灵财富?

如果以上这些练习对你来说非常困难,比如,你想不起生活中有什么人值得感谢的话,你可能已经把自己封闭起来了,或还没有学会爱别人,不妨去尝试一下和心理老师聊一聊。

小游戏 3-5   优点轰炸

目的:学习发现别人和自己的优点,以促进个人自尊与成长。

时间:30分钟到1个小时。

地点:普通教室或宿舍。

具体步骤:

在心理老师的引导下,用轮流的方式请每个成员用两分钟时间说出自己的优势或长处,并用5分钟时间倾听团体里的其他人一一说出自己的优点。说自己长处的时候,不得使用"假如""但是"这样的字眼,在听别人说自己的优点时,只允许倾听,不必表示感谢,但也不可泼别人的冷水。团体里的每个人都必须完成这样的"优点轰炸"过程。接下来,团体花15分钟时间讨论刚才发生的"优点轰炸"的过程。最后可以邀请团体成员一起朗读家庭治疗大师维吉尼亚·萨提亚的自尊宣言——小诗《我就是我自己》。

思考点

高自尊是否也存在一些弊端？你怎么看？

参考材料：一般来说，我们都知道低自尊的人在抑郁、滥用毒品与各种行为过失方面面临更多的风险，而高自尊则有利于培养主动、乐观和愉快的感觉，不过也有研究者发现那些黑帮头目、极端种族主义者和恐怖主义者同样存在较高的自尊。

当发现自己高傲的自尊受到威胁时，人们常常会以打压他人的方式来应对，有时甚至是以暴力的方式来反应。一个心高气傲的孩子，如果受到社会性拒绝的威胁和挫折，可能相当危险。在一项研究中，研究者以在能力测验中的失败来威胁一组大学生，而另一组控制组则不受此威胁，结果发现，那些高自尊的人在面对威胁时表现出明显的敌意。自尊领域的研究者鲍迈斯特认为，高自尊的人常常是令人讨厌的，而且常常喜欢插嘴打断别人，他们喜欢对人评头论足，而不是与人交谈（与那些害羞、谦虚、不爱出风头的低自尊的人相比），鲍迈斯特认为，自制远远比自尊更有价值。

不过，那些常常自我膨胀的人是不是在掩饰他们内心的不安全感和低自尊呢？许多研究者都试图找到包藏在这种外壳里的低自尊，但是，对欺诈者、黑帮成员、实行种族灭绝的独裁者以及令人讨厌的自恋者的各种研究并未发现相关证据，顺便一提的是，希特勒具有非常高的自尊。不过，也有研究者对此持有相反的意见，芬兰心理学家萨米瓦利指出，黑帮成员表现出一种自卫式的、夸大自我的自尊模式，而那些具有真正自尊的人，即那些不需要通过寻求成为注意焦点或被批评激怒后才明确感觉到具有自我价值的人，会更经常性地去保护暴力行为中的受害者。当确信自我感觉良好时，我们的自我防御意识会降低，也不会那么脸皮薄或好评论，不会去吹捧那些喜欢我们的人或指责那些不喜欢我们的人。

心理测试

小测试 3-2   你有多擅长照顾你自己？

以下小测试能帮助你了解自己是不是个擅长照顾自己的人，请仔细阅读每个描述并决定它是否可用来形容你本人。试着用以下方式为自己打分：非常符合，3 分；较符合，2 分；不太符合，1 分；非常不符合，0 分。每题不必过多考虑，根据最初的感觉写出来即可。

1. 我偶尔会送给自己一些类似于礼物等美好的东西。	
2. 我会腾出时间来进行休闲活动。	
3. 我认为在某些时候有必要为自己考虑。	
4. 生病时有人照顾我,我会很开心。	
5. 生活中,我会计划如节日出行这类我能有所期待的活动。	
6. 每天我要确保我有时间做一些能让自己愉快的事。	
7. 我很注重健康和打理自己的外表。	
8. 别人送我礼物或称赞我所做的事,我会很开心。	
9. 我认为当我完成一项出色的工作,我会表扬自己。	
10. 我觉得我能主宰自己的人生,由他人的需求来看,我不是在简简单单生活。	
11. 我重视健康的饮食并且绝不会不吃饭。	
12. 我会专门参加运动来保持身体健康。	
13. 与我喜欢的人之间的友谊,我会花时间来经营。	
14. 我会抽出时间参加有意义有趣的活动。	
15. 有时我不得不把个人需求放在第一位,这也许意味着我不得不伤害其他人。	
16. 当别人对我提出要求时,我可以说"不"。	

计分方式:

如果总分少于 25 分,说明你有必要提高自我照顾的技能,你可能更多考虑别人的感受,总是忽略自己,也不太擅长给自己安排一些内心喜爱的活动。请试着从今天开始更多喜欢自己、接纳自己,学习照顾好你自己。

如果总分大于 25 分,说明你自我护理的能力还不错,请继续保持即可。

你可以继续完成以下作业:列出一张清单,写上 10 条能够让自己愉快的活动或是你喜欢做的事情,并且逐步引入你每周的时间计划表内。

小测试 3-3　你的自我接纳程度如何?

请仔细阅读以下每个项目,在最符合自己实际情况的数字上打钩。每题不必过多考虑,根据最初的感觉写出来即可。[1]

---

[1] 丛中,高文凤.自我接纳问卷的编制与信度效度检验[J].中国行为医学科学,1999(01),20—22.

	(1)非常 不符合	(2)基本 不符合	(3)基本 符合	(4)非常 符合
1. 我内心的愿望从来不敢说出来。				
2. 我几乎全是优点长处。				
3. 我认为异性肯定会喜欢我的。				
4. 我总是因为害怕做不好而不敢做事情。				
5. 我对自己的身材相貌感到很满意。				
6. 总体来说,我对自己很满意。				
7. 做任何事情只有得到别人的肯定我才放心。				
8. 我总是担心会受到别人的批评或是指责。				
9. 学习新东西时我总是比别人学得快。				
10. 我对自己的口才感到满意。				
11. 做任何事情之前我总是预想到自己会失败。				
12. 我能做好自己所有的事情。				
13. 我认为别人都不喜欢我。				
14. 我总担心自己会惹别人不高兴。				
15. 我很喜欢自己的性格特点。				
16. 我总是担心别人会看不起我。				

计分方法:反向计分题为 1,4,7,8,11,13,14,16,四个选项按照正向计分分数为 4、3、2、1,按照反向计分分数为 1、2、3、4。将总分加起来后,你该量表得分越高,说明自我接纳程度越高。其中 8 个条目(1,4,7,8,11,13,14,16)为自我接纳因子,另外 8 个条目(2,3,5,6,9,10,12,15)为自我评价因子。

如果在这个小测试中,你发现自己的得分偏低,大多数正向计分的选项都不太符合你日常生活中的情况,那么,你非常有必要提高自己的自我接纳程度,梳理一下你不喜欢自己的地方有哪些,有必要的话,可以在心理老师的帮助下学习喜欢自己、欣赏自己,从而更好地发挥出自己的潜能。

● **相关资源**

推荐书籍:《自卑与超越》(2016 年)
作者:阿尔弗雷德·阿德勒(奥)

出版社:浙江文艺出版社

内容简介:阿德勒是新精神分析的代表人物、个体心理学的创始人,他认为,一切人类文明都是基于自卑感发展起来的,他分析了人类的潜在自卑,鼓励创造性自我,追求优越、超越自我。

推荐理由:这是一本帮助你了解自己、认识自己、激励自己的心理学佳作。

推荐书籍:《天生不同——人格类型识别和潜能开发》(2016 年)

作者:伊莎贝尔·迈尔斯(美)

出版社:人民邮电出版社

内容简介:迈尔斯-布里格斯类型指标(MBTI)性格测试基于荣格的人格理论,可以帮助你评估自己的类型和偏好,了解自己喜欢的是什么、擅长的是什么,以确定自己的人生道路。无论你是家长、教师、学生、咨询师还是上班族,MBTI 都可以帮助你了解他人人格的优势和劣势,突破人际之间的性格壁垒,提高人际沟通能力。这本书是性格测试领域的经典著作,被翻译成几十种语言,全球畅销。

推荐理由:这是一部帮助你了解自己个性特点的经典著作。这本书的作者发明了以自己名字命名的人格测试表(MBTI),系统地解释了人们的天资差异,比较符合中国人的思维习惯,可以帮助我们认识自己和他人,并进一步探究中国文化下形成的中国人的人格特征。

推荐影片:《快乐的大脚》(2006 年)

导演:朱迪·莫里斯(澳),沃伦·科尔曼(澳),乔治·米勒(澳)

影片内容:在帝企鹅家族里,只有一个办法能够让新生的小家伙得到大家的认可并且可以结婚生子——拥有一副动听的歌喉。不幸的是,波波由于爸爸曼菲斯在他还是一个蛋的时候不小心把蛋掉到了地上,导致他成了一只不会唱歌的企鹅。但是,他却是一个天生的舞蹈家,踢踏舞跳到了出神入化的程度。波波的妈妈诺玛把他的舞蹈天赋仅仅看成一个可爱的小爱好,但波波的爸爸以及大多数企鹅却认为,不会唱歌只会跳舞的波波根本就不是企鹅。不过他们达成的共识是,没有一副好嗓子的波波,可能永远也找不到真爱了。意想不到的是,不会唱歌的波波单独离家后,在路上碰到了一群企鹅朋友,开始了一段艰难却美好的旅程,也获得了很多问题的答案……

推荐理由:也许我们每个人都有像波波这样格格不入的时候,不仅周围人不喜欢自己,自己也变得不喜欢自己。影片里的波波经过了一段冒险的旅程终于发现了自己的价值所在,也实现了自己真正想走的路的目的。这段旅程对于个人的成长而言同样具有隐喻作用,也许,我们每个人都要走上这样一段发现之旅,也只有忠于自己,才能活出属于自己的独一无二的人生。

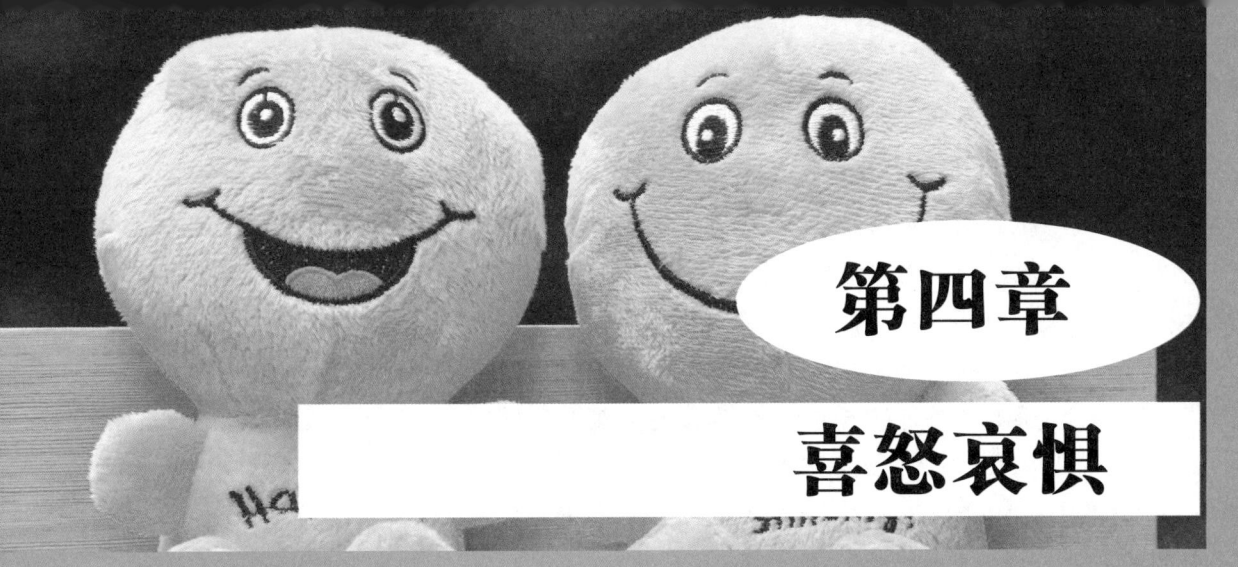

第四章

喜怒哀惧

第一节　情商加油站——情绪的基本概念

案例故事

　　我看到晓宇时,他正和妈妈安静地坐在接待室里,晓宇的眉宇之间似乎有些淡淡的忧郁。这个二十岁的小男孩在咨询前需要填写的预约登记表上赫然写下了"死亡恐惧"四个字,而晓宇的妈妈则在一旁赶忙说:"张老师,我想先和你谈谈。"

　　"直接带我去吃药好了……"

　　在咨询室里,晓宇的妈妈没等晓宇自己开口,就迫不及待地和我讲了最近发生在晓宇身上的事。原来三个月前,晓宇的外婆去世了,自此之后,晓宇就会断断续续地提到自己老是有关于死亡的想法,这个想法让他自己觉得害怕,觉得不应该这样想,却又忍不住。

　　晓宇的妈妈有些难过地说:"其实,晓宇的外婆去世,我也特别难过,但是,看到晓宇现在这样,我心里更不好受,也不知道能做些什么。"

　　我看了看晓宇,他在一旁皱着眉头,抱着手臂,似乎有些生气的样子。

　　"晓宇,看到妈妈这样讲,你好像不太高兴?"

　　"她总是动不动就哭,我早说了,直接带我去医院开药好了,人家说吃了药就不会胡思乱想了,她也用不着难过了。"晓宇低着头,口气有点冲。

　　"晓宇妈妈,晓宇看你难过似乎有些生气,你知道发生了什么吗?"

　　"他可能有些嫌我烦。张老师,我能不能直接问你,晓宇是不是得了强迫症了? 我在网上查了一些强迫症的资料,晓宇的症状还挺符合的,他这个想法控制不住,自己也觉得很痛苦……"晓宇妈妈说到这里的时候,晓宇在一旁不耐烦地转了个身,好像要离妈妈远一点一样。

"晓宇,妈妈说得不对?"我转过身问他。

"没什么不对的,她说什么就是什么,不如直接去吃药好了。"

"晓宇,我猜想妈妈讲得不完全对,你在登记表上写想要咨询的问题是关于'死亡恐惧'的,你能多讲讲这到底是什么意思吗?"

"这个词是我从网上看到的,我其实挺怕死的,但老是忍不住去想,一想又害怕。我和妈妈提到过几次,一提她就精神紧张,说我得了强迫症啦,说我是不是真的不想活啦,还老是哭……"

"呵,晓宇,你不希望妈妈这样看待这件事,那你自己是怎么看待这些奇怪的想法的呢?"

"我不知道,也许是外婆病倒后开始的。"说到这里,晓宇的眼眶红了。

征得这对母子的同意后,我有机会和晓宇单独聊了大概半个小时的时间。出乎意料的是,妈妈刚走开,晓宇就凑过来问我:"你是心理老师对吧,你能告诉我外婆到底到哪里去了吗?"

"晓宇,我注意到你讲到外婆的时候特别难过,你真的不想她离开你,是吗?"

"嗯,外婆一直带我长大的。那天,我其实看到她躺在那里,我就忍不住一直在想,外婆是死了吗?死了之后会到哪里去?"说到这里,晓宇的眼泪已经掉了下来,他咬着嘴唇,好像要努力把这些眼泪咽下去一样。

我似乎体会到晓宇的悲伤,默默陪伴着他。

"外婆病重的时候,一直和我说,她不想离开我,我也……不想离开她。妈妈说,外婆会在那边等着我们,可她又不告诉我,那边到底是哪里,我想现在就去……"晓宇抽泣着说,"外婆像是睡着了,我同学说,人死了就会那样,是那样吗?外婆还会回来吗?我问爸妈,他们总让我不要问了,别想了,可是他们越这样说,我越忍不住去想……"

在这半个小时里,晓宇和我讲了很多他的疑问。其实,从外婆突然病倒开始,他就开始想死亡的问题。在我听来,这些头脑中所谓奇怪的想法其实是他在表达对外婆的不舍和依恋。而晓宇的父母因为怕他没法接受外婆去世的打击,尽量避免和他谈论这件事,也没有带他一起去参加外婆的葬礼,这反而让晓宇从内心深处更无法接受外婆已经离开的现实。

第一次咨询结束的时候,我也邀请晓宇的妈妈一起走进咨询室,引导她看到晓宇对外婆的不舍,那些死亡恐惧在很大程度上是晓宇对外婆的一种悼念。我邀请晓宇一家下周一起来咨询,一起去祭奠已经离开的外婆。

注:本案例改编自本书作者的咨询活动。

晓宇同学在外婆去世后陷入了关于死亡的想法中停不下来,这些看上去失控的强迫思维或死亡焦虑背后其实埋藏着晓宇的情绪,这些情绪既有对外婆的不舍与依恋,又有对丧失的恐惧和无力,甚至还有一些对父母忽视自己感受的愤怒。

> 爱自己,接受自己,找到生命的价值。
>
> ——露易丝·海

这些被压抑的情绪没有合适的宣泄途径,晓宇自己也没有意识到这些复杂的感受。于是,心理咨询师邀请晓宇一家一起走进咨询室,一起祭奠已经离开的外婆,这正是营造机会来澄清进而宣泄这些无处安放的情绪。在我们的日常生活中,情绪几乎无处不在,甚至在短短的一天之内,你也能体会到各种不同的情绪起伏。如何了解进而识别情绪,如何管理情绪,与自己的情绪做好朋友正是大学阶段重要的情商课。

理论与讲解

一、情绪的两个维度

当代心理学家把情绪定义为一种躯体和精神上的复杂的变化模式,包括生理唤醒、感觉、认知过程以及行为反应,这些都是对个人知觉到的独特处境的反应。一般来说,情绪的定义必须包含两个方面:一是情绪体验是好的还是坏的;二是这些体验有特殊的身体唤醒水平。也就是说,情绪体验在这两个维度上不同,研究表明所有的情绪体验都可以用下图上独一无二的坐标来表示。

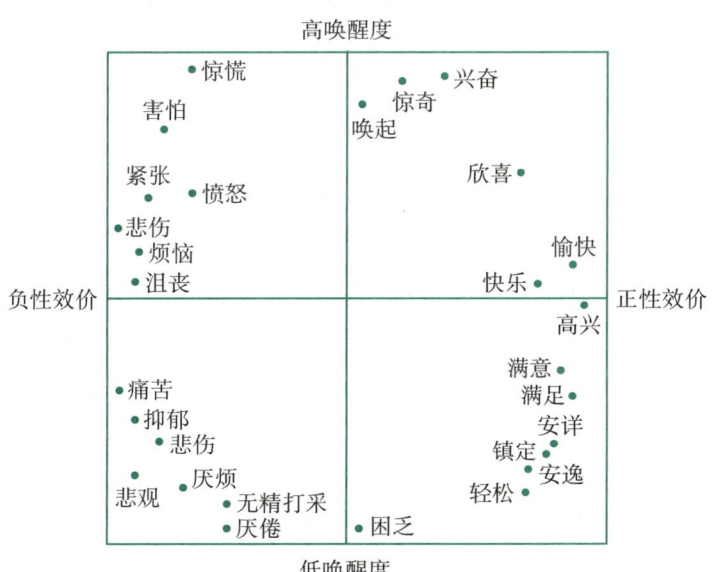

图 4-1

情绪的两个维度[①]

情绪的两个维度。正如城市能用它们的经度和纬度定位一样,情绪也能用它们的唤醒度和效价来定位。

---

① [美]丹尼尔·夏科特,丹尼尔·吉尔伯特,丹尼尔·韦格纳,马修·诺克.心理学[M].傅小兰,等,译.上海:华东师范大学出版社,2017:419.

二、情绪体验与生理活动的联系

情绪是一个与特定生理活动模式联系在一起的积极或消极的体验。早期有关情绪的经典理论对情绪的起因提出了不同的观点。

首先,詹姆斯和卡尔·兰格两位心理学家在19世纪末认为,一个刺激引起躯体活动,然后产生大脑中的情绪体验。根据这个理论,情绪体验是我们对外界的物体和事件的生理反应结果,而不是原因。

但是,詹姆斯以前的学生沃特·坎农和他后来的学生菲利普·巴德非常不喜欢以上这个观点,他们认为,一个刺激同时引起了躯体活动和大脑中的情绪体验。他们提出,人们常常很难觉察到自己的躯体反应,比如心率的改变,又怎么能把这样的改变称为情绪呢?此外,脸红往往要15秒到30秒才发生,但是人们在几秒钟之内就感到难堪了,脸红怎么可能是难堪的原因?

在坎农提出这些问题之后的三十年,斯坦利·沙赫特和杰尔姆·辛格提出了情绪是基于对生理唤醒的原因的推理,也就是说,刺激引发一般的生理唤醒,导致大脑对此进行解释,这种解释又导致了情绪体验。

实际上,目前的情绪研究发现,人们的确会对他们被唤醒的原因进行推断,而且这些推断影响人们的情绪体验。二因素模型在这点上是正确的,但是并非所有的情绪体验都是对同一躯体状态的不同解释,不同的情绪似乎有不同的潜在的生理唤醒模式,比如,愤怒、恐惧与悲伤都比高兴、惊奇与厌恶引起了更高的心率,而愤怒引起的手指温度的提高幅度比其他任何情绪都要大得多。

三、情绪与脑

20世纪30年代晚期,心理学家海因里希·克吕弗和医生保罗·布希发现,在给一只猴子做完外科手术后,这只猴子出现了行为异常,几乎会吃任何东西,会和任何一只猴子性交,好像变得特别无畏,连面对蛇时都能保持镇静。这只猴子到底发生了什么?原来,这一手术不小心损伤了这只猴子大脑中的杏仁核。后续研究发现,杏仁核在产生诸如恐惧的情绪时起到了非常重要的作用。

实际上,杏仁核并不能说是完全的"恐惧中心"。一个动物感觉到恐惧之前,它的大脑必须首先决定是否存在让它感到害怕的东西,这个决定叫作评价,是指对一个刺激中与情绪相关的方面的评估。实际上,杏仁核是一个极其快而敏感的威胁探测器。

心理学家约瑟夫·勒杜在2000年绘制了刺激信息在大脑中的传输路径,包括快通道(从丘脑到杏仁核)和慢通道(从丘脑到皮质再到杏仁核)。这意味着当皮质正在缓慢地用这些信息对刺激的身份和重要性进行全面分析时，杏仁核已经接受了从丘脑直接传递来的信息，而且作了一个快而简单的决定："这是一个威胁吗？"如果杏仁核对这个问题的回答是肯定的，它将启动神经活动，最终引起躯体反应和我们叫作恐惧的有意识体验。

　　皮质需要更长时间来处理信息，最终完成后会向杏仁核发送一个信号，这个信号可以告诉杏仁核是继续保持恐惧状态（信息已分析完毕，那是一只熊，而且会咬人！）还是降低恐惧（放松！只是一个穿着熊衣服的人）。因此，我们可以说，杏仁核踩着情绪的油门，皮质踩着刹车，也就是为什么皮质损伤的成人和儿童（儿童的皮质还没有发育好）都难以抑制他们的情绪。

图 4-2

恐惧的快通道和慢通道[1]

根据约瑟夫·勒杜（2000）的研究，一个刺激的信息同时经由两条路径传输："快通道"（用深灰色表示），从丘脑直接到杏仁核，以及"慢通道"（用浅灰色表示），从丘脑到皮质然后到杏仁核。因为杏仁核先接收丘脑传来的信息，后接收皮层传来的信息，所以人们在知道刺激是什么之前，就会害怕。

小问答

问题 1：老师，有时候我想和同学好好谈论一个问题，但谈着谈着就吵起来了。有没有什么办法，可以让我不要吵架，而是好好解决问题呢？

——新生　小远

答：其实，争执是日常生活中很常见的一种状态，它的频率甚至可能要和合作平分秋色了。吵架是非常伤人的，许多人都尽可能避免吵架。但是，从亲密关系的发展角度看，学会好好吵架其实是一种能力，培养好好吵架的能力，往往可以达到沟通和增进感情的目的。

　　很多争吵 90%是因为情绪，10%是因为问题。当双方处于情绪中的时候，无论怎么努力，问题都不会解决。因此，在吵架的气头上，如何能控制住自己的嘴，避免说出伤害他人的

① ［美］丹尼尔·夏科特，丹尼尔·吉尔伯特，丹尼尔·韦格纳，马修·诺克.心理学［M］.傅小兰，等，译.上海：华东师范大学出版社，2017.

话,其实是需要很好的情绪管理能力的。建议你可以描述自己的感受,如"我此刻真的很生气",说出自己的需要,如"我需要冷静一下",避免用攻击他人人格的方式来宣泄自己的情绪,如"你就是白痴",或是在气头上下定论,如"你永远不会明白我"。其次,要明白化解情绪的最好手段是倾听,等双方都冷静一些之后,所谓好好吵架还需要仔细去听一听对方是怎么想的,有可能的话一同来商量解决方案。大多数的吵架往往是因为其中一个人的需求没有得到满足,与其想办法不争吵,不如对争吵背后的需要保持觉察,一起做善于表达自己需要的亲密伴侣。

问题2:我有时会感到情绪低落,非常孤单,我不知道别人会不会有这种感觉,但我同学说我不正常、想太多。被他们一说,即使我觉得孤立无援,这种情绪也不会再表露出来了。我想,是不是因为我太软弱,所以才会觉得孤独?

——孤单的蒙奇奇

答:其实,生命从来不曾离开过孤独而独立存在,无论是我们出生、我们成长、我们相爱还是我们成功或失败,直到最后的最后,孤独犹如影子一样存在于生命一隅。孤独是非常正常的情绪,我们之所以觉得孤独,可能是缺失了某种重要的关系,比如家人的依靠、恋人的支持、朋友的肝胆相照,等等;有时,孤独也和缺乏归属感有关,我们都希望被接纳为群体的一部分,渴望在群体中受到肯定和重视,如果没有被接纳被认可,则会产生孤单感,甚至怀疑自己。

感到孤独的人不是软弱,有时反而比别人更能体验到生命的意义。你可以尝试以下方法面对孤独,比如:寻找你所需要的关系,试着有意识地发展一些志同道合的朋友,这将有助于你面对孤独;创造一些与自身联结的时刻,可以在独处时,将注意力全身心投入手头的事物中,沉浸其中,并享受这种沉浸感,这时内心感到静谧、平和,这就是一段自我修复的时刻;你还可以主动寻找存在的意义。有的人希望让所爱之人快乐,有的人希望让家人过上更好的生活,有的人希望让这个世界变得更美好……当你寻找到自己存在的意义时,你就找到了你在家庭、社会中的位置,找到了你的责任和使命,以及你生命的价值。

● 参与式活动

小游戏 4-1 情绪识别我做主

目的:帮助同学们正确识别情绪。

时间:30—45分钟。

地点:普通教室。

具体步骤:

第一步,心理老师给每位同学发一张大白纸,请同学将白纸铺在桌子上;再给同学发各种颜色和形状的便利贴和彩笔;工具准备好后,老师告诉学生,等一下请根据老师问题的内容,在便利贴上简要写下回想到的事情和感受,写得越贴切越好。

老师请学生回忆的内容如下:

(1) 你经历过的最快乐的事;

(2) 你经历过的最伤心的事;

(3) 你最害怕的事;

(4) 你最渴望实现的愿望是什么;

(5) 你能想到的最美好的事情;

(6) 最失落的时刻;

(7) 最珍惜的东西是什么;

(8) 你的梦想;

(9) 对你影响最大的人或事;

(10) 你最喜欢的场景;

(11) 最喜欢的一本书或一部电影。

第二步,学生在便利贴上写下这些内容,在写感受和关键词的过程中,学生已经对自己的情绪有了一个梳理,并渐渐意识到,什么是对自己最重要的。心理老师可引导学生分组讨论。

第二节 情绪的秘密——情绪与心理健康

▌案例故事

小丽来咨询时穿着一套黑色的运动服,她有些紧张地坐在我面前,小心翼翼地看着我说:"张老师,你觉得我这是不是得了什么怪病了?上周我表姐结婚,婚礼上大家都要讲两句祝福的话,轮到我时我的喉咙居然卡住了,一句话都说不出来,我好歹也是个大学生,丢人丢大了。"看到小丽笑着说这件事,我也笑着说:"虽然你说丢人丢大了,但你坐在我面前,似乎也在说,想要去了解这部分的自己,去看看自己到底是怎么回事。"小丽说:"是啊!我其实以前也有过说话不利索,但是还从来没出现过说不出话的情况,这也太吓人了。""是的,小丽,让我们从这'太吓人了'开始。"

在第一次咨询的过程中,小丽和我说到自己说话不利索的情况。她挠着脑袋说:"其实,我一直在某些时候有些说不出话的感觉,但是没有那么严重过。"

"可以说说看吗？那种说不出话的感觉。"

"我也不知道，好像喉咙卡住了。上次我和我妈逛超市的时候，我明明想买一种调料，但我妈说这种不好，还是另一种好。我其实当时很生气，不就是一种调料吗，这也要她做主，我当时很想坚持我的意见，但一时好像被气着了，什么也说不出来。然后我妈就随手挑了那种她要买的调料，我估计她都不知道我其实生气了，而且说不出来。太厌了，是吧，老师，说都说不出来。"小丽一口气和我说着发生的事情，完全没有说话说不出来的意思。

"小丽，你的意思是在你感到愤怒的时候往往说不出话来？表姐婚礼时也是这样吗？"

"表姐婚礼时，我没觉得自己愤怒啊。就是表姐结婚其实挺给我压力的，我现在读大学，表姐是个大专生，毕业后直接工作，工作也不错，现在又先结婚了。其实我自己也无所谓，但家里的亲戚，还有我爸妈他们比较介意这件事，总是说我，读这么多书，出来工作也不好找，而且我前面还刚刚和男朋友分手，他们老担心我找不到男朋友。"

"你自己觉得呢？"

"我觉得还好啊，我读的大学是自己喜欢的专业，我不觉得自己出来真的会那么难找工作，而且我已经在实习了。不过，和男朋友分手的确让我有点不爽，我的年纪是不小了。"小丽有些不好意思地看着我说。

"小丽，听起来你并不完全赞同亲戚或是父母的看法。"

"是的，我的确不赞同，很多时候都不赞同。"

"但是，好像是什么阻碍了你去表达你自己，卡在喉咙这里了。"我指了指喉咙。

"是的，好像有什么卡在这里了，我说不出来。"小丽用手捏着自己的喉咙。

"小丽，你能想象一下吗？如果有什么卡住你的喉咙的话，会是什么呢？是怎样一个东西，什么颜色的，什么质地的，多大？我想请你想象一下，让我也能体会到这里被卡住的感觉。"我引导小丽体会这种感觉，从身体的感觉上探索她的无意识。

"像是一个塞子，棕色的，把里面的气体都堵住了。"

"非常好，小丽，看看是怎样的气体，稠厚的吗？什么颜色的？"

"是棕色的气体，很厚很厚，一直累积在里面。"

"很好，小丽，我想请你闭上眼睛，保持观察，看看这棕色的塞子，以及棕色的稠厚的气体。"

"我觉得气体压力会越来越大，但是塞子塞得很紧很紧，很难受。"小丽用手揉着喉咙，一边说，一边好像在揉着这个塞子。

"我想请小丽体会一下，这样一个塞子，很紧很难受，可是它依然在这里，它想要说什么呢？"

"它不能让那些气体出来。"小丽喃喃地说。

"对，很好，我想请你体会那只棕色的塞子，它不能让那些气体出来，出来会怎么样呢？保持观察。"我陪伴小丽去看自己没有意识到的部分。

"好像很害怕，如果塞子不把这些气体堵住……"

"保持观察，看看如果堵不住，会发生什么呢？"

"那些棕色的气体如果堵不住，会弥散出来，弥散到空气中了。我觉得好像会把我妈妈包裹住，我妈妈会被这些棕色的气体腐蚀了。"小丽一边说，眼泪一边流下来。

"棕色的盖子好像在保护妈妈不受到伤害。"

"是的，很努力的，不让一点点棕色的气体泄漏出来。"

"哪怕心里有那么多委屈，气压越来越大。"

"有时候，就完全堵住了，卡住了。"

"来，试着做一个深呼吸，重新观看整个过程。"我陪伴小丽再次保持观察，去注意到更多的细节和可能。

"我看到，如果棕色的盖子打开了，很多棕色的气体冒出来，有点像毒气嘛，很厚的那种，然后不知道为什么妈妈就在那些气体里慢慢地腐蚀了，我很害怕，拼命要把那些气体收回来，但妈妈的脸已经被腐蚀了。"小丽一边说，一边哭。

"保持观看，像看电影一样，看一场关于你自己的电影，你随时可以叫停，也可以倒退。"

"我看到妈妈的脸被腐蚀了，整个人好像都要被腐蚀了，我很害怕。"

"和小女孩的害怕待一会，看看接下来会发生什么。"我鼓励小丽继续去看看这样的恐惧。

"我觉得妈妈会消失了，整个人都消失了，我像个惊慌失措的小女孩，什么都没有了。"小丽终于说出了她想象中的极大的恐惧。

注：本案例改编自本书作者的咨询活动。

在小丽的案例中，心理咨询师和小丽一起用想象的方法探索了小丽"奇怪的症状"——突然说不出话。小丽把这种说不出话的感受想象成一个堵在自己喉咙的塞子，塞子堵住的是一些棕色的气体，象征着小丽内心对妈妈的愤怒以及想要表达的话。但是，在小丽的心灵世界里，如果说出这些话（把塞子打开），造成的后果就会非常严重（看到妈妈的整个脸被腐蚀了），这让她陷入更大的恐惧中。从这个案例中，我们可以看到，情绪往往是复杂的，一方面小丽对表达自己的需要，尤其是在妈妈面前说"不"感到担心害怕；另一方面，不说出来又让小丽自己憋得慌，感到委屈和难过。这些矛盾的情绪引发了小丽的症状，使她在某些需要压抑自己的场合干脆说不出话来，以此避免可能的糟糕的后果。也正因为如此，了解我们内心深处复杂的情绪感受，了解情绪的功能及其短暂性，有助于我们提高自己的心理健康水平。

● **理论与讲解**

一、情绪的功能

1. 唤醒功能

上一节我们已经知晓,情绪反应会伴随生理上的唤醒,心理学家发现唤醒水平和绩效之间存在倒 U 形的关系,即耶克斯—道德逊定律。太高或太低的唤醒水平都会损害绩效。有些工作在高唤醒水平下操作最好,有些则需要在比较缓和的唤醒水平下进行,决定唤醒水平的关键是工作难度。对于复杂或困难的工作,成功完成它需要唤醒水平处于较低的一端,而当难度降低、工作变得简单时,要使得工作变得有效则需要提高唤醒水平。由此可见,情绪引发的生理唤醒可以令你达到最高的绩效水平,情绪的一个重要功能就是激励你前进,促使你向目标迈进。

图 4-3

耶克斯—道德逊定律[①]

绩效随唤醒水平和任务难度而变化。这些倒 U 形函数显示了绩效在极低或极高的唤醒水平上都是最差的。

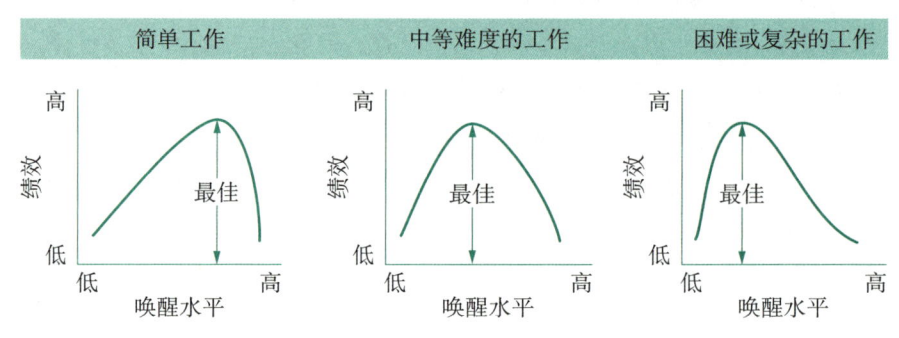

2. 社会功能

从社会水平看,情绪在社交活动中拥有广泛的功能。当某人暴怒时,你会后退;当某人给出微笑、放大的瞳孔和"到这边来"的一瞥时,你会靠近。几乎无法想象,如果你无法理解别人的负面情绪,或是无法从他人那里得知情况的危险,生活会变得怎样混乱。此外,你是否发现自己在高兴时会愿意在社交中冒更多的风险?而当你悲伤时会变得更加谨慎?研究者指出了情绪对于亲社会行为的影响作用:当个体处于最佳健康状况时,他们更愿意做出各种助人行为。

3. 认知功能

你多半已经发现情绪会影响你的注意力、对自我和他人的知觉,甚至你的解释、回忆、社会判断、创造力等。心理学家伯温等提出了情绪对信息加工的影响作

[①] [美]戴维·迈尔斯. 心理学(第九版)[M]. 黄希庭,等,译. 北京:人民邮电出版社,2013,458.

用模型,他们假设当一个人在特定的情境下体验到某种情绪时,这种情绪就会和事件一起储存在记忆中,就像背景一样。这种记忆表征模式包括情绪一致性处理和情绪依赖性记忆。当人们在处理和提取信息时,对那些和当前情绪一致的内容会表现出选择性的敏感,即情绪一致性处理,因此,那些与一个人目前情绪相一致的材料更容易被发现、注意与深入加工,联系也更细致。而当个体处于与当时储存记忆相同的情绪状态时,更容易提取信息,即情绪依赖性记忆。

此外,研究者不断证实那些积极、愉快的情绪会产生更有效率、更富创造性的想法和问题解决方式,比如,处于温和愉快情绪中的被试(医生给实验者一些糖果作为礼物)比起控制组的被试在创造性测验中的表现明显要好。也许你可以试一试这些发现的即刻应用:如果你保持良好的情绪,你在学校的表现当然会更好、更有效率。

知识延伸

青春期为何特别容易情绪化

二、情绪起落与适应

一些心理学家以小时为单位来研究人们的心境,他们发现在大多数日子里,积极情绪在每天的前几个小时呈上升趋势,而后几个小时降低。当以天为单位来研究人们的心境时则发现,应激事件如一场争论、一个病弱的儿童、一场车祸等都会引起坏的心境,但是到了第二天,这种忧郁几乎消散了。无论发生了什么事情,人们都试图从坏的一天中重新振奋起来,在第二天有一个超乎寻常的好心情。因此,当你处于坏的心境时,通常可以在一两天内恢复过来。同样,兴高采烈的日子也难以持久,长期来看,我们的情绪起起落落并最终趋于平衡。

值得一提的是,除了失去爱人的持久悲痛或创伤性事件(如儿童受虐、遭受强暴或战争恐慌),一些糟糕的生活事件实际上并不会导致永久的抑郁,负面情绪没有我们想象的那么持久、可怕。请看以下研究:在得知感染了艾滋病病毒是一个毁灭性的打击后,当这一噩耗过去五周,病毒携带者感受到的情绪紊乱比预期的要小(1999);肾透析病人认识到他们的健康只是相对较差,他们报告自己时刻会有快乐的体验,就像没有生病一样(2003);欧洲8—12岁的脑瘫儿童能体验到正常的心理幸福(2007);即使那些身体完全不能动弹的病人也"很少有人想到死",这与流行的错误观念(即认为这些病人死了更好)完全相反(2005)。

值得一提的是,在对生命威胁较小的背景中依然存在这个模式,1998年的研究发现,希望并追求得到终身职位的教员总认为他们的生活质量会因为没有得到教职而下降,但实际上,五到十年后,那些没有得到教职的教员并不比那些被授予终身职位的教员表现出更明显的不快乐。恋爱关系的破裂也一样,当时看起来似乎要毁掉一个人全部的生活,但令人惊讶的是,我们高估了坏消息对我们情绪的持久影响,却也低估了我们的适应能力。

小问答

问题：老师，我最近正在申请出国留学，但一直很不顺利，看着身边的同学都有了好出路，我心情就更加低落了，总是被这种糟糕的感觉包裹着，感觉自己走不出来了，我这是怎么了？

——低落的数控技术专业学生　小白

答：通过本节的学习，你可能已经了解到情绪的功能及其短暂性。即便你感觉暂时走不出来了，但实际上，这种糟糕体验的持续时间往往比你想象的要短。此外，我们也需要了解你的情绪到底是什么。听起来你可能被挫败的感觉包裹了，一方面自己总是申请出国留学不顺利；另一方面忍不住和周围同学比较，更觉得自己不顺。其实，我们每个人在人生的某些时刻都会有挫败的感觉，这也是跌到谷底的感觉，人和人的区别有时就在这跌到谷底的时刻，是能够激励自己战胜困境继续前进，还是就此放弃承认自己无力应对？你可能需要多一些勇气与自我激励帮助自己渡过目前的难关，不要被累积的挫败感打败了。建议你在管理自己情绪的同时，积极地采取行动，如咨询有经验的老师和学长学姐的意见，想办法做更为充分的准备等。

参与式活动

小游戏 4-2　整理我的情绪空间

目的：帮助同学们整理情绪，丢掉不必要的负担。

时间：30—45分钟。

地点：普通教室。

具体步骤：

第一步，心理老师请学生将在上个游戏中写好的便利贴贴在大白纸上，将这张白纸想象成你的"心空间"。在你的"心空间"中，各种位置意味着什么、你想贴哪些东西、你想怎样安放这些情绪和事件，完全都由你来做主，你就是这个"心空间"的主人。

第二步，等学生将上个游戏中的便利贴全部贴好之后，心理老师告诉学生，还可以再在空白的便利贴上写一些内容，任何自己想写但之前老师没有提到的东西，都可以写上，然后请将新写的这些内容，安置到你的"心空间"中。

第三步，请同学看看自己的"心空间"，并在这个空间里待上一会儿。

第四步，请学生和身边同学互相分享一下自己的"心空间"，你可以把想说的情绪分享给伙伴，也可以什么都不说，做一个倾听者。你是完全自由的。

　　第五步,现在你有一个机会,可以整理自己的"心空间",你可以改变情绪和事件的位置,可以新增一些内容,甚至可以把所有你不想要的情绪和事件统统删掉,把那些你不想要的便利贴撕掉。

　　第六步,请一起看看,最后在心中留下的是什么。最后看到"最简洁的心空间",那是我们真正重要的东西,而其他所有的情绪,实际上都不足以占据我们的空间、损耗我们的精神。

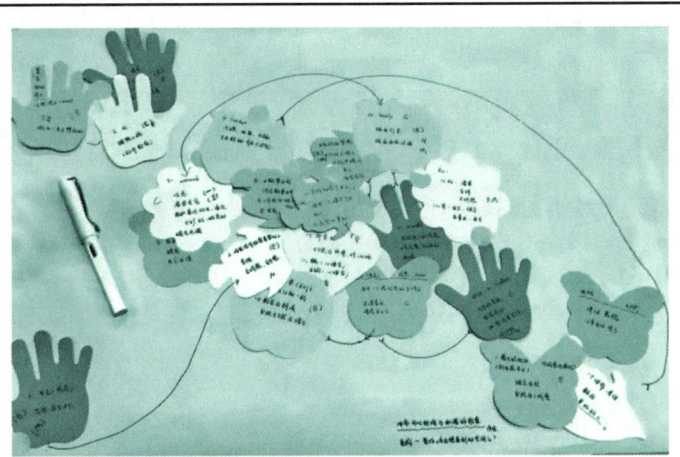

图4-4

学生作业图示,白纸代表你的"心空间"

第三节　和情绪交友——情绪调节的方法

■ 案例故事

　　小辉是计算机应用技术专业的大二学生,他打电话来咨询中心预约咨询时,特别向我们的行政助理强调希望咨询师已婚,最好是女性,并且仔细询问了中心会不会把咨询内容告诉辅导员。

　　第二天,我在咨询室里见到了小辉,他是一个白净而清瘦的男生,鼻梁上架着一副黑边眼镜,有些拘束地坐在长沙发的拐角。小辉紧紧扣着双手,低声说起了自己难以启齿的烦恼。

　　原来成绩优异的小辉大一暑假没有回老家,而是选择了留在上海打暑假工。他每天乘公交车上下班时,总想故意去触碰女孩子。他努力克制,自责自己竟堕落到如此地步。

最近,他又有了这种冲动和躁动不安,成绩也直线下降。

小辉说他之所以来看心理咨询,就是想让自己做个了断,他不想做个色情狂,不想走那条肮脏的路,但是他不知道自己还能不能控制得住……

在初步评估之后,我和小辉约定了两个月共八次的咨询,并商定了明确的咨询目标:一是消除小辉心里想去性骚扰的念头(强烈程度由10降到3以下);二是尝试参加团体活动、结识新朋友(至少参加一次团体活动,认识一个新朋友并与对方单独吃饭);三是学习坦诚自在地与女生讲话、交往(至少与一个女生尝试自在地交往一次);四是学习认识并表达自己的情绪。

时间	事件及想法	情绪	自我评价	强烈程度
10月25日下午4点半	快下课时,我看见旁边女孩很好看,眼睛像被钉了钉子一样,我又想入非非……我不想让自己去想,我用笔敲自己的脑袋……	兴奋,但更多是强烈的负罪感、羞耻感。	我是一个色情狂,肯定有其他同学发现了。我是一个肮脏的人……丑陋!!道貌岸然!!我糟糕透顶了!	8分

在接下来的咨询中,老师和小辉仔细讨论了他记录的思维笔记,并进行了深入沟通。

注:本案例改编自本书作者的咨询活动。

在小辉的案例中,我们可以看到小辉的情感表达存在问题。这主要表现在他与异性交往中,想偷偷触碰,由此产生强烈的罪恶感。一旦想到这些,小辉就会觉得自己是肮脏的、道貌岸然的,是色情狂。其实,我们的每个情绪都伴随着相应的想法,正是这样的想法引发了相关的情绪。在咨询中,心理咨询师和小辉一起挑战了他本来根深蒂固的一些想法,帮助小辉重新评价自己对性的不合理的认知。实际上,认知重评也的确是调节情绪的有效的工作方法,本节将详细介绍该策略和方法。

理论与讲解

一、认知重评

心理学家在20世纪90年代的研究发现,人们十有八九会报告自己每天至少有一次试图调节情绪体验,而且描述了近千种调节的策略,其中有些是行为策略

> 有两种东西，我对它们的思考越是深沉和持久，它们在我心灵中唤起的惊奇和敬畏就会不断增长并且日渐清晰，一个是我们头上浩瀚的星空，另一个就是我们心中的道德律。
>
> ——(德)康　德

（比如回避会触发有害情绪的场景），有些是认知策略（比如使用能激发特定的情绪的记忆）。实际上，人们常常并不知道什么策略是有效的。比如，人们倾向于认为压抑也就是抑制情绪的表面信号，是一个有效的策略，但一般来说并非如此；相反，人们往往认为给情绪贴标签，也就是把自己的感受用词语描绘出来，对他们的情绪影响很小，实际上这样的做法能够有效地降低情绪状态的强度。

认知重评即通过改变对唤起情绪的刺激的思考方式来改变个人的情绪体验。下面有两个有趣的小实验：第一个实验发现，观看一段被描述成快乐的宗教仪式的割礼视频的被试比那些观看相同视频但没有听取相关描述的被试心率更慢，感受痛苦更少。第二个实验发现，让被试观看诱发消极情绪的图片，比如一个女人在葬礼上哭的图片，并扫描他们的大脑，之后要求其中的一些被试重新评价这张图片，比如，想象这个女人是在婚礼上而不是在葬礼上哭。结果发现，被试最初看这些图片时，杏仁核变得活跃，但重新评价图片时，皮质的几个重要区域变得活跃，过了一会儿，他们的杏仁核不再活跃了。也就是说，被试通过换个方式理解图片，有效地减少了他们杏仁核的活动。可见，认知重评是一项重要技能，一些人比另一些人擅长重评，而且认知重评的能力和心理与身体健康都有关系。

有效的认知重评方法，可以是换一种方式来考虑你的处境、你在其中的角色以及解释那些出乎意料的结果时所采用的归因方式。

举个例子，你是否害怕在一大群难以亲近的听众面前进行演讲？一种重新评价技术是想象你的所有潜在的批评者都以裸体的方式坐在那里，这样的想象可以在一定程度上削弱他们对于你的威胁力量。再比如，你是否因为羞于参加一个派对而感到焦虑？那么不妨去寻找一个比你还要害羞的人，通过引发一次谈话来减少自己的社交焦虑。

你还可以通过改变你对自己说的话或是改变你的处理方式来管理情绪。认知行为治疗师提出了三阶段的应激思想灌输法。

第一阶段：人们首先要对自己的实际行为获得更多的认识，是什么引发了它以及行为的结果如何。能做到这一点的最佳方法是记日记，了解行为的起因和结果，使人们会对自己的问题有更明确的界定，这些记录也能增加可控感。比如，你发现自己的成绩很低是因为自己几乎没有给课后作业留多少时间，自然难以完成。

第二阶段：人们开始认同那些可以抵消非适应性、自败行为的新做法，也许你会安排一些固定的学习时间，或是限制你每晚打电话的时间只有十分钟。

第三阶段:当适应性行为已经建立后,个体要对他们新行为的结果进行评价,避免先前那些让人难堪的内心独白,比如,他们不再对自己说:"我可真幸运,教授提问的内容刚好是我看过的。"而是说:"我很开心自己为教授的提问做好了准备,在课堂上游刃有余的感觉真不错。"

这个三阶段法意味着建立和以前的挫败性认知不同的反应和自陈方式。一旦走上这条路,人们就会意识到自己正在改变,从自我挫败到满怀信心,从而带来更大的成功。

二、了解信念的力量

美国心理学家艾利斯认为,生活中的事件本身并不会引发个体的情绪或行为反应,而个体对这一事件的态度和理念才会引发最终反应,即 A(诱发性事件,activating events)并不能导致 C(行为结果 consequences),而是 B(信念,beliefs)一个人对 A 的信念,导致了情绪反应 C。例如,一个人在离婚后感到沮丧,这不是离婚本身引起沮丧反应的,而是由这个人对于失败、被拒绝或失去配偶所持的信念所引起的,如果他的信念是认为离婚意味着摆脱原有婚姻的噩梦,拥有一个新的开始,那么,他的情绪就会好很多。

以下是一些对自己评价性的内部语言,这些态度理念直接导致了外在的不适应行为和情绪困扰。

(1)随意推论(arbitrary inference):指没有充足及相关的证据便任意下结论。这种扭曲现象包括"大难临头"或对于某个情境想到最糟的情况。"他看我一眼,准是对我有看法。""我的眼皮跳了一下,这次考试肯定会砸锅。""我知道我的心情再也好不起来了。"这些随意的推论只会让自己的心态雪上加霜,愈加糟糕。

(2)断章取义(selective abstraction):指根据整个事件中的部分细节下结论,不顾整个背景的重要意义。如挑出某个消极的细节,将它从大量的积极信息中过滤出来,然后放大它,把一个小墨点变成一片大黑暗,弄得自己心情很坏。例如,你能接受别人的一箩筐赞美,但是听到一句批评就会久久难以忘怀,心情因此变得长时间很坏。例如,你也许会以自己的错误及弱点来评估自己的价值,而不是以自己的成功来评判自己。

(3)过分概括(over generalization):指将某意外事件产生的不合理信念不恰当地应用在不相干的事件或情况中。或者没有仔细经过统计,不以数字事实说话,而是以自己的主观感受和反逻辑的方式,用"总是"或"从不"来以偏概全。例如,一次失恋后就认为男人都不是好东西;出门后突然下雨被淋,就对自己说,"我真倒霉,每次出门总是要下雨"!

(4)扩大与贬低(magnification and minimization):指过度强调或轻视某种事

件或情况的重要性。例如,你一次上课时回答问题没有答全,你就认为自己怎么这么笨,每次回答问题都这么糟糕,简直是太羞辱了,别人一定认为我很差。

（5）个人化(personalization)：指一种将外在事件与自己发生关联的倾向,即使没有任何理由也要这样做。例如,如果很多朋友在一起聚会,其中一个朋友不开心,就认为是自己说话没有注意,或者是因为自己的缘故朋友才不高兴,都是自己不好。

（6）乱贴标签(labeling and mislabeling)：指根据过去的不完美或过失来决定自己真正的身份认同。例如,你犯了个小错,不是客观地对自己说"我出了个小错",而是对自己说"我真是个傻瓜";别人冒犯了自己,不是说"这人不礼貌",而是说"他是个大混蛋"。

（7）极端思考(polarized thinking)：指思考或解释时采用全或无(all-or-nothing)的方式,或用"不是……就是……"的方式极端地分类。这种二分法的思考把事情只分为"好或坏"。例如,如果你做得还不够完美,你就会把自己看成是一个彻底的失败者。在心里对自己说:"有1%的瑕疵就没有成功。"所以,没有考第一,你就垂头丧气,认为自己特别失败。

（8）虚拟陈述(virtual statement)："我这次考试成绩一定要第一。""我不应该考得不好,这样我怎么对得起我的父母呢?""我一定要表现出色,否则我对不起我的老师。""这次竞赛一定要进入决赛,否则多丢脸……"如果你的生活中充满了"必须""应该""务必""不得不",你会感到怎么样? 你不妨将自己能想到的包含这些词语的想法写下来,你感受到怎么样的情绪了? 是不是感觉到压抑、受束缚?

因此,以ABC理论为核心的理性情绪疗法的心理治疗师认为,一个人的情绪困扰大部分是非理性思考下的产物,而非理性的思考往往要求这个世界"应该""必须""最好"如何等。一旦自己的预期落空,就心态不好、情绪低落甚至变得不可控制。"我应该是成绩优秀的""我必须考第一"都是非理性的思考。艾利斯反复地指出"人怎么想就会有怎样的感觉"。困扰情绪反应如沮丧和焦虑,是由自我挫败信念引起的。

小问答

问题1:前几天社团活动中和同学闹了点矛盾,为了不伤感情我一直憋在心里,可这样让自己很难受。有没有什么办法,能"优雅地"表达愤怒呢?

——苦闷的酒店管理专业新生　郭郭

答：通过之前的学习,想必你已经知道,总是压抑自己的愤怒的确可能带来心理健康方面的问题,但如果一股脑地发泄出去,又会伤害到别人。其实,愤怒的情绪不是不可以表达,而是应该学习如何表达。

首先,你要表达自己的感受,但不要去评判对方。表达感受是指,客观地说出你的感觉,比如"你昨天一直不回我短信,我感到很担心"。这就是表达感受,而不要指责对方、批判对方。所谓"指责对方",是指:"你为什么昨天不回我短信!我就知道你根本不在乎我!"对方被攻击了,肯定会反击,一来二去,就会导致吵架。

其次,表达自己的感受,但不要去评判自己。评判自己是指:"你为什么昨天不回我短信?你是不是不在乎我了?好吧,其实我早就这么觉得了,我长得不漂亮,学历也没你高,我早知道你觉得我配不上你。"别看这个表述弱弱的,其实也是愤怒的一种,是自我攻击型的愤怒,伤害巨大;然而,这个表述中的大部分内容,却都是臆造的,而不是真实的"情绪"部分。

然后,学会区分"感受"与"评判",学会使用表达感受的词汇。正面感受的词汇有:幸福,开心,平静,愉悦,舒服,自在,满足,欣慰,振奋,安全,踏实,等等;负面感受的词汇有:害怕,担心,焦虑,忧郁,紧张,绝望,伤感,烦恼,苦闷,茫然,震惊,沉重,厌烦,孤独,疲惫,累,嫉妒,尴尬,等等。我们之前讲到,当你问自己"我现在是什么感觉",有些同学不能准确描述,因此,努力让自己使用表达感受的词汇,让感受更加具体化,这其实是标注自己的情绪,一旦你能够明确地标注或区分自己的情绪到底是什么,其实已经冷静下来了。

最后,你提出具体的要求,而不是笼统的要求。有的时候我们真的太生气、太愤怒了,所以我们会口不择言、先骂为爽,但是请注意,在情绪表达结束之后,一定要告诉对方你的期望是什么,你想要什么。比如,你的期望是"我想要他对我好",这个期望太笼统了,你需要提出具体要求"我希望你今后,如果超过8点回学校,能给我打个电话",这才是具体的"对你好"的方法。

问题2:小青是大一学生,一到咨询室,他就很沮丧地说:"老师,我根本就控制不了我的情绪。刚进校时,我情绪特别高昂,喜欢参加班级和学校的各种活动,还喜欢和宿舍同学聊天,一起出去玩。但没过多久,一次参加系学生会竞选,我因为没有充分准备,公开演讲时表现很差,结果落选了。后来参加班长竞选,我也落选了。情绪一下就低落了许多,很长时间都恢复不过来。"

"那现在情况是否好转?"

小青摇摇头,"现在我发现我的情绪波动很大,情绪不好时,宿舍同学和我说话,我也不理睬他们,情绪好的时候,又主动找他们说话,他们都说我怪怪的。"他叹了口气后,又继续说道:"学习上也是如此,情绪不好的时候,根本静不下心来看书。但周围同学都很刻苦,我看着心情很焦虑,可以说严重'内卷',于是我也只好硬着头皮去上自习,可一点效果都没有。上学期考试成绩还不错,那都是我在情绪好的时候抓紧补起来的。"

"看起来你的情绪确实有起伏,但情绪好的时候你的效率还是很高的。"心理老师眼里充满了对他的肯定。

"哎,"小青叹了口气,"上次竞选班长失败后,我发现我在各方面都比别人差,譬如,在学习上，别人一道题很快就会做了，而我则要费很长时间。像我这样情绪波动大，将来参加工作也会碰到很多问题。老师，我是不是有病啊？我该怎么办呢？"

——小青

答：有情绪是非常正常的，特别是你这个年龄，虽然已经成年，但还处于成年早期，有青春期的某些特征。情绪表现得强烈而不稳定，是青春期少男少女普遍存在的现象，这并非有"病"，而是青少年的心理特点之一。处在这一时期的青少年身心方面面临诸多挑战。一是生理上的发育，特别是性方面的发育和成熟，使他们积蓄了大量的能量，容易兴奋和冲动。二是学习任务重，还要承受激烈的学习竞争，心理压力普遍较大。三是随着年龄的增长，他们渴望有更多的社会接触，人际交往也逐渐增多，面临越来越复杂的问题需要处理。但由于心理成熟度不够，调节能力还比较差，在处理复杂问题时容易出现冲突和遇到挫折。

虽然情绪不稳定是青春期的心理特点，但情绪波动也会导致一系列的负面影响，不仅妨碍学习，而且不利于人际交往。你虽然已是大一学生，但在心理上仍表现出青少年期的典型特点，还不能像成年人那样善于控制和掩饰自己，而是喜怒皆形于色，情绪忽高忽低。因此，学会调节自我情绪是极其重要的。

问题3：老师，最近我发现自己有个不好的习惯，就是一想到快要考试了就紧张，一紧张我就会抠自己的手让自己保持镇定，开始时很有用，但最近几天发现抠得要更用力才能压制这种紧张，甚至有时还是压不住，这也让我的每天复习计划难以实施，这样下去我担心会更糟糕，老师，我怎样才能控制自己不要再抠手了呢？

——大二学生　可可咖啡

答：可可咖啡同学你好，首先我要表扬你，为什么呢？原因有三。一是因为你很有觉察能力，你清楚地感觉到了自己的紧张，而且你知道自己的"抠手"行为和"紧张"的情绪是关联在一起的；二是因为你很有求助的意识，为了避免事情发展得更糟糕，你选择及时寻求帮助，这是很好的做法；三是因为你有积极努力的态度，紧张和对抗紧张让你很费精力，但你依然每天花时间去准备专转本考试，这很不容易。

那么，怎样才能不再抠手了呢？你很清楚这个"抠手"行为是因为"紧张"情绪所引起的，那么"紧张"情绪又是因为"考试"这个事情让你产生了某些担心的想法所引起的。其实，正如这一小节里的知识所讲的一样，每种情绪都是有功能的，"紧张"这种的情绪可以唤醒我们的大脑和身体去积极应对当下对自己很重要的事情，比如考试，所以，每当"紧张"出现时，你就知道它是来帮助你的，你心里可以告诉自己："好的，你提醒我要去准备学习，我知道了。谢谢你的提醒，我要学习了，你暂时先到旁边休息一下。"然后你就按部就班地学习。也就是说，你从压制紧张的出现转变为允许紧张的出现，你和紧张就会配合得越来越好。

● **参与式活动**

小游戏 4-3　　　**情绪管理三部曲**

目的：教会学生通过调节认知管理情绪的方法。

时间：30—45 分钟。

地点：普通教室。

具体步骤：

第一步，了解情绪。

情绪没有好坏之分，只要是我们的真实感受，就要学习重视它接受它。认清自己的情绪，知道自己现在的感受才有机会对自己的情绪负责。

心理老师可以引导学生讨论自己在什么情况下会感到愤怒、焦虑、害怕、高兴、抑郁等，帮助学生了解自己常见的情绪反应。

第二步，了解情绪的原因。

所有的情绪都伴随着想法，而情绪往往是由一些生活事件引发的，找出引发自己情绪的原因才有可能进一步管理自己的情绪，比如：我为什么会生气？我为什么会难过？我为什么会觉得无助？心理老师可以引导学生分小组讨论引发情绪尤其是负面情绪的常见原因。

第三步，学习情绪管理的方法。

心理老师可以先引导学生自由讨论，共同分享大家常见的情绪管理的方法，进而把一些常见的情绪调节方法推荐给大家。

（1）可使用深呼吸、静坐冥想、运动、散步等调节情绪的常见方法。不要小看一个深呼吸，有时在愤怒的顶点，做几个深呼吸便可以让自己冷静下来，避免说出一些伤害自己和他人的话，采用更加理性的方式表达自己愤怒背后的需求。

（2）学习合理宣泄情绪的方法，比如，大哭一场、找人聊天、涂鸦、写日记等，避免使用一些长期来看有破坏性的情绪宣泄方法，如喝酒、疯狂购物等。

（3）改变伴随情绪的不合理想法。实际上，我们怎么想，就会有怎样的感受，然后就会怎么做。影响我们的常常不是事件本身，而是我们对事件的看法，一些明显带来负面结果的思维方式，比如"我肯定完蛋了""我是没有价值的""我一旦失败了就再也没有希望了""我肯定做不好"，等等，我们往往称之为"有毒思维"，要避免这些给自己增加额外压力的有毒思维。如果你有这样的思维方式，请试着发展并学习更加积极的思维方式，你也可以寻求心理老师的帮助。

（4）使用理性的情绪表达方式。你可以简单地使用以下公式来表达自己的情绪：

当_____的时候(陈述引发你情绪的事件或是言行),我觉得_____(陈述你的感受),因为_____(陈述你的理由)。比如"当你告诉我你不能和我一起去看电影的时候,我觉得挺失望的,因为我好期待能多一点时间和你相处"。这是一个简单的公式,你可以根据自己的说话方式加以改变。

相关资源

推荐书籍:《情绪心理学》(2015 年)

作者:刘易斯(美)、哈维兰·琼斯(美)、巴雷特(美)

出版社:电子工业出版社

内容简介:本书全面详尽地展示了情绪的各个方面及其在人类行为中的作用,介绍了主要的理论、调查结果、方法及应用,用生物学揭示了情感过程的界面,阐述了儿童发展、社会行为、人格、认知及生理、心理健康等。此外,作者还利用科学观点介绍了恐惧、愤怒、羞愧、厌恶、正面情绪、悲伤和其他不同的情绪。

推荐理由:这本《情绪心理学》被广泛认为是社会神经认知科学领域的标准权威参考书,想要细致了解情绪秘密的同学不能错过它。

推荐影片:《头脑特工队》(2015 年)

导演:彼特·道格特(美)

影片内容:莱莉因为父亲工作的原因举家搬迁至旧金山,要准备适应新环境,但就在此时,莱莉脑中控制欢乐与忧伤的两位脑内大臣乐乐与忧忧迷失在茫茫脑海中,大脑总部只剩下掌管愤怒、害怕与厌恶的三位大臣,导致本来乐观的莱莉变成愤世嫉俗少女。乐乐与忧忧必须要尽快从复杂的脑中世界回到大脑总部,让莱莉重拾原本快乐正常的情绪。

推荐理由:本片背后有两位加州大学伯克利分校的心理学教授作为心理学顾问,提供了严谨的脑神经科学和心理学的理论参考。想要了解通俗有趣的情绪心理学知识的同学完全可以从这部感人的动画片入门。

第五章 力学笃行

第一节 为啥要学习——学习兴趣与动力

▌ 案例故事

小凤是一名大一新生，然而面对崭新的大学生活，他却一点也提不起劲来。自他收到录取通知书的那一刻起，失落与懊恼就一直伴随着他。虽然现在已经开学两月有余，小凤却仍然沉浸在这种失落感中不能自拔。他常常会感到自己和这所坐落在首都郊区的大学格格不入，也没有把心思放在学习上，对于社团招新一类的活动更是不感兴趣。除了上课以外，他基本不会离开宿舍，就宅在宿舍里看看剧、玩玩游戏、刷刷社交软件、网上购物，时不时怀疑一下人生。他感觉自己就是一条咸鱼无疑了，还是翻不了身的那种。

究竟是什么让小凤如此失落呢？原来他在高考填报志愿的时候出了岔子，结果被调剂到了一所并不是很喜欢的学校，读一个完全不感兴趣的专业。来到心理咨询室的小凤这样说道：如果不是自己当初填报志愿存在失误，此时此刻绝对不会是这番光景，很有可能是在自己心仪的学校里学着自己心仪的专业。说到专业，小凤有着诸多不满。在收到录取通知书前，他对于这个专业是完全没有概念的。开学以后，他上了几次课，也觉得确实不感兴趣，就放弃了努力，不仅不花心思来读专业课老师推荐的各种专业书籍，对于老师布置的各项作业与任务也都是草草完成，应付了事。

看着身边的同学已经融入大学生活，一边忙课业一边忙社团活动或者学生工作，小日子过得有条不紊，小凤就更加气馁，内心十分煎熬，感觉自己成了个彻头彻尾的失败者。关于如何接受现实重新出发，小凤至今也没有想出个所以然，只能过来求助心理老师。

注：本案例改编自本书作者的咨询活动。

生活中可能有很多同学都在经历着同小风一样的困扰。他们或因高考失利、或因高考志愿的填报失误而阴差阳错地来到自己不喜欢的学校，或者学习自己不喜欢的专业。都说兴趣是最好的老师，深深的"不喜欢"烙印，很难不影响同学们的学习动机，进而也会影响同学们的学习表现。那么，针对小风这种情况，我们要怎样才能帮助他重拾学习的兴趣呢？就让我们从学习动机讲起吧。

知识延伸

大学生学习心理问题及原因分析

理论与讲解

一、学习动机及其作用

学习动机是指激发个体进行学习活动，维持已引起的学习活动，并使学习行为朝向一定目标的一种内在过程或内部心理状态。学习动机可以用作解释引发、定向与维持学习行为的原因。对于案例故事中小风不愿意学习的原因，我们就可以从学习动机的角度进行解读——因为他失去了学习动机。帮助他走出困境，就是一个帮助他正确激发学习动机的过程。

1. 引发作用

当学生对于某些知识或技能产生迫切的学习需要时，其学习内驱力就会被引发、内部的激动状态就会被唤起，从而产生焦急、渴求等心理体验，并激发起一定的学习行为。对于小风来讲，其实摆脱目前这个不喜欢的学校和不喜欢的专业就可以作为他的学习动机，不管是为了转换专业还是为了后面工作做准备，他都需要尽快做好学习的准备，走出困境。

2. 定向作用

学习动机以学习需要和学习期待为出发点，使学生的学习行为在初始状态时就指向一定的学习目标，并推动学生为达到这一目标而努力学习。一旦小风确定了自己的目标，比如，考研到某大学读自己喜欢的专业，那么，小风就需要去思考达成自己目标的方法，是否需要在现在学校选修相关专业课，如何进行考研各门功课的准备，怎样对自己的大学四年进行规划，等等。一旦学习目标明确了，眼前的路就会越来越明朗。

3. 维持作用

学习动机促使学生能在长时间的学习活动中保持认真的态度，坚持把学习任务完成，这就是学习动机的维持作用。在学习动机的激发下，小风会为此而付出不懈的努力，直至达成自己的目标。

博学之，审问之，慎思之，明辨之，笃行之。

——《礼记·中庸》

二、学习动机的类型

学习动机分内部动机和外部动机。内部动机是指因学习活动本身的意义和价值所引发的动机。内部动机的满足在活动之内，而不在活动之外。学生努力学习仅仅是因为他们对活动本身感兴趣或好奇，或者在学习中能收获乐趣。例如，许多学生愿意学习摄影或者电影欣赏之类的课程，即使不一定得到学分或者高分，也会持之以恒地钻研，就是受内部动机的驱动。

内部动机还是一种寻求挑战并征服挑战的自然倾向。学生努力学习还可能是因为要锻炼和提高自我能力。也就是说，内部动机是"当我们并不必须做某事时，而激励我们做该事的因素"。当受到内部动机激励时，我们不需要来自外界的诱因或惩罚，因为活动本身就是报偿。

而外部动机是指因学习活动的外部后果而引起的动机，从事学习活动是达到某一结果的手段。外部动机的满足不在活动之内，而在活动之外。学生努力学习是想在考试中获得好成绩、得到奖励、取悦老师或者逃避惩罚，学习成了获得表扬的一种手段。

自我决定理论认为，外部动机是指个体自主性较弱的动机，主要还是受到外部压力的影响才产生行为，如期限、父母的奖励或老师的夸奖等，具有外部动机的个体常常感到压力或者焦虑。而内部动机则是自我决定程度最高的动机，个体发自内心想做某些事，在做的过程中，他们感到幸福、快乐并且享受这一过程，表现也会更好。

使用强化和奖励诱发外部动机的做法，被普遍认为会影响原有内部动机，降低学生学习的自主性，因而受到了很多批评。有研究者认为，奖励会使学生把注意力放在奖励上而不是任务本身，使得他们的表现越来越糟糕，做事也越来越斤斤计较，他们总是在绞尽脑汁希望用最少的努力来赢得最大的奖励，而不是想方设法高质量地进行学习。由此，我们可以知道，我们应该更多地依赖内部动机去学习，而避免成为他人奖励与夸奖的"傀儡"。

三、影响学习动机的外部因素

1. 任务

不同类型的任务对应着不同的风险性和模糊性。大多数学生希望降低学习的风险性和模糊性,因为它们对取得高分构成了一定威胁,高焦虑或者试图逃避失败的学生尤其如此。风险和模糊程度高的任务往往会使学生困惑,甚至会泄气或失去学习兴趣,因而需要向其他同学寻求帮助。因此,适当降低任务的风险性和模糊性对于维持学生的学习动机是有益的。

学习任务对学生具有不同价值,包括成就价值、内在价值或兴趣价值、效用价值。成就价值是指学生在任务中表现良好的重要性,比如,一个人想使自己表现得很聪明,并且相信测验中的高分能表明其聪明,那么,测验对其有很高的成就价值。内在价值或兴趣价值是指个体从活动本身获得乐趣,如有人喜欢学习的体验,也有人喜欢从事繁重的体力活动或解决具有挑战性的难题。效用价值即指帮助个体达到一个短期或长期目标的价值,如学习外语可能会为自己进入外资企业工作提供更大的可能性。如果学习的任务是真实有价值的,学生就会有更强的学习动机。

2. 教师

教师除了通过表扬或积极评价外,还可以运用自己对学生的期望来影响他们的学习动机。这包括"固定期望效应"和"自我实现的预言效应"。前者是指即使学生的能力已经变化,教师的期望仍停留在最初水平的一种现象,因而无法提供更合适的教学,以致限制了学生更大的发展,不利于学生的学习。

后者是指教师对学生能力的信念影响其对学生的期望,而对学生的期望又往往会变成学生的现实表现的一种现象。这是美国心理学家罗森塔尔及其合作者做的一个研究,他们让小学生做一次所谓的潜力测验,实际上是一般的智力测验;然后在各个班级随机抽取少数学生,故意告诉任课教师,这些学生当年会取得显著进步;8 个月后,他们的学习成绩果然比其他学生进步快。自我实现的预言是一种无根据的期望,仅仅因为有所期望,结果变成了现实。

四、影响学习动机的内部因素

1. 兴趣

兴趣是指个体的趋向于认识和掌握某种事物,或参与某项活动的一种心理倾向,同时伴随着积极情感。兴趣可分为个体兴趣和情境兴趣,其中个体兴趣是指随着时间的迁移而不断发展起来的一种相对稳定持久且与某一特定主题或领域有关的动机取向或个人偏好,而情境兴趣发生在人与活动产生交互作用的环境当中,即由特定情境引发的兴趣,如在密室逃脱游戏中对解密的兴趣。

一般来讲,学生往往会注意那些引起他们情绪反应或自己感兴趣的事件、形象与读物。缺乏兴趣往往是学业不成功的主要原因,学生对自己能否胜任某项学习任务的判断会直接影响其学习兴趣。而对于不同年龄的学生,可以激发其产生学习兴趣的学习内容与学习方式均存在差异。

2. 自我认识

与学习有关的自我认识包括自主性和自我效能感。自主性是指学生在做什么和怎么做的问题上自己作出选择和控制。所以一般来说,让学生自己来作出选择、制定学习计划,在这个过程中,老师帮助制定适当的限制和规则,同时辅以非控制性的、积极的反馈,能最大程度上保障学生的学习兴趣。

自我效能感是对自我能力或操作绩效的感知。换句话说,自我效能感就是对"自己能做什么和不能做什么"的认识。自我效能感影响学生的学习动机,是以学生对成功的预期为中介的。具有较高自我效能感的学生,往往认为自己能够成功或达到某种操作水平,即使行为未能达到预期水平,但仍相信自己会成功,而不会失去学习动机。

3. 归因

所谓归因,就是对自我行为的原因进行分析。归因理论假设寻求理解是行为的基本动因。学生在解释他们取得的成绩时,经常提及自己的努力、能力、任务或运气,这些因素将会产生不同的动机效果。如果学生将成功归于内部因素,他们会感到自豪和满意;如果将成功归因于他人或外部力量,学生感到的是感激。如果将失败归因于内部因素,学生感到自责、内疚和羞愧;如果归因于外部因素,则会感到生气或愤怒。

当学生把失败归因于内在的、稳定的、不可控的因素时,会产生一种非适应性的行为即习得性无助。所谓习得性无助,是指个体将失败归因于不可控因素,认为自己在任务面前无能为力。习得性无助的学生因不断地遭受失败的打击,深信个人再怎么努力对事情的结果都毫无帮助,因此,他们通常不愿付出努力,而且对任何事情都表现得非常冷漠、消极。许多研究都发现,习得性无助行为不仅对学生的成就产生消极的影响,而且会使学生产生消极的自我概念,认为自己是个一无是处的人。

小问答

问题1：上了大学，自己可支配的时间变多了，可是学习的时间却反而变少了，花了大把的时间在网络社交上。光是微信公众号，就关注了三四十个，每天都要把朋友圈刷个七八遍，感觉和上瘾了一样。今天本来想做个作业来着，先拿出手机说随便看看，一下子就花掉了1个小时，简直可怕！

——爱看书的小王子 19岁 新生

答：如果感觉自己沉迷于社交网络，那很可能出现了过度依赖的情况，可以先通过增加阅读的方式来抵消对它的依赖，比如维基百科，或者专业领域的书，还有小说，都是可以的。解除掉社交网络依赖后，再将阅读升级为有意识、有方向的学习。在学习的时候，我们可以借助笔记、思维导图等工具，增加学习过程中的趣味性。此外，无论是社交网络、阅读还是学习，我们都可以用时间盒①来增加效率，打断依赖。比如规定每天 14：00—14：30 这段时间，就是用来刷微博、收邮件的时间。而整个上午是用来连续学习的，那么，在这段时间里也就不允许自己看微博和邮件，因为我们已经分配了特定的时间来处理它们。时间盒用处很多，具体使用方法可以参考番茄工作法②。

问题2：我是"拖延症晚期"，什么事都是不拖到最后一刻绝对不会动手去做的，最后的结果就是把自己搞得压力山大，做出来的东西也是惨不忍睹。我想有所改变，应该怎么做呢？

——deadline 守卫者 22岁 大三

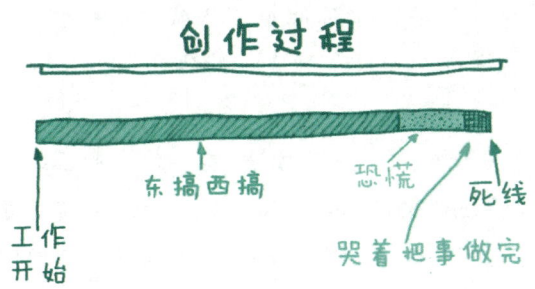

图 5-1

拖延"公式"

答：首先，你可以确立一个可操作的目标，要求是那种可观察的、具体而实在的目

---

① 将一天的时间规划为许多不同的时间盒，每个时间盒对应用来完成某件事情。
② 专注工作25分钟加休息5分钟，依此循环即可，可结合自身情况作适当调整。

标,不能过于模糊而抽象,也不要异想天开。你可以从一件小事做起,选定一个自己能接受的程度最低的目标。然后,将你的目标分解成几个小目标。每一个小目标都要比大目标容易达成,小目标可以累积成大目标。最后,就只管开始去做就好了! 不要想着一下子就做好整件事情,每次只要迈出一小步即可。在这个过程中,你需要现实地对待自己的时间,问一下自己你每天真正能花在这项任务上的时间能有多少,要以现实情况为准,不要想当然。

比如,你需要自学编程,但是这项任务实在是太宏大了。你可以先做一下功课,定一个在你能力范围内能达成的最低目标,比如,学习 C＋＋编程基础,并练习自编一个小游戏。定好目标后,再把这个目标分解成多个小目标,比如说一周的任务是什么,在分解小目标的时候,需要考虑你实际的时间投入能有多少,量力而为。

建议你去看一下有关拖延心理学方面的图书,它们从心理学的角度出发给出一些拖延处理技巧,对你来说应该会有所帮助。

问题3:老师,我很想退学,原因就是学不下去,我本来就不是学习的料,从小我就不爱学习,我喜欢动手,不喜欢动脑,但我父亲觉得有学历才能有好工作,我好不容易说服自己上大学,但真的,这些每天的电脑制图啊,电路分析啊,搞得我头都大了,除了一些实验课之外的课我都不想学,大二的这些专业课太难了,我真就想一退了之。

——想退学的冰激凌球

答:同学你好,看上去你虽然觉得学习很难,不想学,但依然坚持到了现在,所以,你虽然有些动摇,但内心中你还是希望能做好这件事情的,这是非常非常值得肯定和欣赏的。只是,你现在遇到了一些困难,我们来一起面对和处理这个困难。

正如我们这一节中所讲的,学习是一个过程,学习是需要有外部动机和内部动机的共同作用而进行的,现在你的外部动机是可以获得本科的学历,为后续的就业奠定基础,同时你目前学习的内部动机相对薄弱,不过你也说了,实验课是你喜欢和擅长的,那么这些实验课上你能够掌握实验的操作并表现得还不错的时候,你的感受是怎么样的呢? 如果是种愉悦的感受,我们一起来看看如何增加一些这样的感受。

这就涉及学习方法问题,关于学习方法,其实你自身已经有很多经验了,因为你的实验课程部分学得还不错,这其中,你认为你最有心得的学习方法有哪些呢? 你认为最有可能迁移到理论课程学习的好用的方法是什么呢? 想想看,你可以先从哪里开始呢? 这个部分可以在本章的第二和第三小节有所涉及,你可以继续阅读相关部分,比如提前做好预习、尝试画思维导图、做好课后复习等等。你已经大二了,有了更强的学习动机和更合适的学习方法,相信你肯定可以顺利拿到毕业证书!

● **参与式活动**

小游戏 5 - 1　　今天我来当老师

目的：帮助同学们了解如何正确激发学习动机。

时间：30—45 分钟。

地点：普通教室。

具体步骤：

（1）心理老师邀请 3 位同学依次担任老师的角色，其他同学则扮演学生的角色。

（2）教学内容由心理老师选定，授课方式可以由"老师"自己来决定，可以提前进行准备，时长控制在 5 分钟左右。

（3）在结束授课后，组织大家讨论：每位"老师"的授课方式都有什么特点，哪位"老师"的授课会让学生感兴趣、使学生愿意课下自行学习相关内容，以及为什么。

（4）鼓励学生分享自己认为可以用到的激发学习动机的方法，同时给出应用场景的描述。

（5）组织大家讨论：如果由学生自行安排学习内容，怎样可以激发持续的学习动力，以及如何应对学习过程中产生的焦虑、拖延、倦怠等问题。

（6）心理老师对大家的讨论结果进行总结，由学生补充，以分条列点的方式形成本次的学习成果。

第二节　方法得当吗——学习方法与技巧

▌**案例故事**

　　张小佳最近因为学习的事而犯了愁。张小佳是个"乖乖女"，一直以来都是老师家长怎么要求，她就怎么做，成绩在班里处于中等偏上的水平，对于这个成绩，她自己也挺满意的。就这样，她一路顺利地考上自己心仪的大学。

　　可是进了大学，情况就变了。老师们除了布置一下作业，并不会特别督促自己或者安排一些其他的任务。做完作业的小佳，发现自己还有大把的空闲时间，却不知道应该如何来利用这部分时间自主学习。身边的同学好像都有自己的想法,有人在自学日语,也有人在学习弹吉他,大家好像都早早地想好了如何去填充自己的课余生活,小佳愈发觉得自己落后了一大截。如果白白荒废了这段时间,自己就好像很不上进,心里很不踏实。但是究竟要怎么学、学什么,小佳并没有头绪。无从入手的感觉让她无所适从。既不想盲目跟风,又不想落了下风,小佳的内心十分纠结。

  注:本案例改编自本书作者的咨询活动。

进入大学的新生们,已经学习了十几年,说他们不会学习,听起来有些荒谬,但确实在很多同学身上都有这个问题发生。他们长久以来习惯了被动学习,在大学这个给予充分自由的空间里,反而不知道如何学习了,或者准确一点来说,是不知道自己应该学些什么。究竟我们要学些什么、又该如何学习,这些问题能否在这一节里得到一个令人满意的解答呢?

● 理论与讲解

一、学习过程

从信息加工角度看,学习过程主要包括以下三个主要部分:(1)信息的存贮,即感觉记忆、短时记忆与长时记忆三级记忆系统;(2)认知过程,包括注意、储存、提取等过程;(3)元认知,包括执行控制、期望等。如图5-2所示。

图 5-2

信息加工模型

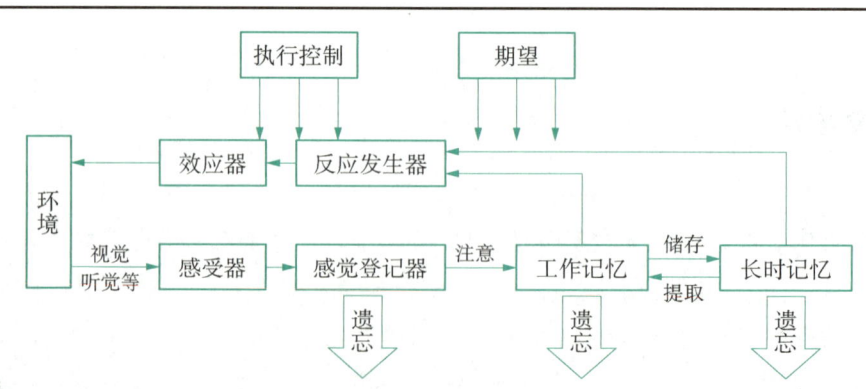

从这一模型出发,可以提出一些促进学习的具体策略,具体有下面三种:

1. 组织化策略

所谓组织化策略,是指按照信息之间的层次关系或其他关系对学习材料进行一定的归类、组合,以便于学习、理解的一种基本学习策略。它可以帮助学生有效地记忆学习材料。组织策略的实质是发现要学习项目的共同特征或特质,而达到减轻记忆负担的目的。

例如,学生背诵全国 34 个省级行政区域的名称,可以按照序列逐个背诵,但这样做费时费力,于是可以按照一定形式将要背诵的信息组织归类,比如按地理区域加以组织——东北、西北、西南、中南、东南、华东、华北。此外,图表和模型图、层级结构、实物模型、概要等,都是组织策略的运用。

2. 精致化策略

所谓精致化策略,就是对头脑中已有的知识或刚学的新知识形成额外的联系,从而赋予复杂的知识以意义的过程。学习者附加在要学习的材料上的信息可能是一个例子,一个相关命题,一个表象或者任何能帮助信息联结的东西。

例如,在理解"维生素 C 能够抵御感冒"这个命题时,可能会设想其他原因,会结合以前的知识,想起维生素 C 有助于增加身体抵抗力,而人体内的白细胞是身体卫士,白细胞能吞噬病毒,而病毒可以引起感冒等相关的命题。由此,学生在头脑中就将这样的命题加以细化,作出扩展,形成更大、更细致的网络了。学生采用记忆术来给没有逻辑联系的知识人为赋予意义也是精致化策略的一种运用。

3. 活动策略

在信息加工模型中,学习被看作是积极主动加工的过程,而主动学习有助于促进有意义的编码。对"活动"这个词,不能仅从表面去理解,例如,在理科学习中,"动手做"往往被教师所提倡,学生在对学习材料(磁铁或其他物体)进行操作时,教师则通常认为学生在主动学习,但实际情况可能并非如此。如果学生不了解学习目标,或者没被要求说出自我想法以及陈述新旧知识之间的联系,则这样的学习仍然是无意义的。因此,"动手做"并不意味着学生"用脑做"。

二、学习技巧

基本学习技能

基本学习技能简单常用,比如画线和做笔记。画线是一种常用的策略,用以决定哪些是重要内容并需要画线以作特别强调。使用画线策略的最大困难,在于决定哪些内容是重要的。有时,学生为避免作这样的决定,会随意画下一段文本,但这样做毫无意义;还有些学生会关注段落的第一句、黑体字及斜体字部分,或者那些看起来令人感兴趣的部分,但这样做通常也会忽略文本中的重要观点。

视频

学霸真的是天生的吗——教你如何快速学习

与画线策略一样,确定哪些内容较为重要对有效做笔记同样重要。但现实中,有些学生只是尽可能多地记下教师呈现的信息,而未对这些信息进行分析,并决定应当专门记录哪些内容。研究证实,有效做笔记能够促进课堂学习,并且这种技能本身可以传授和训练。

除了上述两种基本学习技能外,我们还可以采用一些更为高级的学习方法,如理解监控。具体如下:

理解监控是一种循环检测过程,以确保能理解正在阅读的材料,它是一种高级的学习策略,要求个体具有高度发展的元认知能力。有研究证实,低成就者和一些缺乏自我监控的个体很少进行自我检测,且常常在他们遇到尚不理解的问题的时候采取行动。下面将讨论两种重要的理解监控策略——总结和自我提问。

总结是指对口头或书面信息的中心思想作简明扼要的阐述。它是一项非常有效的理解监控策略,但学会它必须经过专门训练且耗费大量时间。有研究证实,学生经过一段时间训练后,逐渐变得善于总结即确定并剔除不重要的信息,得出对内容结构的一般描述,得出每一段的主题句。尽管这类训练要耗费大量时间,但结果表明确实可以促进学生理解文本能力的提升。

小测试

你的学习方法
对吗?

自我提问是另一种自我监控的方法。如在阅读中,学生有规律地停顿下来,询问自己一些有关阅读材料的问题。精致性提问是一种比较有效的自我提问方式,它是一种获得推论、明确关系、引用样例或确定所学材料隐意的加工过程。下面便是一些有效的精致性提问的例子:这一观点的其他例子还有哪些?这一主题同前一主题有何相似与不同?当前材料是什么主题的一部分?通过精致性自我提问,新信息能和长时记忆中已有信息建立联系,从而促进理解与学习。

小问答

问题1:我们同样是一起在教室里听老师讲课,但是总没有别人学得好。有人说智商是"硬伤",但我也没觉得自己比别人笨哪? 究竟是哪里出了问题呢?

——并没有很笨的小本本   21岁   大三

答:虽然许多同学共处一室听课,然而听课效率却因人而异,各有差别。当然,个人的智力因素对于听课效率会有一定的影响,但也有其他的各种因素会影响听课效率。很多同学不是不聪明,而是不善于听课。那么,怎样才能做到会听课、听好课呢? 下面是一些实用的小技巧,希望对你有所帮助。

(1)把握听课要点,做好提前预习有必要。

通过预习,学生可以抓住每一节的难点,从而在上课听讲时做到"有的放矢",主动地获取知识,而且通过预习,可以培养自己的自学、理解与独立思考问题的能力,这也正是学习的目的之一。学习不仅在于学习知识本身,更重要的是掌握一种科学地分析问题、解决问题的能力。

(2)提高上课效率,认真完成作业是前提。

如果这节课很重要,或者这节课是后续课程的铺垫,老师每讲完一节课,一般都要布置作业的,这种作业就是让学生温故而知新的。你可以通过做作业使上一节课的内容得到巩固、夯实、提高,这样你下一节课听课的时候就显得轻松。如果下一节课老师要讲的内容,恰好是在上一节课的基础上展开的,而上一节课布置的作业你没有认真完成,那么,下节课你听着就会很累,可能就会形成一个恶性循环,遗留的问题就像滚雪球一样。所以,对老师布置的作业必须认真对待。

(3)合理记笔记,不影响听课效果。

为了加深对知识的理解和记忆,利于课后复习巩固新知识,就要同时培养记笔记的能力。学生在课堂听课中,要学会合理记笔记,不影响听课效率。这也是听好课、提高学习效率的一种学习艺术。

搞清楚哪些东西需要记、哪些东西不需要记。比如说书上有的基本概念、定义,这些就没必要去记。而老师对这些概念或者定义进行的一些分析或解释,是非常关键的,都是老师个人的一些心得体会,这些东西能帮助你真正理解这些概念,必须要记下来。

(4)把听课和思考结合起来。

课堂上的积极认真思考,就是要思考学习内容的来龙去脉。要经常问一下自己"为什么""怎么办",这个结论是怎样推导出来的,又可以应用到什么样的场景中,在应用时会受到什么条件的限制,等等。一边默默思考,一边和老师的讲解进行比较,看看哪里想得对、哪里想得不对、谁的思路更好。但是,不可离开老师讲课而独自思考起来,以致失去了听课的意义;也不可固执于自己的思路,因为自己想的和老师讲课不一样就听不下去。如果课上有什么问题,也可以选择在课后向老师请教,说明你的困扰,直到弄明白为止。

问题2:学过的东西总是记不住,要怎么办? 一学期学下来,我认认真真记笔记了,但临考试前,翻开笔记才发现都忘得差不多了,只能再突击背一下,考完试就又都还给老师了。

——喜欢临阵磨枪的小光 19岁 新生

答:记忆,就是过去的经验在人脑中的反映。它包括识记、保持、再现或者回忆三个基本过程。记忆的最大敌人就是遗忘。提高记忆力,实际上就是避免和克服遗忘。在学习活动中只要进行有意识的锻炼,掌握记忆规律和方法,就能有效改善和提高记忆力。

(1)避免死记硬背,这是一种相当低效的方法。被动的死记硬背只能使人在较短的时间内记住书上的内容,但学得快忘得也就更快了。而且这种死记硬背的方法,不利于我们对学习的材料进行深层次的加工,以及进一步挖掘其深层次的含义,总的来说,是不利于我们的有效学习的。

(2)在理解的基础上记忆。与死记硬背相对,在理解的基础上记忆就是在对于记忆材料的积极思考、深刻理解的基础上进行记忆。通过理解,学习者抓住新旧知识的联系,使得新的知识有了支撑点,不仅记得牢固,而且还可以使旧知识得到新的理解。通过理解,学习者将知识系统化,使所要记忆的内容纳入知识体系之中,成为原有知识结构的一部分,这样就更加容易记忆了。

(3)利用遗忘规律来帮助记忆。艾宾浩斯首先对遗忘现象作了系统的研究。他详尽地研究了学习、记忆与学习材料的性质、组织、数量等条件的关系,以及学习巩固程度、学习后时间间隔对记忆和遗忘的影响等问题。(如图5-3所示)

图5-3

艾宾浩斯遗忘曲线

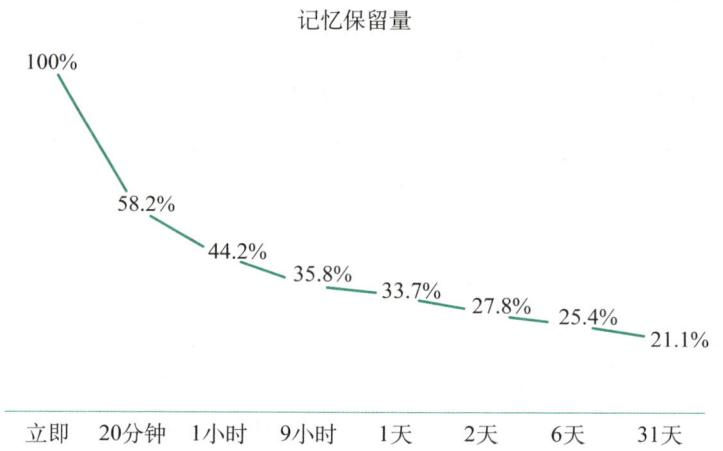

记忆保留量

100%
58.2%
44.2%
35.8%
33.7%
27.8%
25.4%
21.1%

立即　20分钟　1小时　9小时　1天　2天　6天　31天

这条曲线的形式表明了遗忘发展的一条规律:在识记后短时间遗忘较快,在过了较长时间间隔后,记忆保持量较少,遗忘的发展也放缓,即新近形成的联系比历时较久的联系容易遗忘。

我们可以根据艾宾浩斯的遗忘曲线进程,对于不同时间记忆的学习材料安排相应的复习。比如,对于很重要的知识或者学习材料,当天学习的内容一定要在当天复习一遍巩固一下,然后在相隔2天、6天、31天的时候分别进行复习。这种反复的过程一直持续到学习记忆的材料已经进入长时记忆、不会被轻易遗忘为止。

问题3:我学习起来总是没有效率。很多时候,为了完成一项作业,我要花费整整一天的时间。比如说,我周日早上会睡到自然醒,收拾一下,出去吃个饭,然后再回到宿舍,准备开始写作业。写作业之前总会干点闲事儿,比如说刷个社交软件、看看课外书什么的,然后才会正式开始写作业。写作业中间也会时不时地看看手机,刷刷朋友圈,室友如果在聊什么有趣的事情,也会停下来参与一下讨论。拖拖拉拉半天,受不了自己的低效率。

——唧唧复唧唧　24岁　大四

答:进入大学以来,我们有了更多的自由支配时间。能够高效地进行自我学习管理,就成了每个学生的一门必修课。同样的,以下是一些实用的技巧,希望能对改善你的现状有所帮助。

(1)良好的能量管理。

时常会听到有学生抱怨自己常常会感到疲劳、压力过大甚至已经精疲力竭,这说明他的能量管理做得不好。

我们可以从两个方面来调整我们的能量管理策略。一方面,从量上来增加我们的潜在能量水平,比如适量运动、充足睡眠、健康合理饮食、及时饮水、少食多餐,等等;另一方面,我们可以从质上来调动我们能量的使用,这里推荐一种循环式作息计划。不同于线性的计划,它是先集中小部分时间做大部分工作。这种计划安排能让你做到张弛有度,而不是死气沉沉。比如,可以一周抽出一天用来休息,将7天的工作放在6天里完成,一开始很难,但是放松一天能防止你精疲力竭。又比如,在一天里,将一天的工作放在早上集中完成,这样到了晚上就有几个小时的空闲时间可供支配。也可以设定90分钟,集中精力完成某项学习任务,一旦90分钟结束,就停止工作,这样也可以使你的注意力在这段时间中更加集中。

(2)"学习"具体化。

"学习"是一个相对模糊、容易产生歧义的概念,同时也给大多数学生带来一定的精神压力。学生的本职就是"学习",这样的想法,使得他们认为如果不能一直待在图书馆、坐在书桌前沉思苦读,就有种"玩忽职守"的意味。于是,学生就陷入了持久的自我斗争过程。但其实,坐在书桌前沉思苦读只是"学习"的外在表现形式,我们更应该关注的是它的过程本身,这就可能包含着一系列的具体活动,比如阅读、做作业、记笔记、写文章、写日记、做练习、搞科研等都是学习。最为关键的是任何一种学习都要坚持深入下去。这样,在列待办清单时,我们就需要把"学习"具体化,精简地把你此刻需要做的事情理出一个流程。

(3)绝不拖延。

很多学生都被拖延这个问题深深困扰,前文已经提到了《拖延心理学》这本书给出的一些建议。这里可以再补充一点,就是采用周/日目标体系来完成日常各项任务的安排,如果能长期坚持,效果是不错的。具体操作是这样的:首先,每周周末,列一个清单,包括下一周所有的任务、作业以及你想在下周完成的读书和学习活动。除非在一周内出现意想不到的事情,否则你就有责任完成这个清单,不过也不必超过清单所规定的任务。这样做就把无限的工作分割成在一周内可以完成的子任务。然后,每天晚上检查周计划,列出每日目标清单,确保完成每日的工作清单。通过制定计划,可以将工作分配到周和日,不需要再在最后期限前拼命赶作业,可以做到细分任务。

(4)批处理。

批处理就是将那些类似的、零散的工作集中起来一次做完。批处理有助于节省时间,有助于集中时间和精力去做重要的工作。这种方法适用于那些需要时间不长的比较零散的工作,若超过3个小时的工作用批处理的方法,效果就不好了。如果是一项耗时在3小时左右的作业,可以选择一次性完成,如果将其零散化处理,反而会更加浪费时间。

● 参与式活动

小游戏 5-2　学习方法"优"或"劣"

目的:帮助同学们了解多样的学习方法,并找到适合自己的学习方法。

时间:30—45分钟。

地点:普通教室。

具体步骤:

(1)心理老师将"分享卡片"分发给每个同学,要求同学们按要求填写卡片前两栏,用时在5分钟左右。

图 5-4

"分享卡片"示例

我的方法	是否有效 (实际经历)	"好"方法	"劣"方法	反　思

(2)心理老师邀请同学依次上台分享自己的学习方法,台下的同学依据这种方法是否适合自己的原则,将它归作"好"方法或者"劣"方法。

(3)在分享结束后,组织大家讨论这些学习方法的优劣,鼓励同学们发表自己的见解,也可以针对某些学习方法提出自己的改进意见。

(4)同学们分别针对自己的学习方法存在的不足以及如何改进进行整理,填到"分享卡片"的最后一栏。

(5)心理老师对大家的讨论结果进行总结,由学生进行补充,以分条列点的方式形成本次的学习成果。

第三节 有氧的学习——学习思考的空间

小丽现在已经在读大三，面临着敲定毕业设计研究主题的问题。然而，小丽却脑袋空空，没有什么灵感。她和指导自己毕业设计的老师沟通过选题的问题，老师建议可以从自己的兴趣入手，找一下自己感兴趣的课题。如果想不到的话，也可以考虑从老师正在研究的方向下找一个小的切入点进行深入研究，这样也方便老师指导。她对自己的专业是很喜欢的，但就是抓不住一个自己喜欢的研究课题，而从老师的研究方向里找，又没有自己感兴趣的。如果不是自己感兴趣的，后期可能就会比较痛苦。就这样，小丽陷入了一天天的空想中，始终想不到什么好的主题。日子一天天推进，马上就要到和老师报告自己研究设计的日子了，但现在连一个像样的主题都没有。小丽处在情绪崩溃的边缘，于是找到了心理咨询师，寻求帮助。

注：本案例改编自本书作者的咨询活动。

我们可以看出来，小丽的思考，更多的是在一种焦虑情绪驱动下进行的没有材料支持的空想。凭空想出一个很好的点子，对于任何人来说都是很困难的，而这个过程也是很煎熬的。因为，它近似于要求我们去建造一个空中楼阁。而真实的思考，应该是建立在感性材料上的理性认识。所以，这里建议小丽应该更多关注自己专业领域的一些基础发现，先对当前该学科领域的现状与前景有一个感性认识，然后再去选择自己喜欢的细分领域进行深入研究。没有调查就没有发言权，在收集和研读相关资料的同时，自然会有所启发，发现感兴趣的研究主题，进而一点点地明确自己的研究假设。这是一个量变产生质变的过程，希望小丽能在这个过程中有所收获。在本节，我们将介绍一些促进思考的方法和技巧。

● **理论与讲解**

一、问题解决

作为思维的一种表现形式，问题解决是指一系列有目的有指向性的认知操作

人的内心里有一种根深蒂固的需要——总感到自己是发现者、研究者、探寻者。在儿童的精神世界中,这种需求特别强烈。但如果不向这种需求提供养料,即不积极接触事实和现象,缺乏认识的乐趣,这种需求就会逐渐消失,求知兴趣也与之一道熄灭。

——(苏)瓦·阿·苏霍姆林斯基

过程。与一般思维过程的不同之处在于,它具有目的性,涉及一系列的心理操作程序且有思维认知成分的参与。

视频

学习新技能就在关键的前20小时

斯腾伯格认为,问题解决的过程包含三个阶段:(1)准备阶段,理解和诊断问题,人们呈现和组织问题的方式直接影响问题的解决;(2)产生解决办法,在头脑中通过问题表征搜索出一条从初始状态到目标状态的途径,即找到解决问题的办法;(3)评定阶段,对解决问题的方法进行评定,有经验的问题解决者会在过程中不断评价、调整自己的解决方法。

问题的表征方式、定势、功能固着等都会影响到问题的解决。问题的表征方式与个体的知识结构有密切关系。定势是指个体重复先前的心理操作所引起的对活动的准备状态。功能固着是指人们在解决问题时往往只看到某种事物的通常功能,而看不到它其他方面的功能。而人们在解决问题的过程中,常常需要变换自己所习惯的问题表征方式、先前形成的定势、对事物固有功能的印象,以适应新的问题情境的需要,这是解决问题的关键。如图5-5所示,请思考如何能用四条直线将图中的9个点连起来,且必须一笔完成? 一个正方形,怎么可能只用一笔用四条直线把所有的点都经过一遍,你是不是有这样的疑问? 这就是问题表征对我们解决问题造成的影响。

图5-5

**问题表征的
影响**

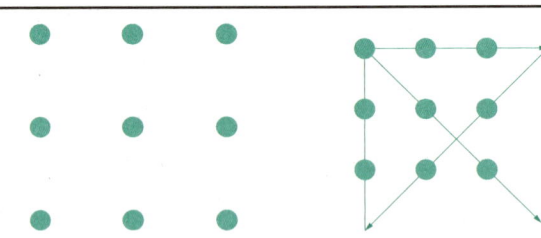

二、问题解决的启发法

认知心理学的奠基人之一赫伯特·西蒙提出,因为"同人类所生活环境的复杂性相比,人类的思维能力非常有限"。所以,人类一定愿意"找到问题的'足够好的'解决方法以及行动的'足够好的'路线"。据此,西蒙提出,思维过程受到有限理性的指导。而启发法就是一些能够提供捷径的非正式的经验法则,它们能够降低作判断的复杂性。启发法有下述三种。

可用性启发法,是指人们倾向于根据事件或者现象在记忆中获得的难易程度来评估其概率的现象,即根据事件或现象在记忆中是否容易提取来作判断和决策。在卡尼曼的一项研究中,被试认为在所有的英语单词中,相对于出现在一个单词的第三个位置,"k"更多地出现在一个单词的开头。但事实上,"k"出现在第三个位置的频率大约是前者的两倍。这就与记忆信息的可用性有关。与想起"k"出现在第三个位置的词相比,想起以"k"开头的词要容易得多。这样,对于信息的判断就是源于可用性启发的使用。

代表性启发法,是指人们估计事件发生的概率时,受它与其所属总体的基本特性相似性程度的影响。通俗来讲,样本越与总体的原型相似,就越容易被归入总体。比如,现在有 100 个人,他们其中有 70 名律师,30 名工程师,需要你根据已经收集到的描述来判断一个人是工程师还是律师。"王明,男,45 岁,已婚,有子女。他比较保守、谨慎、有进取心,对政治、社会问题没有兴趣,大部分休闲时间从事他所嗜好的活动,包括家庭、木艺和猜数字谜语。"你很可能会把他判断为是一名工程师,尽管选择律师的正确率更高,这就是代表性启发的应用。

锚定和调整启发法,是指人们根据给定的信息作出最初的估计后,再根据当前的问题对最初的估计作出调整,但是调整的幅度不大。这里最初的估计值相当于锚定,以后的调整是在锚定基础上的微调。比如,请两个人在很短的时间内分别估计下面两个列式的结果:A.$1 \times 2 \times 3 \times 4 \times 5 \times 6 \times 7 \times 8$,B.$8 \times 7 \times 6 \times 5 \times 4 \times 3 \times 2 \times 1$。尽管两行数字的乘积是一样的,但结果却令人惊讶,对于 B 的估计结果明显大于对于 A 的估计结果。在特斯基和卡尼曼等人的研究中,被试对 A 的平均估计值是 512,而对 B 的平均估计值是 2 250。这是因为在时间紧迫的情况下,多数被试往往先计算前几步,得到一个初始的计算值(锚定),然后在此基础上进行调整。B 比 A 的初始值高,因此结果估计得就会偏高些,但事实上,这两个估计值都与真实值(40 320)相差甚远。

以上三种启发法对决策是有帮助的,它使人们利用已有知识经验快速决策,但是采用这些启发法也可能导致决策的偏差。

三、思维小工具

有很多"工具"都可以用来帮助我们厘清思路,从而使得思考过程更加顺畅,这里介绍两种,希望你能够学以致用,对你今后的学习能有所帮助。

1. 思维导图

它是一种图像式思维以及一种利用图像式思考来表达思维的工具。通常是由一个中央关键词或想法,以辐射线连接所有的代表字词、想法、任务或其他关联项目的形式构成,用途很多。

现在市面上有很多有关制作思维导图的 App,界面有所不同,但操作都很简单,你可以选择一款适合自己的进行熟练掌握。当然,如果有一定绘画基础的话,你也可以选择手绘,使你的思维导图带上更多的个人标记。

图 5-6

思维导图的用途

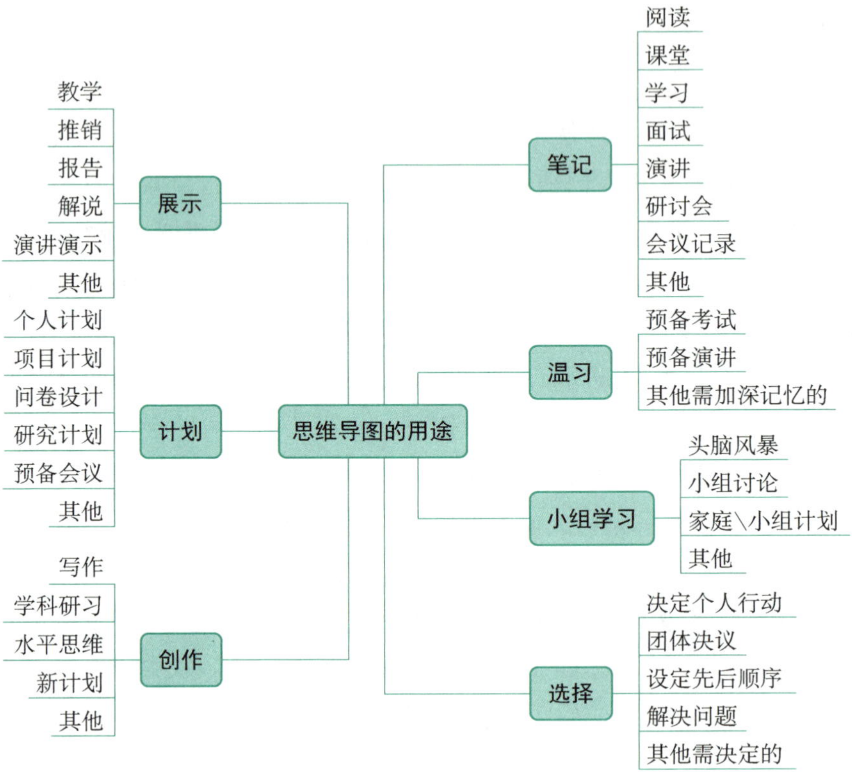

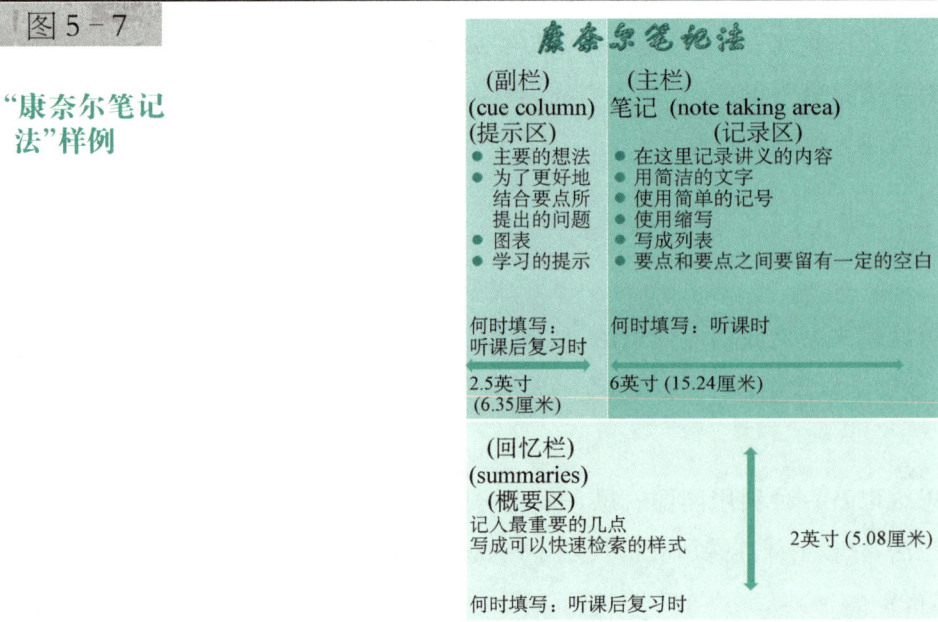

2. 康奈尔笔记法

图 5-7

"康奈尔笔记法"样例

该方法也叫 5R 笔记法,这一方法几乎适用于一切讲授或阅读课,特别是对于听课笔记,5R 笔记法应是最佳之选。这种方法是记与学、思考与运用相结合的有效方法。具体包括以下步骤:(1)记录(record)。在听讲或阅读过程中,在主栏(将笔记本的一页分为左小右大两部分,左侧为副栏,右侧为主栏)内尽量多地记有意义的论据、概念等讲课内容。(2)简化(reduce)。下课以后,尽可能及早将这些论据、概念简明扼要地概括在副栏和回忆栏上。(3)背诵(recite)。把主栏遮住,只用回忆栏中的摘记提示,尽量完满地叙述课堂上讲过的内容。(4)思考(reflect)。将自己的听课随感、意见、经验体会之类的内容,与讲课内容区分开,写在卡片或笔记本的某一单独部分,加上标题和索引,编制成提纲、摘要,分成类目,并随时归档。(5)复习(review)。每周花十分钟左右时间,快速复习笔记,主要是先看回忆栏,回忆不起来的适当看一下主栏。

小问答

问:上了大三之后作业特别多,我使用 ChatGPT 帮助我写作业,但隐约觉得使用 ChatGPT 也会助长我们的懒惰性,让我们不再进行深度思考,我有点困惑。

——大三学生小吴

答:你提到的困惑是一个很常见的问题,特别是在使用人工智能辅助工具进行学术写作时。注意以下几点可能可以帮助你更好地使用工具,但又不被工具所局限。

首先,ChatGPT 等工具可以是强大的辅助工具,但它们最好被视为协助你理清思路和提供灵感的工具,而不是替代你的思考和创造力。确保你在使用这些工具时仍然在进行深度思考,而不是简单地依赖于生成的文本。

其次,注意刻意思考、尝试主动学习。设定一些时间,专注于自己的思考和学术研究,而不依赖于工具。这有助于培养自己的深度思考能力,同时也能更好地理解和吸收学术内容。你还可以主动参与课堂讨论、阅读相关文献、提出问题,这些都是培养深度思考的有效方式。将工具作为辅助,而非唯一的学习来源。

最后,记得有意识地使用工具。在使用 ChatGPT 等工具时,有意识地选择哪些部分需要自己思考和创造,而哪些部分可以借助工具。这样可以确保你仍然在学术工作中发挥主动性。

总的来说,使用人工智能工具是一个技能,而不是替代深度思考的替代品。通过合理使用这些工具,你可以更高效地进行学术写作,同时保持自己的思考能力和创造性。

思考点

如何培养创造性思维呢?

参考材料:创造性思维过程共有四个阶段。

第一,准备阶段——问题的提出。从提出问题开始,问题的深浅决定科研活动是否具有创造性。研究者针对提出的问题,首先进行周密的调查研究,搜集与问题有关的研究成果,然后用已有的理论进行分析。这时候,对问题的探索充满热切的期望,对问题用可望而不可即来描述,是有意识地积累相关背景知识的阶段。

第二,酝酿阶段——问题的求解。针对问题,根据已有的理论和搜集到的事实,提出各种可能的解决方案(也就是科学探索过程中的假说),并对所提方案作出评价。这实际上是试错过程,它往往要经过多次甚至无数次的失败,从而促使问题中的矛盾愈来愈尖锐化。在"山穷水尽"的情况下,研究者仍然日思夜想,进入"如痴如醉"的境界,这是有意识和无意识交替作用的阶段。

第三,豁朗阶段——问题的突破。解决问题的方案(假说)是在这个阶段形成的,这是创造性思维过程的关键阶段。在这个阶段上突破陈旧的观念,摆脱思维定势的束缚,创造性地提出新观念、新思想、新方法,是决定性的环节。新观念、新假说开始提出时只是思想的闪光,或者是模糊不清的,或者是带有错误的成分的,必须经过进一步的整理、修改和完善的逻辑加工过程才能形成。

应该指出,新方案的产生时间往往很短,甚至只是一瞬间,而逻辑加工的过程却需要很长的时间;只有经过逻辑加工,问题的解决方案才能豁然开朗,才能成为可以检验、评价的方案。这是第三境界,它象征着历尽千辛万苦,突然发现成功就在眼前,问题的答案赫然出现,这就是顿悟。这个阶段也是有意识和无意识交替作用的阶段。

第四,验证阶段——成果的证明、检验。解决问题的方案是否能成功、是否有价值,只有经过检验、评价才能确定。这个阶段主要是设计、安排实验与观察,检验由新假说推演出来的新结论是否正确。在检验新假说时,新的实验与观察的执行人可以不同,时间的长短也允许有差别,检验的结果可以是新方案的证实或证伪。这一阶段基本上是常规思维,是有意识地进行的。

人工智能改变生活?

参考材料:伴随着人工智能领域的一项项重大进展与突破,人们在享受着由此带来的便利的同时,开始不可遏制地担心人工智能在不久的未来会对我们的工作、学习造成一系列负面影响。会不会有哪类人群的工作会逐渐被 AI 机器人所取代而最终被社会所淘汰?在人工智能时代,又是否会产生新的就业机会?霍金曾就此发表演讲,认为,人工智能的出现是必然趋势,而且有潜力解决世界上的大部分问题,包括人类的疾病、社会问题,等等。不过,他对于人工智能始终持观望态度,觉得这是一柄双刃剑,人类一定要警惕。

那么,人工智能的发展,究竟是利大于弊,还是弊大于利呢? 普华永道[1]旗下 AI Accelerator 团队对人工智能具体发展方向的趋势预测如下。

（1）能识别特征的深度学习理论。

（2）能识别结构的胶囊网络体系。

（3）能模拟行为的强化学习算法。

（4）能左右互搏的生成对抗网络。

（5）解决数据标注难题的新方法。

（6）能进行推断的概率编程语言。

（7）纳入了不确定性的混合深度学习模型。

（8）无须人为编程的自动机械学习。

（9）神之右手、恶魔之左手的工业应用复制方法。

（10）告诉你为什么的人工智能老师。

参与式活动

小游戏 5–3　　头脑风暴

目的:帮助同学们培养创造性思维。

时间:30—45 分钟。

地点:普通教室。

参与人员:老师以及 8—12 名学生。

注意事项:

（1）会前确定讨论主题,开始后每个学生就这个主题畅所欲言。

（2）由老师担任主持人和记录员的角色。

（3）延迟评判,当场不对任何设想作出任何评价。

（4）禁止批评,批评被认为会对创造性思维产生抑制作用。

（5）追求数量,目标是获得尽可能多的设想。

（6）结束畅谈后,对得到的设想进行整理、分析,以便选出有价值的创造性设想。

（7）头脑风暴环节结束后,每个学生分享自己的心得体会。

---

[1] 世界上最顶级的会计师事务所之一,国际四大会计师事务所之一。

课程思政案例

蔡和森等留法勤工俭学

"五四"运动前后,中国广大青年在帝国主义、封建军阀的压迫下,目睹国势危亡,面临教育遭到摧残,深受失学失业的痛苦。在十月革命与五四运动的推动下,当时的中国教育家李石曾、吴玉章等人发起留法勤工俭学会,当时任教育总长的蔡元培力赞此事。为了寻找救国图强、改造社会的知识和真理,同时受工读思潮的影响,大批青年投入了赴法勤工俭学运动。1919—1920 年间,先后共 20 批约 1600 多人到达法国。他们来自全国 18 个省,其中以四川(378 人)、湖南(346 人)、河北(147 人)为最多——原因可能有多方面,比如毛泽东、蔡和森等湘籍学生创立的湖南新民学会筹集资金,积极组织会员和湖南青年参加。一批批胸怀救国梦的中国青年因此远赴法国,学习新思想、新知识、新理念,或者是科学技术,他们中有周恩来、邓小平、陈毅、聂荣臻、王若飞、赵世炎、蔡和森、向警予、李维汉、李立三等中国革命的先驱和新中国的缔造者。蔡和森是留法青年中适应环境最快的一个。

1920 年 2 月,蔡和森抵达法国后就生病了。他一边锻炼身体,一边自学法文,稍后才进入蒙达尼公学,并认真地学习法语会话、法国文学作品以及尝试阅读法文版的新闻报纸。在此期间,蔡和森在公园借助字典看报纸,他的勤奋感动了公园的一位管理员,并主动担任他的法文辅导教师。他这样学法语,比一般同学在学校里学法语进步更快,仅四五个月,就攻克了语言关。他用"霸蛮"精神在半年多的时间里,"猛看猛译"报刊文献和马列主义著作,翻译了马克思与恩格斯合著的《共产党宣言》、恩格斯的《社会主义从空想到科学的发展》、列宁的《共产主义"左派"幼稚病》《国家与革命》《无产阶级革命和叛徒考茨基》等著作的重要章节,并且写了大量读书笔记。勤工俭学期间,蔡和森、向警予等留法学生在蒙达尔纪召开了著名的"蒙达尼会议",提出建立中国新民主主义政党的主张,并建议命名为中国共产党。他在新环境中的行动能力之强,尤其是这么短的时间学会一门外语并大量翻译,真是令人赞叹!

第六章
胜友如云

第一节　化解尴尬癌——日常交往的心理

■ 案例故事

　　小张是电子商务专业学生，自大二开学以来，她感到焦虑，郁闷，苦恼。她感觉"大家都挺虚伪的"，根本不想待在寝室，一回到寝室，就胸口发闷。原因是她觉得自从大二以来，室友们都不怎么关心学习了，只顾玩、谈恋爱什么的；尤其是那个本地的女孩子，小张觉得她老是和自己针锋相对：小张晚上说早点睡觉，那个女孩子早上就起得特别早，小张觉得她肯定是在报复自己，让她小声点，她就很冒火地和小张吵起来了。还有一件事就是班上的同学申请入党，本来寝室也有3个室友申请了，但是后来因人数有限，只有小张得到了入党的机会。一天，小张回寝室看到她们几个在聊天，听到她们好像在说什么"就会讨好老师，拍马屁"。小张一听就知道在说自己，从那天以后她们几个关系就变得很差了。小张心里特别不舒服，觉得已经到了孤立无援的地步。因为心情一直很糟糕，所以在学习上面不能静下心来，根本无法专心复习，还有一个多月就要期末考了，小张怕成绩考得不好，更怕会挂科，她越想心里越乱，越不知所措。

　　小张内心十分困扰、焦虑，来到咨询室求助。

　　小张："我觉得她们不喜欢我，我又没做错什么！"

　　心理老师："你觉得她们不喜欢你，但又不知道为什么。"

　　小张:"对,我难受死了。"

　　心理老师:"你现在感到很孤独,也很痛苦,还有些委屈,是吗?"

　　小张:"对。(哭泣)……我不知道怎么就成现在这样了,我觉得她们对我不满,我不知道自己能做些什么。"

　　心理老师:"你希望做点什么,改善和其他人的关系,是吗?"

　　小张:"是的。"

　　……

　　在开始的咨询中,心理老师通过咨询技术鼓励小张发泄情绪,并加强小张对改善人际关系的渴望和决心。小张性格比较内向,个性追求完美,在交流过程中心理老师也发现了小张对室友存在诸多偏见。如"小张晚上说早点睡觉,那个室友早上就起得特别早,室友肯定是在报复自己"等,针对这些情况,心理老师采用合理情绪疗法对小张的不合理信念进行了调整。

　　心理老师:"你说她起得早是在报复你,有没有其他的可能?"

　　小张:"有吧,最近快考试了,大家都很努力。"

　　心理老师:"很有可能,所以她并不一定像你说的是在报复你。"

　　小张:"嗯,现在想想确实不是,好像是自己想太多。"

　　……

　　心理老师在不断调整小张不合理信念的同时,还鼓励小张主动与室友进行沟通,勇敢表达自己的感受。在几次咨询后,小张的情绪改善许多,脸上的笑容逐渐增多,和室友的关系也缓和了很多。

　　注:本案例改编自本书作者的咨询活动。

　　宿舍关系在大学生人际交往中占很大的比重,室友关系的好坏也会影响宿舍成员的情绪、学习等。小张在和室友相处过程中,摩擦不断,内心感到被孤立,因而感到焦虑、苦恼,还影响到小张的学习……

　　同样作为大学生的你是如何看待小张遇到的问题的? 接下来的章节中我们可以了解到大学生日常人际交往中的心理特点,这些内容也许会帮助你了解大学生常见的苦闷,找到问题的根源。

理论与讲解

一、大学生人际交往的特点

　　对于步入青年期的大学生来说,其人际交往呈现出与其他社会群体不尽相同

一个人事业的成功只有 15% 取决于他的专业技能，另外的 85% 要依靠人际关系和处事技巧。

——卡耐基

的特点。一方面，大学生处于渴求交往和理解的心理发展时期，而随着信息时代的到来，各种社交平台（如 QQ、微博、微信等）相继出现，大学生的交往方式也日益多元化。此外，和以往人际交往环境不同，大学生人际交往的对象更加广泛。大学生主要的人际关系为同学关系、师生关系以及室友关系三种，但与高中时期不同，大学生活的内容更加丰富多彩，活动空间也更为广阔，自主时间增多和社团、文体、聚会等校园活动的存在使得大学生的人际交往突破了性别、年级、班级以及专业，甚至学校等限制，使得交往对象更为多样。

另一方面，普遍来看，大学生在人际交往过程中极少考虑利益因素，交往中更注重情感和志同道合。大学生处于情感丰富、思维活跃的年纪，个体在人际交往过程中独立意识、主体意识增强，对友谊的平等性非常看重，他们希望交往双方真诚相待、平等相处、不掺杂任何杂质。大学生对人际交往持有这种理想化的期待，希望通过交往取得思想观念的一致和情感的共鸣，但这种理想化的期待也容易导致挫折感的产生，并因为对方未符合期待而感到失望。值得注意的是，随着社会的不断发展，生活节奏的加快，大学生也越来越注重人际交往中自身的利益得失，功利性交往逐渐增多，人际交往中互惠性的特征日益显现。总体而言，大学生人际交往呈现出理想化和互惠性并存的特征。

二、良好的人际关系与心理健康

良好的人际关系是大学生心理健康的标志之一。心理学家马斯洛的需要层次理论指出，每个人都有归属与爱的需要，即与他人建立友谊、相互关心和照顾的需要。这种情感上的需要如果得不到满足，可能会阻碍个体的健康发展。

当今高校中的大学生来自五湖四海，离开家乡、外地求学的人很多，良好的人际关系能够很好地帮助他们适应新环境。当个体遇到生活、学习上的困扰，情绪比较低落时，朋友的陪伴、倾听会提供极大的心理支持，使个体在心理上得到抚慰，从而维持心理的健康水平。相反，孤僻、社会退缩和缺乏人际支持的个体容易出现心理危机，人际关系紧张的个体更容易出现情绪问题。

人际交往也是推进大学生社会化、完善自我意识、促进自我同一性的重要因素。大学生人际交往范围广泛，社会规范和技能的掌握也在此过程中逐渐增多，这为大学生进入社会提供了准备；另一方面，随着青春期重要的发展任务包括自我同一性的形成,在大学生人际交往过程中,通过社会比较以及了解他人对自己的态度、评价,个体的自我意识会逐渐清晰,自我感觉会更加全面、和谐。反过来看,良好的外在人际关系也是个体内在和谐统一的表现,与他人的关系往往是与自己关系的体现。当个体自我内在和谐稳定、自我意识清晰时,与他人的交往过程往往也更加自然、顺利。

三、大学生人际交往中常见的心理问题

大学生在人际交往中具有较高的主动性和开放性,但在此过程中也会因为自身的心理问题使人际交往受到阻碍。其中常见的几种心理问题有自卑、猜忌与孤独等。

图 6 - 1

一名自卑的
大学生的内
心独白

自卑是自我情绪体验的一种形式,是个体由于某种生理或心理上的缺陷或其他原因所产生的对自我认识的态度体验,表现为对自己的能力或品质评价过低,轻视或看不起自己,担心不被他人尊重的心理状态。具有自卑心理的大学生在人际交往中容易出现退缩行为,他们内心渴望与别人交往,并想得到别人的认可和接纳,但由于缺乏自信心,对外界评价敏感,担心别人轻视自己,从而产生焦虑情绪,并影响自己正常的人际交往。有自卑心理的大学生在人际交往中容易表现出言语行为拘谨、逃避集体等行为,有时还会因为自卑产生防御行为,如过分地争强好胜、清高自傲、轻视他人等。

猜忌主要表现为对他人的言行过分警觉,敏感多疑、戒备心强。具有猜忌心理的大学生心理防御极强,不信任他人,而自身也总是处于焦虑和压力状态,他们的人际交往状况可想而知。猜忌心理的产生可能与个体不自信、自我投射和挫折经历有关。

孤独为一种主观上的社交孤立状态,伴有因个人知觉到的自己与他人隔离或缺乏接触而产生的不被接纳的痛苦体验。[①] 孤独是一种主观感受,表现为沉默寡言、缺乏主动和热情,自身体验到的寂寞和失落感。孤独感产生原因除个人特质外,还与个体社交技巧缺乏、自我中心性格等有关。

除了自卑、猜忌和孤独心理外,大学生在人际交往过程中还存在妒忌、羞怯、社交恐惧等心理问题,这些心理问题都会影响大学生亲密人际关系的建立,而且还容易导致自身的情绪问题。但这些问题通常都可以通过人际交往技巧的学习和对自己的全面认识等加以调适。

四、人际交往的心理效应

社会心理学家认为,在人际交往过程中,个体因为主观和非理性地看待对方,产生认知偏差,从而出现一些有趣的心理效应。[②] 大学生在人际交往中应有意识地关注这些心理现象,从而为自己或他人的行为给出一个更合理的解释。

首因效应是我们熟悉的"第一印象"。研究表明,在人际交往中,初次印象往往最为深刻。而近因效应则是指人际交往过程中,最新得到的信息会留下清晰印象,从而冲淡过去的印象。一般情况下,在人与人交往初期,首因效应会起主要作用,例如,男女生初次约会时都会将自己精心打扮一番。但随着交往的加深,近因效应作用会越来越明显,有时和同学偶然的一次冲突可能就让对方以往在自己心中的形象大打折扣。

人们也会仅仅依据个体的一种或几种特征来概括他/她在其他方面的特征,形成整体评价,这就是晕轮效应。所谓"一好百好""爱屋及乌"都是晕轮效应的表现。大学生在人际交往过程中,也容易出现这种以偏概全的认知偏差,简单地把人分成好与坏两种。

另一种是刻板效应,即人们对某一类人或事物产生的比较固定、概括而笼统的看法。例如,人们普遍认为南方人细腻,北方人豪爽。这种效应使人们将交往对象简单地归于某一类群体,而忽略对方的个性化特征,容易产生认知偏差。

还有一种是投射效应,即在人际交往过程中,将自己的特点归因到其他人身上的倾向。投射使人们倾向于按照自己是什么样的人来知觉他人,而不是按照被观察者的真实情况进行知觉。"以己度人""五十步笑百步""疑邻盗斧"都是投射

---

① 德容(De Jong J):荷兰学者,常年进行孤独感研究。文中关于孤独感的定义出自其 1987 年发表在 *Journal of Personality and Social Psychology* 上的文章——*Developing and testing a model loneliness*.

② 崔丽娟,才源源.社会心理学[M].上海:华东师范大学出版社,2013:95—101.

效应的表现。有的同学自己对他人有成见,却觉得他人对自己有敌意,也是投射效应的作用。

在人际交往中,这四种效应都会影响我们对他人的评价,反过来也会影响他人对我们自己的评价。所以一方面,我们需要看到这些效应给我们带来的认知偏差,宜用全面的眼光去理解和看待他人;另一方面,我们也可以利用这些效应进行形象管理,在人际交往中为自己加分。

● 小问答

问题 1:我有挺多朋友,和周围同学相处得也不错,为什么还感到孤独?

——雷神 2 号　男　物业管理专业学生

答:孤独感是一种主观的心理体验和感受,当一个人的社会关系网络令他满意的程度低于他的期望时,孤独感就产生了。认知加工理论(cognitive processes theory)认为,孤独感的产生不是因为人类固有的社会交往需要得不到满足,而是因为个体对觉知到的人际关系现状不满意。由此可知,一个人是否会感到孤独与他的朋友多少并无直接关系,而与自己对人际关系的期望等有关。

根据欧文·亚隆[①]对孤独的理解,再结合你的问题,孤独感的产生可能与几方面有关。首先,个体的孤独感与友谊质量、社会支持紧密相关,有时虽然感觉朋友挺多,但如果因为种种原因,都不能为自己提供心理支持、信任感时,或者在遇到不顺心的事无人倾诉时,我们内心就会充满无助和孤独感。对于这种情况,你需要正视自己渴望与人保持联结的内心,敞开心扉,主动找朋友沟通交流,这会在很大程度上缓解孤独感。其次,从另一层面看,孤独感可能与我们不能同内心的需要、深层的体验建立联结有关,这让我们内心变得空洞,做事情没有热情。对于这种孤独,我们需要正视内心情感和理性、真实需要和自我要求之间的分离。

问题 2:我在跟别人说话时,总会下意识地脸红,想回避,但别人都那么镇定自若。我真是痛苦,请问怎么办? 有哪些具体的方法可以帮我吗?

——挣扎的五指　男　园林工程技术专业学生

答:当然可以。首先,你绝不是唯一一个在社交中表现紧张的。对于大学生来说,在社交场合因为羞怯、自卑以及不当的认知(如"没有人喜欢我""我表现得像个傻子一样")等而产生的焦虑普遍存在,其他人可能也同样害羞,只是没有表现出来罢了。所以,不要因此

[①] 欧文·亚隆:美国团体心理治疗师,存在主义治疗法代表人物之一。主要著作有《团体心理治疗:理论与实践》《直视骄阳》《叔本华的治疗》《给心理治疗师的礼物》等。

而降低自己的自信并回避社交场合,这种回避可能会强化你的消极体验和预期。其次,一般来说,了解社交焦虑的根源对于解决自己的问题是有益的。研究发现,社交焦虑、羞怯源于对其他人消极评价的恐惧、对获得社会认可的渴望、低自尊和对于受排斥的担忧。

以下几点可以帮助你缓解焦虑和痛苦:

首先,你需要了解事情没有你想象的那么糟糕,应增强自己在社交场合的自信心。具体来说,可以和你的自我挫败认识("我表现得很糟糕,其他人都会嘲笑我""没有人喜欢笨嘴拙舌的我")辩驳,并有意识使用更积极的想法("其他人是友善的""我表现得很好")来提升信心。

其次,学习社交技能也很重要。通过反复练习如何有效进入对话、如何倾听他人、如何在谈话中进行眼神接触等,可提高你的社交技巧。当这些技巧变成你的习惯时,在社交中你会表现得更加自然;此外,还可以通过一些放松的技术帮助自己在谈话前或其间保持镇静,在放松状态下进入谈话会让你在交流过程中感觉更好。

最后,你还可以参加学校的社交焦虑类团体成长小组以帮助自己解决问题。当你感觉很痛苦时,也可以寻求专业心理咨询师的帮助。

扫一扫二维码
就能见答案

问题3:我高中时学习不错,老师和同学们对我都很好,我性格也很开朗,不知道为什么,来到大学之后就变了,大家都各忙各的,谁都不理谁,现在我甚至讨厌和人打交道,我这是怎么了?

——三只大鱼 女 物流管理专业学生

参与式活动

目的:破冰,增加同学之间的了解。

时间:5分钟左右。

地点:教室。

具体步骤:

第一步,所有同学围成一个圆圈,并坐在椅子上,老师先选出一名同学作为主持人站在圆圈中,然后撤掉主持人的椅子。

第二步,主持人说:"大风吹。"其他人问:"吹什么?"如果主持人说:"吹戴眼镜的人。"那么,所有被吹到(符合特征——戴眼镜)的人就必须离开座位重新寻找座位,没有被吹到的组员要待在原地,这时主持人会加入并占一个位置,所以最后会有一个组员没有位置。最后一位没有抢到座位的人就得站到圆圈中间成为新主持人,继续进行活动。

一个完整的口令过程如下:

主持人:"大风吹。"

成员:"吹什么?"

主持人:"吹穿红衣服的人。"(特征由主持人自行决定)

符合特征的成员开始交换座位,主持人加入。

另一轮开始,"大风吹"……

此活动是一个纯粹的破冰游戏,简单易行,而且效果很好。在游戏中老师需要先给成员介绍游戏规则,也可以根据情况吸纳成员加入游戏。此外"大风吹"也可以改为"小风吹"。如果说"小风吹",就按所说意思反着进行,如说"吹所有戴帽子的人"时,则所有没有戴帽子的人都要起立重新寻找座位。

小游戏 6-2   爱在指尖

目的:帮助学生在人际交往过程中开放自己去接纳别人,理解他人的需求与感受。

时间:30 分钟左右。

游戏道具:轻快的音乐。

地点:教室。

具体步骤:

第一步,老师先将所有组员平均分成两组,让一组同学围成一个圆圈,再让另一组同学分别站在已经围成了圆圈的同学的身后,围成一个外圈。然后,里圈的同学全部转过身来,与外围的同学相对而站。

第二步,所有人听从老师的指令,当老师发出"手势"的口令时,组员做出相应动作,即向面对自己而站的另一名组员伸出自己的手指。其中:伸出 1 个手指表示"我目前还没有与你做朋友的打算";伸出 2 个手指表示"我愿意初步认识你,和你做个点头之交的朋友";伸出 3 个手指表示"我很高兴能与你相识,并且对你的印象不错,希望能对你有进一步的了解";伸出 4 个手指表示"我很喜欢你,希望能与你成为好朋友。我愿意真心真意地为你着想,并与你一起分享快乐和分担痛苦"。

第三步,接下来,老师发出"动作"的口令,组员则根据对面的人的反应做出以下动作:如果两人伸出的手指数目不一样,那么,你们就不需要做任何动作,只是站着不动就可以了;如果两个人伸出的都是 1 个手指,那么,你们就各自把脸转向自己的右边,并重重地跺一脚;如果两个人伸出的都是 2 个手指,那么,你们就微笑着向对方点点头;如果两个人伸出的都是 3

个手指,那么,你们就热情地握住对方的双手,并开怀一笑;如果两个人伸出的都是 4 个手指,那么,你们可以热情地给对方一个温暖的拥抱。

第四步,每做完一次,就由内圈的组员向右跨一步,和下一个组员相视而站,继续跟随老师的口令做出相应的手势和动作。以此类推,直到外圈的组员和内圈的每位组员都完成了一组动作为止。

此游戏包含的思想丰富,可以用于多个主题。如自我探索、人际互动等。老师可根据自己和成员的需要把握重点,引导成员思考。在分享环节,对于在游戏过程中从来没有与人握手或拥抱的成员,老师可以请他们分享自己的感受,并鼓励这些同学进行反思和自我探索。对那些每次都与人握手或拥抱的组员,可以让他们分享自己的心情和感受。

小游戏 6-3　聊天游戏

目的:通过活动,使学生体验到人际交往需要注意的原则和技巧。

时间:30 分钟。

地点:教室。

具体步骤:

老师请两个学生为一组,就以下话题聊天:

(1) 自己喜欢吃的东西(面对面)。

(2) 自己喜欢看的电影或电视剧(背对背)。

(3) 自己将来希望做的工作(一人站着一人坐着,可互换)。

(4) 喜欢与什么样的人做朋友(脚尖对脚尖,很近的距离)。

游戏过程中,每个话题的聊天时间由老师把控。

游戏结束后,老师引导学生分享感受:什么时候感觉舒服,什么时候感觉不舒服? 为什么?(适当距离、面对面最舒服;背对背感觉距离疏远,心不在焉,没有眼神与肢体等各方面信息的交流,感觉自己不被对方重视;一人站一人坐,感觉不平等;脚尖对脚尖距离太近,有一种压迫感。)

思考点

喜欢独处有错吗?

参考材料:心理学家伯格指出,独处偏好与其他人格变量一样表现出相当稳定的类型,独处偏好和社交偏好是人格特征,无好坏之分。对于那些有独处偏好的个体,他们享受独自一人的时光,并且从中获益;而对于有社交偏好的个体,他们则享受与他人相处的时光。这两类个体都可能拥有较高的主观幸福感和较好的社会适应性。[1]

研究者尼克尔进一步将独处分为自我决定独处和非自我决定独处,前者在独处中体验到平静、自我悦纳,而后者则有焦虑情绪产生。非自我决定独处的个体在与人交往过程中可能有社交焦虑以及回避行为;而自我决定独处对个体的心理健康和主观幸福感有正向的作用。由此可见,独处的内在动机才是问题的关键。[2]

第二节　避免人设崩——良好的人际关系

▌案例故事

小阳是一名大四的女生,因为大四基本没有课,空闲时间比较多,同学间交往更加频繁,但是小阳发现自己在与同学交往时表现得很不好。在和自己不熟悉的同学聊天时找不到话题,感到很尴尬。她觉得其他人表现都很自如,和他们比起来,自己显得很没用,连话都不会说,而且小阳认为自己缺乏人际交往能力,别人也会看不起自己。后来,小阳一想到与他人交往就会紧张、焦虑,为此,她逐渐减少与他人相处的机会,经常一个人去图书馆或宅在宿舍里。临近毕业,大家都在找工作,自己虽然也有面试的机会,但小阳一想到面试就感到焦虑,觉得自己肯定表现不好,会出丑。另外,有时在路上碰见班级的男生,他们好像都躲着不跟自己打招呼,这让小阳觉得很尴尬,觉得男生也不喜欢自己,自己人际关系很狭窄,很痛苦。现在小阳一想到与不熟悉的人交往,就会紧张,有种无助感,很怕别人因为自己很笨而不喜欢自己。最近小阳情绪一直比较低落、焦虑,注意力不集中,睡眠也出现问题。

带着这些困扰,小阳走进了咨询室,希望心理老师能帮助自己摆脱痛苦,不再这么焦虑和无助。

经过了解发现,小阳一直比较内向,但还是有几个关系要好的同学,只是最近因为感到和不熟悉的人交往存在困难而不断地怀疑自己,并导致情绪低落和焦虑。再加上毕业

① Burger J M. Individual Differences in Preference for Solitude[J]. Journal of Research in Personality, 1995, 29(1): 85 – 108.

② Cara Nicol MA. Self-determined motivation for solitude and relationship: Scale development and validation [J]. *Dissertation Abstracts International*: *Section B*: *The Sciences and Engineering*, 2006, 66(11 – B), 6286.

临近,小阳担心自己面试时表现不佳,在各种压力下,小阳焦虑加重,感到痛苦。

心理老师在咨询过程中先通过倾听、共情等咨询技术鼓励小阳宣泄情绪,表达对小阳焦虑情绪的理解。然后和小阳一起对问题进行分析,帮助小阳识别出自己的不合理信念,如:"我和不熟悉的人在一起没话说,代表我笨。"

心理老师:"你们一群人聊天时,如果有其他人话也不多,你会怎么看?"

小阳:"可能他不爱说话吧。"

心理老师:"你会觉得他笨吗? 会不喜欢他吗?"

小阳:"(笑)不会,不爱说话而已,不能说人家笨。应该不会不喜欢,看其他方面吧,人品什么的。"

心理老师:"那个不喜欢说话的人是你的话,别人会觉得你笨吗?"

小阳:"(笑)应该不会。"

……

通过转换角度,使小阳逐渐了解到自己的认知方式存在问题,并认识到话不多并不会影响到别人对自己的喜欢。通过几次咨询后,小阳的情绪放松下来,感觉苦恼减轻,对待面试的态度也更加积极。

注:本案例改编自本书作者的咨询活动。

小阳通过咨询从自我怀疑中走了出来,解决了自己的苦恼,获得了成长。和小阳一样,在人际交往过程中产生苦恼和焦虑的大学生还有很多。那么,如何建立亲密的人际关系? 如何增加自己的人际吸引力? 如何让自己在人群中表现得自然得体? 诸如此类的问题都是大学生比较关心的热点。接下来这一节中将对这部分内容进行深入的探讨。

理论与讲解

一、人际关系发展四阶段

相信同学们都想在大学阶段找到自己的知心朋友,发展出深厚的友谊。那么,知心的朋友如何找到,友谊如何形成和发展呢?

社会心理学中的亲密关系表明,"零接触"意指两个毫无关系的人,彼此不相识;"有知晓"意指当中只存在单方面的态度或印象,二者没有互动;"表面接触"是

世间最美好的东西,莫过于有几个头脑和心地都很正直的真正的朋友。

——爱因斯坦

指双方交往时产生态度,但极少互动;"相互关系"代表两人开始有少数交集;"中等交集"与"更多交集"则从相互关系发展成连续又更深化的互动。人际交往中,自我暴露(self-disclosure,也译作自我揭露)是主动告诉对方自己的信息(甚至心里话),是一种拉近双方距离的方式,是一种真诚的展现。

社会心理学家阿特曼(Altman)等人提出了社会渗透理论来解释关系发展的过程。他们认为,良好的人际关系的建立一般经过四个阶段:[1]

首先,是定向阶段。在人际交往初期,选择交往对象,进行初步的沟通。在这个阶段,人们只有很表层的自我暴露,彼此的交流还很客气,例如,初次见面的室友会讨论自己来自哪个城市、年龄多大等浅层的话题。

其次,是情感探索阶段。经过定向阶段,产生继续交往的兴趣后,交往双方会有试探性的感情交换,可能有进一步的自我暴露或自我揭露,例如,生活中的体验、感受等,并开始探索在哪些方面双方可以进行更深的交往。在这一阶段,交往双方有一定程度的情感卷入,但是还不会涉及私密性的领域。

再次,是情感交流阶段。情感探索阶段继续发展,如果顺利的话,交往双方会逐渐建立起信任感、安全感,进入情感交流阶段。在这一阶段,彼此有比较深的情感卷入,自我暴露进一步增多,可以谈论一些相对私人的问题,例如,相互诉说学习、生活中的烦恼,讨论家庭中的情况等。

最后,是稳定交往阶段。随着情感交流的加深,交往双方进入更加密切的阶段。成为更亲密的朋友后,沟通和自我暴露更深更广,相互关心也更多,甚至可以相互预测情绪。这一阶段的交往双方可以引为"知己""知音",但能达到这一阶段的人并不多。

社会渗透理论在讨论亲密关系的建立过程时通过分析沟通中的自我暴露深度和广度来研究人际关系。其中,广度是指个体在关系中沟通的次数;深度,是指自我暴露时的亲密程度。阿特曼提出自我暴露的楔形模式,显示自我暴露与亲密程度互为因果关系,其相互影响程度如图 6-2 所示。

此外,阿特曼强调,人际交往主要有两个维度:一是交往的广度,即交往或交换的范围;二是交往的深度,即交往的亲密水平。关系发展的过程是由较窄范围的表层交往,向较广范围的密切交往发展。其中,自我暴露是关系发展的核心,广度和深度是自我暴露的两个维度。当然,在此过程中,关系的发展也会因为各种因素而逐渐恶化和终止。

---

[1] 侯玉波.社会心理学[M].北京:北京大学出版社,2007:130—131.

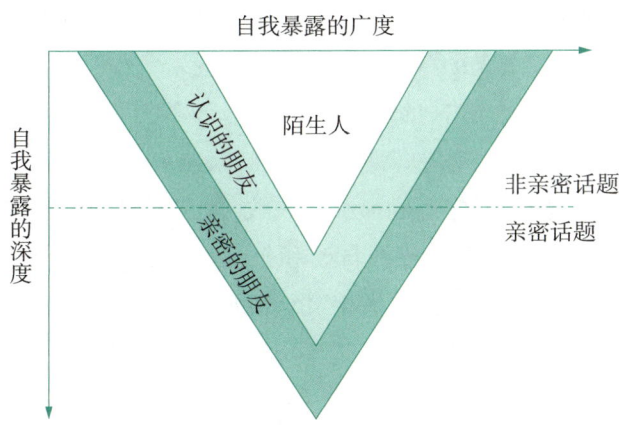

图 6 - 2

**阿特曼的自
我暴露的楔
形模式**

二、五种常见的沟通模式

沟通是建立人际关系的基础,友谊的形成和发展离不开良好的沟通交流。不同的学生会有不尽相同的沟通模式,而沟通模式的不同在很多时候会影响个体关系的建立。心理学家萨提亚[①]针对人与人之间的沟通模式提出了自己的理论。

萨提亚曾描述过这样一个现象,在人群中,无论人们的真实感受和想法如何,总有 50% 的人回答"是"(讨好型);30% 的人回答"不是"(指责型);15% 的人既不回答"是",也不回答"不是",也不会给出他们真实感受的任何线索(超理智型);还有 0.5% 的人会表现得若无其事、毫无知觉(打岔型)。最后,只有 4.5% 的人是真实的,他们是表里如一型的。这些沟通模式也可以看作是一个人的生存姿态。具体来说:

图 6 - 3

**几种沟通模
式的简笔画
形象图**

指责型　　　讨好型

超理智型　　打岔型

① 维吉尼亚·萨提亚(1916—1988):美国最具影响力的首席家庭治疗大师之一,她一生致力于探索人与人之间,以及人类本质上的各种问题,在家庭沟通方面有自己独到的见解和理论。主要著作有《萨提亚治疗实录》《萨提亚家庭治疗模式》《新家庭如何塑造人》等。

讨好型的人主要表现为取悦别人,缺乏自我,期望获得认同和接纳。在人际关系中容易过度抑制自己,被人操控。典型讨好型的人在情感上呈现祈求的姿态,感到"我很渺小""我很无助",内心充满无价值感。

指责型的人主要表现攻击、批评和指责他人,不顾他人感受,不容易认同其他人的意见和要求。在人际关系中表现优越、独裁,难和人建立亲密的关系。习惯于这种沟通姿态的人内心通常感到孤独和失败,但选择隔绝的方式来保持权威。

超理智型的人不流露情绪,忽视自己和他人。语言上总是保持客观,讲究逻辑,回避个人或情绪上的话题,给人严格、沉闷的印象。在人际关系中表现为社交退缩。典型超理智型的人表面上很优越,举动合理化,但实际上他们内心敏感,有一种空虚感和疏离感。

打岔型的人表现出对自己和身边事物似乎毫不在意,说话不切题,混乱,习惯于插嘴和干扰。在人际关系中难以获得他人信任,难以与人建立真诚关系。习惯于这种沟通方式的人内心焦虑、哀伤,没有归属感,容易被人误解。

表里如一型的个体则重视自我、他人与情境,具有高自尊、内在和谐。说话内容清晰真诚,表里言行一致。在人际关系中与交往双方相互尊重,能和人建立真诚的关系。

以上五种沟通方式中,表里如一型是最健康的沟通方式,其他四种都是自我表达与压抑间存在不平衡的结果,这些不一致的沟通模式会影响一个人的人际关系。当然,沟通模式是可以改变的。在人际交往过程中,接纳自己的真实感受,有意识地觉察自己的沟通方式,了解自己在人际沟通过程中的内在感受和渴望,能有效地减少冲突,并有助于建立亲密、真诚的人际关系。

三、人际交往的原则

知识延伸

大学生健康
人际关系的
养成

看了前面的讲述,有同学可能会觉得人际交往实在是太复杂了。不要泄气,人际交往也是有很多普遍规律的。人们因交往而构成相互联系的社会关系,在交往过程中人们普遍依据四个原则来逐步建立人际关系。

(1) 相互性原则。人际关系的基础是人与人之间的相互重视和相互支持。人际交往中喜欢和厌恶、接近和疏远是相互的。我们会喜欢那些喜欢我们的人,而讨厌那些讨厌我们的人。当我们对别人作出友好举动时,也期望别人作出相应的友好回应。在这种交互过程中,人际关系逐步建立。反之,如果我们向他人表示出善意,而对方不予理睬或给予拒绝时,我们会产生不舒服的感觉,最终将影响双方良好关系的建立。

(2) 交换性原则。人际交往的交换性原则也称为功利原则,我们可以把人际交往看成是一种社会交换。人们都希望一种关系对自己来说是值得的,希望在交往过程中得大于失或得失相等。这种得失不仅仅指物质上的交换,还有情感上的交换。有时,交往一方会感到自己付出的太多,对方付出的太少,从而产生不平衡、不舒服的感觉,这正是情感交换中感到得失不平等的结果。

(3)自我价值保护原则。保护自我价值不受威胁和提高自我价值,是个人先定的优势心理倾向。由于自我价值和他人评价关系密切,在交往过程中,对肯定自我价值的他人,我们会倾向于认同和接纳,并按照相互性原则给予对方肯定;另一方面,我们会倾向于疏远对自我价值否定的他人,因为和这种人交往会激活我们的自我价值保护机制,以防止自我价值受到贬低和否定。

(4)情境控制原则。我们每个人都有情境控制的需要,情境的不明确或不能达到对情境的把握,会引起我们的焦虑。这种情境控制实际上体现了人际关系中的平等与自由性。如果一个人感到在人际关系中自我表现受到限制,或者感到双方对情境的控制不对等,那么,个体可能会保持一定水平的自我防卫,使交往双方不能有深层的交流,人际关系容易停留在表面。

小问答

问题1:我是一个老好人,平时乐于帮助其他同学,但有时自己并不愿意做,又不好意思拒绝别人的请求,不然会显得很小气,心里感觉好累。怎么开口拒绝别人呢?

——三个花骨朵　金融管理专业女生

答:这种情况在人群中是很普遍的。很多时候,面对别人的请求,明明很想拒绝,但就是说不出口,最后带着不舒服的感受勉强答应。一般来说,我们难以说"不"的原因主要包括几个方面:

(1)担心社会评价。我们认为拒绝别人是不礼貌的行为,担心别人认为我们是不善良的、小气的、不友好的。

(2)害怕冲突。我们担心拒绝别人后,对方会生气,从而使双方陷入尴尬的境地,影响双方以后的关系。

(3)想要给予帮助。即使我们并没有充沛的精力和充足的时间,我们内心确实希望能给对方带来帮助。

可以看出,由于构想了很多关于拒绝别人后会产生的不良后果,说出"不"字变得异常艰难。但我们需要了解的是,首先,每个人都有自己的优先需求,在必要时拒绝别人是每个人的权利,也是自爱和自重的表现;其次,拒绝做一件事情并不意味着拒绝一个人,所谓"对事不对人";最后,并不是选择拒绝别人本身而是如何拒绝别人会影响到交往双方后续的关系发展。这里给出几条有关拒绝的技巧供大家参考:

一是不用指责的方式拒绝,在尊重自己和他人需要的基础上给出自己的答复。

二是态度不要太生硬,应温和又坚定地表达自己的愿望。

三是如果不能直接拒绝,可以采用延迟答复的方式(比如,告诉对方现在自己正忙,是否换个时间谈),或者采用代替的方式,即提供给对方其他可利用的资源来解决问题。

问题2:和其他人聊天的时候总是感觉自己不会说话,笨嘴拙舌的,和朋友聊天的时候有时还会尴尬冷场,怎么样才能让我在和别人交流的时候更顺畅呢?

——花田一梦　学前教育专业女生

答:人际沟通问题是大学生在人际交往中经常会遇到的问题。这里列出一些言语沟通的技巧希望能帮助到你。

(1)有效的言语表达:首先,在交流沟通过程中尽量直接、清晰、真诚地表达自己的想法,这会使你们的交流高效而富有诚意,可以加深亲密感;其次,在交流过程中多提供具有鼓励性和帮助性的信息,不伤害对方或衬托自己,并且能够体察到对方的情绪状态,提供即时反馈和鼓励,形成自然的互动和交流。此外,在日常交往过程中,不吝于赞美和表达感谢,让他人知道他们的行为让你感到愉快、温暖、感动等。这不仅仅是一种社交礼仪,也是尊重他人和表达喜爱的方式,会使对方产生积极的感受,更喜欢和你交往下去。

(2)倾听:倾听是人际沟通的重要方面,也是形成良好人际关系的有效途径。积极、关注的倾听能直接让他人产生心理上的满足,促进双方信任关系的建立。倾听时密切关注说话者,不要急于打断或发表评论,可以适时给予简单的反馈鼓励对方的表达,让对方感到你在全神贯注地聆听,在此过程中,身体语言如点头、目光接触等也可以促进有效的倾听。

(3)心态:沟通中的心态至关重要。针对你的情况,一方面,在谈话前放松自己,调整对自己沟通交流的负性评价,提高自信心;另一方面,不用急于成为侃侃而谈的人,正如前面所说,有时能够提供耐心、认真倾听的人更有魅力。

最后,在交流过程中,我们还需要注意几点:不要妄加评判、指责与命令,避开别人忧虑和谈论的焦点。这些行为都会使沟通对象产生愤怒、不被尊重或被忽视的消极感受,成为有效沟通、建立友谊的障碍。

扫一扫二维码
就能见答案

问题3:来到大学快两年了,还是融入不了其他同学的圈子,感觉自己不受欢迎,现在整天上网聊天交友,要不就是打游戏。怎么样才能增加我的吸引力,让别人喜欢我呢?

——漫威之魂　应用英语专业男生

● 参与式活动

小游戏 6-4　人际财富

目的:了解自己的人际关系现状。

时间:10 分钟。

地点:教室。

具体步骤:

第一步,请成员在老师带领下,完成人际财富图。要求成员在白纸上画三个大小不等的同心圆,根据与自己心理距离的远近,在不同的圆中写上不同人的名字。其中圆心代表自己,越靠近圆心的人,越代表与成员心理距离近,是成员生活中重视、在意、乐于交往的对象。

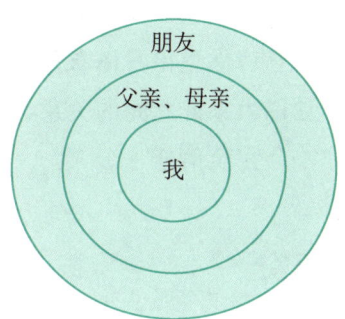

图 6 - 4

人际财富图例

第二步,引导成员交流、分享自己的人际财富,思考人际财富给自己生活带来的影响,并认真反省自己的人际交往状态、自己在交往中的优点和不足,明确努力方向。

老师在活动过程中可根据情况将三层的同心圆扩展至四层、五层。

小游戏 6 - 5　　不倒翁

目的:学习如何信任及支持他人,培养同学之间的信任感。

时间:20—30 分钟。

地点:室内、室外均可。

具体步骤:

第一步,团队成员分组。每组成员并肩围成一个圆圈,而且一脚前一脚后相距约 30 厘米,选出志愿者站在圆圈的中间,其他组员紧密地肩并肩。

第二步,站在中间的组员须双手交叉抱住自己,并闭上双眼,此时中间志愿者须对其他组员说:"你们准备好要支持我了吗?"其他成员须说:"我们准备好要支持你了!"并将双手举至胸部左右的高度,做好支撑状。

第三步,中间志愿者说"我准备倒了",其他组员同时说"倒下"。此时,在其倒下的方向须两位组员支撑着,并再将其轻推至另一个方向,使志愿者沿着圆圈方向移动。

第四步,在沿着圆圈方向移动两圈后,开始将志愿者轻推至另一方向,如此随意推动中间者至任一方向。约一分钟后,再共同将志愿者扶正,使其恢复身体的平衡。接着再换另一位志愿者,遵循上述程序,如此依序直到所有志愿者都完成这项体验活动。

在游戏过程中,老师注意确保成员安全。

游戏结束后,老师带领学生分享感受,可以询问以下问题:

(1) 在活动中,当你作为支持者和志愿者时,分别有什么样的感觉?

(2) 作为志愿者的你相信其他人会安全地支持你吗,是什么让你相信你是安全的?

(3) 从身体倒下直到扶正结束,你觉得身体有什么变化?

(4) 通过这样的活动,你觉得大家彼此间的关系会有什么改变?

(5) 生活中,什么时候你才会完全信任一个人?

小游戏 6-6　　乔哈里窗

目的:认识自己,改善人际关系。

时间:20分钟。

地点:教室。

具体步骤:

第一步,心理老师介绍"乔哈里窗"。心理学家鲁夫特与英格汉提出"乔哈里窗"(Johari Window)模型,模型中把人心比作一扇窗,分为四个部分:开放我、盲目我、隐藏我及未知我。

图 6-5

乔哈里窗

	自己知道	自己不知道
别人知道	开放我	盲目我
别人不知道	隐藏我	未知我

开放我反映的是你和别人都知道的关于你的部分,是你公开的一面,比如,性别、外貌、住址、兴趣等。

盲目我反映的是别人知道但你自己却不知道的关于你的部分,比如,你的一些行为习惯、不经意间流露出的表情,等等,这部分与你的自我观察和反省能力有关。

隐藏我反映的是你知道但别人不知道的关于你的部分。通常包括自己的隐私、秘密或者不愿让别人知道的意念等。

未知我反映的是你和别人都不知道的关于你的部分。这一部分有待发现和探索,通常指一些潜在的特征或能力。

第二步,填写乔哈里窗。在四个窗口中填入相应的关于你的部分。

第三步,老师带领分享、讨论填写结果,可提问相关问题,如:你的哪个窗口最拥挤? 如何减少盲区?

游戏注意事项:由于自己在填写盲目我部分存在困难,所以,可将此部分作为家庭作业提前完成,如要求成员从信任的十个人中得到对自己优缺点的评价。然后查看这些评价中,哪些是自己早已认识到的,哪些是自己之前并未发觉的。此外,在关于隐藏我部分的讨论中,老师需要注意保护和尊重成员的隐私。

● **思考点**

无话不说就是好朋友吗?

参考材料:根据社会渗透理论,自我暴露在友谊建立过程中起着核心作用。一般认为,人际关系的深度和自我暴露紧密相关,自我暴露可以使交往双方距离缩小,增加信任感,从而促进人际关系的发展;但另一方面,我们也需要了解,自我暴露是需要回报的,也就是自我暴露中的"互惠性规则"——接受者按他们所接受到的表露私密程度回报给对方。正是这种相互的袒露在不断加深交往双方的关系。这个过程是需要时间的、渐进式的,如果一下子自我暴露太多,可能会给对方带来压力和不舒服的感觉。而如果对方不能对你的自我暴露给予良好的反馈,比如,对你自我暴露的内容表示指责、漠视或拒绝等,那么,双方的关系水平不但不能得到推进,反而可能会停滞或倒退。

第三节　吵架也优雅——冲突的解决之道

▌案例故事

小康最近一段时间和宿舍同学关系紧张,学习成绩也有所下降,学习时头痛,注意力不集中,记忆力也下降了。她感到心理上压力很大,而且晚上睡眠不好,内心痛苦、焦虑、烦躁一月有余,所以,前来心理咨询室寻求老师的帮助。

小康说自己在学校经常一个人独来独往,除了学习,基本上很少参加活动。一个半月前,自己晚上一个人去上自习,结果那天下了大雨,自己忘记了收晾在宿舍露天阳台上的衣服和被褥。等到晚上回宿舍时,被褥都被淋湿了,衣服也被风吹丢了一件,几个室友都在宿舍却没有人帮忙收一下,小康感到非常生气,觉得人与人之间感情冷漠,关系复杂,难以相处,但当时并没有发作。自从这件事情之后,小康越发沉默寡言,感觉和宿舍其他人有隔阂。临近期末考试,宿舍其他人平时不好好学习,上课也不记笔记,现在临时抱佛脚,就来拉拢自己,要求一起上自习,抄写课堂笔记,小康内心其实不愿帮助她们,但也没办法。内心痛苦,烦躁,无法静心复习,这严重影响了小康的学习。

在开始的两次咨询中,咨询师和小康一起深入分析了她的人际适应不良情况,并帮助她树立了走出心理困境的信心。同时,通过鼓励小康完成作业反馈(如书写自己内心的感受等),帮助小康合理化宣泄情绪,并进一步梳理和理解自己的问题。

从第三次咨询开始,咨询师针对小康的不合理信念(如"其他人都针对我""人与人之间都是冷漠无情的"等)展开工作。不仅让小康识别自己的负性不良认知,学会合理评价,提高与他人相处的技巧,并帮助小康学习一些人际交往的基本技能,鼓励小康多参加班级活动,每天尝试主动和同学交流。

经过六次咨询后,小康评价自己不再像以前一样压抑自己了,能和室友和睦相处,平时还可以主动参与她们的讨论。此外,小康的焦虑情绪明显下降,感到自己内心不再孤单,觉得室友人还不错,还可以和室友一起上自习,能静下心来积极迎接考试了。

注:本案例改编自本书作者的咨询活动。

在大学生各类人际关系中,室友关系可以说是最重要也是最复杂的,几个不同性格、不同生活习惯的人在紧密的空间中长时间生活在一起,在密集的交往过程中可能会出现各种各样的摩擦,面对这些摩擦,小康起初选择了用隐忍和压抑的方式来应对,但效果并不好。那么,对你来说,在人际关系出现问题,面临人际冲突时,又会如何应对呢?

理论与讲解

一、与同学之间的冲突

对于大学生而言,同学关系是最重要的人际关系,而人际冲突也往往发生在同学之间。而在与同学之间的冲突中,与同班同学之间的冲突最为普遍。对大学生来说,同班同学是接触和交集最多的人,在交往过程中由于种种原因会产生摩擦和冲突。这是大学生面临的主要人际冲突。在这些冲突中,与室友之间的冲突表现得最为突出。宿舍是大学生最为固定的生活空间,宿舍关系是大学生交往最频繁的人际关系。而宿舍成员在生活习惯、交往方式上往往并不一致,这些差异在宿舍这个紧密又公开的环境中往往会引起争端和冲突。调查发现,将近一半的同学对宿舍人际关系不够满意,而且宿舍人际关系的满意度会随着年龄增高而降低。一般来说,大二年级的宿舍冲突最大,在所有宿舍人际冲突中,近60%的冲突由日常琐事引发,如宿舍卫生、打电话影响休息等。当出现宿舍人际冲突时,超过一半的同学会选择忍让、孤立、暴力或回避的解决办法。

除宿舍人际关系外,大学生还会在日常学习活动中和其他同学(包括班级其他同学、社团成员,等等)有较多接触,在接触和交往过程中,也可能会由于种种原因产生冲突。

当然,除了与同学之间的冲突,大学生在与老师等权威对象的交往过程中也可能会出现冲突。此外,有很多学生在课余时间还会寻找校外的实习工作,在此过程中,也会出现一些人际摩擦。但总体来说,与同学之间的冲突是大学生最为突出和普遍的冲突,本节也主要围绕这部分内容展开。

心理剧

宿舍争吵

二、冲突与沟通状态

PAC人际交往理论[①]认为,个体的个性是由三种比重不同的心理状态构成的,即"父母""成人""儿童"状态——Parent(父母)、Adult(成人)、Child(儿童)。

其中,"父母"状态通常表现为指责、训斥等家长制作风,或者呈现出关怀的一面。"你应该……""你不能……""你必须……"是这种人的常用语,"关怀型父母"会呈现出更多温暖和关怀,语言上会表现为"别担心……""别害怕……"等。"成人"状态表现为注重事实根据和善于进行客观理智的分析。当一个人的人格结构中A成分占优势时,这种人的行为表现为:待人接物冷静,慎思明

---

① 参见艾瑞克·伯恩(1910—1970)的观点,艾瑞克·伯恩,美国心理学家,在20世纪50年代独创了交互分析治疗体系。交互分析(transactional analysis,简称TA)是以人际互动为基础的心理治疗,主要著作有:《心理治疗中的相互作用分析》《人间游戏》等。

断,尊重别人。这种人讲起话来总是:"我个人想法是……""儿童"状态表现为服从和任人摆布,会表现出担心、害怕、天真及好奇的一面,"怎么办,怎么办？事情还没做完。""我不知道……""哇塞,好开心!"等都是"儿童"状态的表现。

在此基础上,人际沟通可以分为以下两种类型。一是平行性沟通:这种沟通是平行或互补的,是人们预期的反应,可以使双方沟通顺畅,关系良好。在发出者—接受者的心态交互作用的交互模式中,线是平行的(如图6-6所示)。这样的交往有六种具体形式:P—P型、A—A型、C—C型、P—C型、P—A型、C—A型。二是交叉性沟通:这种沟通是交叉的,双方不能获得适当的反应或预期的反应,沟通信息受到阻碍,故沟通会中断。这样的交往有四种具体形式:AA—PC型、AA—CP型、PC—PC型、CP—CP型。

根据PAC分析,人与人相互作用时的心理状态如果遇到相互交叉作用,出现父母—成人,父母—儿童,成人—儿童的沟通状态,沟通可能会中断。很多时候人际冲突的出现可以看作是因为我们不了解自身和对方当前说话的心态,无法给出对方需要的回应而产生的。

图6-6

平行性沟通和交叉性沟通图例

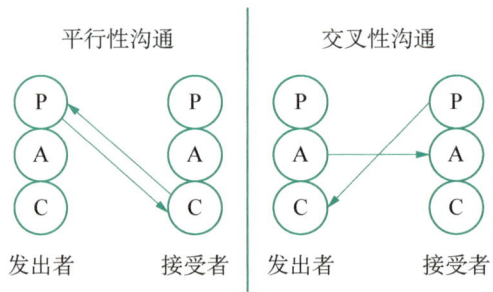

平行性沟通　　交叉性沟通

发出者　接受者　发出者　接受者

三、冲突的主要原因

相信每个同学都不希望和周围人发生冲突,但在生活中,冲突却是不可避免的。对于大学生来说,产生人际冲突的原因多种多样,主要原因有以下几点。

首先是沟通不良。良好的人际沟通是人际关系顺利形成和发展的基础。通过沟通,交往双方逐渐加深了解。但在此过程中,无效的沟通往往会成为良好人际关系的阻碍,甚而导致冲突的出现。具体来说可以分为两种情况:一是缺乏沟通。很多同学因为沟通不够,相互交流少,在遇到问题时容易以己度人,产生误会,导致冲突的发生。二是沟通技巧不足。除了在沟通缺乏,信息了解不足的基础上产生的冲突外,还存在因为沟通技巧的不足产生的冲突。有很多同学在沟通过程中因为表达方式(如指责、发泄等)等问题使交往双方产生冲突,关系恶化。

其次是利益因素。对有限资源的争夺也是大学生冲突产生的原因之一。虽然对大学生而言,经济利益冲突并不明显,但在学校中有限的资源(如自习座位的纷争、岗位竞争以及奖学金名额的争夺等)往往也会使同学间成为竞争者,在相争过程中,极易产生冲突。

再次是生活习惯。大学生的生活习惯、行为方式等会因为其来自的地区和家庭而有所不同。这些差异有时会引起同学们在最初交往接触中的好奇心,但有时这些不同也会成为冲突的源泉。例如在宿舍中,有同学希望晚上开空调睡觉,但有同学提出自己不喜欢空调的气味,不能接受晚上开空调。这时如果双方不能有效地协商,互不相让,冲突必然会产生。

最后是性格特征。冲突的产生也与个体的性格特征有关。在人际交往过程中,有人比较敏感,在看待问题时容易夸大;有些同学粗线条,不把事情放在心上;也有些同学话不多,比较安静,乐于独处;有的同学爱热闹,喜欢拉着同学唠嗑……这些性格上的不同有时也会使同学在相处过程中产生矛盾和冲突。

四、冲突解决模型

美国学者托马斯等就人际冲突如何解决提出了一种冲突解决模型。[①]

他们认为,以沟通者潜在意向为基础,在冲突发生后,参与者有两种可能的策略可供选择:关心自己和关心他人。其中,"关心自己"表示在追求个人利益过程中的武断程度;"关心他人"表示在追求个人利益过程中与他人合作的程度。以"关心自己"为纵坐标,"关心他人"为横坐标,勾画出冲突行为的二维空间。并在此空间中呈现出五种不同的冲突处理的策略:竞争、合作、折衷、迁就及回避(如图 6-7 所示)。其中,想不想满足自己的利益依赖于个人目标的武断或不武断的态度,想不想满足他人的利益取决于合作或不合作的态度。

---

① 此模型是托马斯和他的同事科尔曼提出的一种二维模式。模型主要内容在他们 1977 年发表的文章 *Toward an intent model of conflict management among principal parties* 中可见。

图6-7

**托马斯冲突
解决模型**

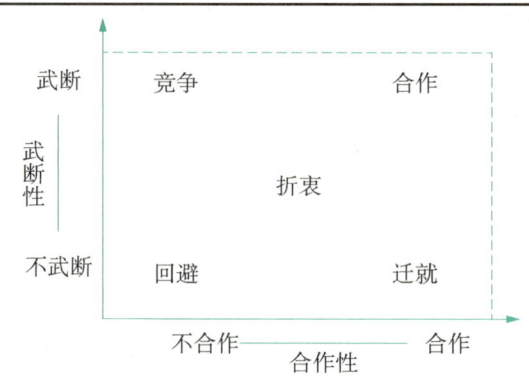

在上述模型中,回避策略指既不合作又不武断的策略,也就是既不满足自身利益也不满足对方利益,试图不作处理,置身事外。竞争策略指高度武断且不合作的策略,使用这种策略的个体倾向于只考虑自身利益,为达到目标无视他人的利益。迁就策略指一种高度合作而武断程度较低的策略,使用这种策略时只考虑对方利益而牺牲自身利益,或屈从于对方意愿。合作策略指在高度的合作精神和武断的情况下采取的策略,这是个体尽可能满足双方利益,寻求双赢局面。折衷策略指合作性和武断程度均处于中间的状态,冲突双方各有让步。

● 小问答

问题1:宿舍有个"富二代",花钱大手大脚,经常组织大家聚餐逛街,我要是和大家一起去,钱实在不够花,如果总是不去,又显得自己太不合群,好纠结。来回几次我觉得看到那个同学就烦,怎么办?

——阿斯加德之神　大一　男生

答:能否融入集体对于每个大学生来说具有很重要的意义。对于宿舍的小集体而言,得到其他室友的认可和接纳,建立和谐、亲近的室友关系是众多学生内心的渴望。一般来说,参加集体活动、增加相处的时间是友谊建立的基础条件。针对你的描述,我想你的纠结在于想要参与室友的集体活动,但又担忧这些活动带来的经济负担。此外,你还担心,如果不和大家一起聚餐逛街会显得不合群,可能会和大家疏远。

针对这些担忧,我认为可以从几方面入手:

首先,在我们经济上不宽裕,确实不能承担和那位室友一样的消费水准的情况下,能否先接受这一事实,再坦然地向室友表明自己手头不宽裕,不能承受太高的消费。你还可以偶尔推荐和邀请大家在你消费能力内的地方进行聚餐和逛街,来调整彼此的步调。"富二代"室友也许并不会完全拒绝这样的调整,此外,宿舍内还有其他室友,你也许可以在其他人身上找到相似的消费观念。

这个过程中,可能存在的困难在于也许你会觉得承认自己经济条件不好,是很丢脸的事,从而无法坦然拒绝超出预期的消费。这种情况下,需要你调整自己的认知——"根据自身情况和需要来安排自己的消费生活是非常合理的"。

此外,在自己无法承担的聚餐和逛街活动之外,是否还存在其他的共同活动时间? 作为室友来说,相处的时间有很多,在彼此身上也许有很多其他的爱好等待你去发现。也就是说,除了聚餐和逛街外,你还有很多和大家在一起的时间,这些时间也能帮助你们彼此了解、建立友谊。

问题 2: 大家的生活习惯不一样,有室友打游戏,还打到特别晚,我是习惯早睡的,现在天天失眠哪! 到凌晨两点才勉强睡着,可刚睡着又被吵醒啦! 又不知道怎么说,怎么办?

——奥丁的权杖　大二　男生

答: 在宿舍中,生活习惯不同确实会带来很多不便。那位打游戏的室友确实给你带来了困扰,严重干扰了你的休息。在这种情况下,和这位室友进行沟通,向他表达自己的困扰和不满是有必要的。针对你不知道怎么开口的情况,我这里有一个有效的表达不满的技巧可以供你参考——"我信息"(I-message)的表达技巧。

"我信息"的表达通常是表达自己的真实感受及需要,不包括对他人不良行为的评价。"我信息"一般包含以下内容:

1. 对事实作客观的陈述(当……的时候);
2. 表示出自己心中的感受(我感到……);
3. 陈述对方的行为对自己所造成的影响;
4. 表达自己的希望(我希望……)。

结合这种方法,针对你的情况,你可以先陈述事实(你晚上打游戏打到很晚,还会发出各种声音)。——表达自己的感受(我感到很困扰,也有些生气)。——对自己的影响(我晚上会失眠,而且经常被你打游戏的声音吵醒)。——表达自己的希望(你是否可以调整自己打游戏的时间,或者尽可能在晚上打游戏时不要发出声音)?

注意在表达过程中尽量使用友善和相互尊重的口气,将注意力集中在自己的真实感受上,使对方了解到自己的行为给他人带来的影响与后果,从而产生同理心,自发地改变原先不当的行为,如果带入很多指责和发泄的语言,可能会使对方产生抗拒心理,使你们的关系变僵。而通过"我信息"来表达自己的不满,可避免许多潜在的冲突,取得对方的合作。

问题 3: 我们宿舍是四人寝室,大一刚开学大家都还好,可是后来因为其他三个人喜欢出去玩,特别闹腾,但我喜静……慢慢地她们做什么都不跟我说了,玩也不叫我,有时还说悄悄话。我觉得自己被完全地孤立了,我到底哪里不好? 以后我们还要一起住很久,怎么办呢?

——中庭的 loki　大二　女生

扫一扫二维码
就能见答案

● **参与式活动**

小游戏 6-7　　解开千千结

目的:让同学们意识到"心结"是可以解开的。

时间:10 分钟。

地点:室内室外均可。

具体步骤:

第一步,将同学们分成若干个小组,每组 10 人,让每组同学手拉手围站成一个圆圈,并记住自己左右手各相握的人。

第二步,在节奏感较强的背景音乐中,大家放开手,随意走动,音乐一停,脚步即停。找到原来左右手相握的人分别握住。

第三步,小组中所有参与者的手都彼此相握,形成了一个错综复杂的"手链"。在节奏舒缓的背景音乐中,老师要求大家在手不松开的情况下,用各种方法,如跨、钻等(但手不能放开),将交错的"手链"重新还原,围成一个大圆圈。

小游戏 6-8　　人际矛盾 AB 剧

目的:增强同学们解决人际冲突的能力。

时间:30 分钟。

地点:室内。

具体步骤:

第一步,根据同学们分享的人际矛盾问题(老师也可以自己准备几个人际冲突情境),选取其中最具普遍性的情境,请两三位同学来表演。比如,室友很懒,每次值日都不打扫卫生,引起了全寝室同学的不满;好朋友向你借作业抄,你不想借,但又碍于情面;同学没有经过你的同意就翻看了你的日记本等。

第二步,其他成员则分小组讨论解决这个人际矛盾的方法,并用小品的形式把它表演出来。

第三步,老师引导所有成员一起讨论以上各种解决方案的可取之处与不合理之处。

在活动过程中,矛盾解决方法可以参考上一节中的"我信息"沟通法。

小游戏 6-9　　你像哪种动物

目的:帮助同学觉察自己的人际交往模式,提高沟通交流技巧。

时间：不定，每人 3 分钟。

地点：室内。

道具：写有动物名字的动物肖像画。

具体步骤：

第一步，将各种各样动物的漫画给大家看，可以做成图片贴在教室的墙上，或者做成幻灯片，让大家分别描述不同动物的性格，主要是当他们遇到危险时的反应，比如说，乌龟遇到危险，就会缩到壳里。

第二步，让成员回想一下，当他们面对矛盾的时候会有什么反应，面对矛盾，他们的第一反应是什么？这一点和图中的哪种动物最像？如果图片里没有，也可以找其他的，言之有理即可。

第三步，让每个人描述一下，他所选择的动物性格，说出理由。

第四步，老师带领学生分享讨论：你所应用的动物那一部分性格，别人注意到了吗？当不同动物性格的人碰到一起的时候，应该如何相处？

小游戏 6－10　　PAC 侦探

目的：帮助同学觉察自己和他人的沟通状态，提高沟通交流技巧。

时间：10 分钟左右。

地点：室内。

具体步骤：

第一步，老师对同学们进行 PAC 知识讲解（参考本节知识点二）。

第二步，要求同学两人一组，围绕一条新闻（老师自定）进行讨论，讨论过程中需要录音，讨论时间为 5 分钟。

第三步，每组回顾录音，根据 PAC 知识，查看自己和他人在讨论过程中的心理状态是什么样的。

第四步，老师引导成员分享体会。

在活动中，老师也可以选择电视或电影中的一节片段，要求成员讨论并侦查片段中的人物在沟通中处于哪种心理状态。

思考点

冲突一定是不好的吗？

参考材料：在人际交往过程中，冲突和矛盾确实会给人们带来压力，导致负性情绪的产生。当人际冲突不能得到妥善解决时,可能会导致关系的破裂。这些是我们不想看到的,也正因为如此,人们才对冲突避之不及,如何避免和解决人际冲突才显得非常重要;但另一方面,冲突具有自己的意义,我们可以把冲突看作是沟通方式的一种,通过冲突,我们不仅能在一定程度上宣泄自己的愤怒和敌意,也可以表达出自己的需求和愿望,从而能够促进同学之间的了解。很多时候,吵过架的朋友关系反而更好,就是这样的道理。反过来,如果一味避免冲突,充当"老好人",压抑自己的不满情绪,自己会因为不能维护自身的利益产生"被剥夺感",长此以往可能会导致负性情绪堆积,敌意加深,甚至产生更严重的后果。

课程思政案例

纪录片《中国(第一季)·春秋》

该纪录片聚焦中华文明的灵魂人物、儒家学派创始人孔子,截取其人生两大重要转折点——会见另一位思想泰斗老子以及遭遇陈蔡之厄,延展出孔子跌宕却伟大的一生,并由此展开对中国原发思想启蒙与发展历程的追溯。

相关资源

推荐阅读:《沟通的艺术》(2010)

作者:罗纳德·阿德勒(美)、拉塞尔·普罗克特(美)

出版社:世界图书出版公司

内容简介:本书第一部分聚焦于探讨与自己有关的沟通因素,简要介绍人际关系的本质,强调自我在沟通中的角色,并分析知觉与情绪在沟通中的重要性;第二部分聚焦于探讨与沟通对象有关的因素,分析语言和非口语的特性,强调倾听的重要性;第三部分聚焦于讨论关系动力,强调关系的重要性与关系中的亲密和距离,如何增进沟通气氛及人际冲突的形态与因应之道。

推荐理由:沟通包括三部分,即表达自己、倾听他人、营造氛围建立关系。作者对这三方面的沟通过程进行了完整又深入的阐述,同时给出了很多人际交往的小窍门,不容错过。

另外为大家推荐若干与人际交往相关的电影和书籍,具体内容可通过扫描二维码进行了解。

第七章

相思谁赋

第一节　爱情知多少——爱情类型与发展

▌案例故事

　　小洛最近因为和男朋友的事而伤心不已。事情的起因是,他们恋爱的百天纪念日马上就要到了,小洛隐晦地提醒男朋友小周。小周向来比较木讷,对小洛很好,却很少直接表达出来。小洛以为小周已经接收到了自己的信号,尽管表面没有什么表示,但一定已经开始琢磨要怎样给她一个惊喜了,心中不免充满期待。

　　到了纪念日这天,男朋友小周果然把小洛约了出来,去看了一场她期待已久的电影,小洛心里感到十分甜蜜。电影结束后,小洛拿出自己精心准备的礼物送给小周,而小周却一脸莫名其妙。几个来回后,小洛才搞清楚,原来自己的男朋友根本不记得这天是两人的恋爱百天纪念日。单纯是因为前一阵子听她念叨过这个电影,正好两人这一天又没什么安排,就买好电影票约了她出来,仅此而已。

　　满满的期待落了空,小洛伤透了心,也越发觉得自己的男朋友十分不解风情,一点也不浪漫。小周虽然平日里对自己很好,但是却总在这种关键时刻掉链子,这使得小洛对两个人的恋情走向也越来越不确定。两个人彼此都是初恋,在爱情中都比较青涩。对于小洛来说,他们之间的感情与她幻想中的爱情相差甚远。她没有太多不切实际的幻想,要什么南瓜马车和水晶鞋,但一个简简单单的百日纪念要求并不算高呀? 为什么男朋友就是不懂自己的心呢?

　　注:本案例改编自本书作者的咨询活动。

爱是一位伟大的导师,教会我们怎样做人。

——莫里哀

　　古往今来,谈论、歌颂爱情的名著篇章数不胜数。但是说到底,爱情这件事其实是一件"私事",它会发生在你与某一个人之间,且具有一定的排他性,喜也是它,忧也是它。就客观来讲,爱情到底是怎么一回事儿呢? 这一节就为你揭开爱情的面纱,带你来一探究竟。

● 理论与讲解

一、爱情的类型

　　李约翰通过观察恋人之间的联结方式确认了若干种爱情类型。值得注意的是,一个人可能同时有几种恋爱方式,或者不同时间有不同的恋爱方式,且这些爱情方式与性取向无关——没有哪种爱情类型是异性恋或同性恋特有的。这几种爱情方式是:

　　(1) 游戏式爱情。这种爱情被形容为易变的和随意的。嬉戏恋人将爱情视作一场游戏,拒绝依靠任何一个人,并且不鼓励另一半的亲密行为。嬉戏恋人的基本把戏是同时周旋于几个情人之间,处理好每一段关系,尽量不让几个伴侣相见,也就是我们常常说的花心、滥情。

　　(2) 实用式爱情。这是有逻辑的、理性的一种爱情。这种恋人将爱情建立在资产与责任的基础之上。经济安全被视为非常重要的方面。实用性恋人不会陷入跨种族的、远距离的或者年龄差距很大的爱情中,因为于情于理,这样的爱情都不太切合实际。

　　(3) 激情式爱情。这是一种激情与浪漫相结合的爱情类型,也被认为是最常见的爱情类型。有研究者发现,那些更加浪漫和有激情的伴侣,比那些避免亲密关系而只是互相戏耍的伴侣在一起的时间更长久。

　　(4) 占有依恋式爱情。这样的恋人会使人感受到强烈的情感需求与疯狂的占有欲,两人间的感情往往也会朝着失控的方向发展。

　　(5) 友谊式爱情。这是一种冷静的、和缓的、无性的、毫无激情而言的爱情。尊重、友谊、承诺及熟悉是用于界定这种关系的几个特征。相敬如宾的老夫老妻之间的爱情就是这种类型。

　　(6) 奉献式爱情。它包括无私的、完全不求回报的给予。这些细心的伴侣只关心对方的幸福与成长,而不关心自己的利益得失。

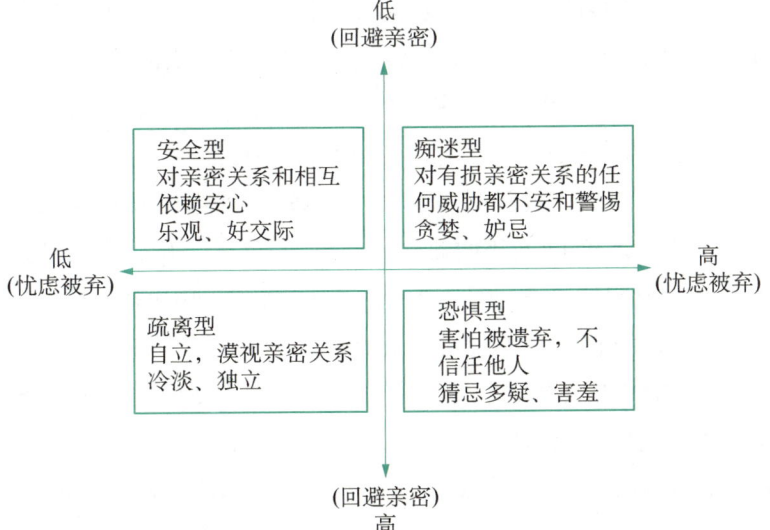

图 7-1

爱情的类型

二、成人的依恋类型与爱情

依恋最初是指婴儿和他的照顾者(一般为父母亲)之间存在的一种特殊的社会性情感联结。发展心理学家鲍尔比和爱因斯沃斯通过陌生情境研究法，根据婴儿在不同情境中的不同反应，认为婴儿的依恋类型分为三种，即安全型、焦虑型、回避型。

婴儿的依恋模式被认为决定了个人对自我形象和他人形象的认知，并由此影响着日后的人际关系和成年之后的亲密关系。金·巴塞洛缪和莱昂纳等人曾在《人格与社会心理学》杂志上这样写道，"早期的依恋关系形成了日后家庭关系之外的其他社会关系的雏形"。

如图 7-2 所示，根据回避亲密、忧虑被弃的程度的高低可以划分出四种不同的成人依恋类型。图中，横轴表示忧虑被弃程度的高低，是针对自我的期望，即认为自己是否值得被爱，是否会被抛弃；纵轴表示回避亲密程度的高低，是针对他人的期望，也就是认为对方是否值得托付，是否可以向他表达情感，与之相互依赖，等等。

心理剧

青春的选修课

图 7-2

成人依恋类型

大家公认的是,至少一方为安全型依恋时,关系才会处于最佳状态。但如果双方都属于不安全型时,会发生什么呢?

当两个痴迷型相爱时,两个人关系可能很紧密,甚至可以说是热烈,但当两人都不直接沟通感受,而是通过"冷战"的方式来表达自己的想法时,将会出现越来越多的矛盾。两个人暗暗较劲,矛盾越积越多,而任何一方都不知道原因何在。即使这段感情能够艰难维持,最后两个人大多也会因为感情不和而不欢而散。

当两个疏离型相爱时,很少能有天长地久的。因为双方都不会主动作出增加亲密程度的努力,即使在一起,最终也只有分手。如果双方在一起,也很有可能最后演变成一种形式婚姻而非真正的伴侣关系——彼此都有不忠行为,且越来越不尊重彼此。

而如果另一半是一个安全型,痴迷型和疏离型的个体就都有可能收获令人满意的情感。需要记住的是,无论是谁,都无法控制童年苦难或悲伤经历的发生,没有必要苛责自己的过往经历。而且,安全型的人数以 2∶1 的比例远超不安全型,从这一点来说,每个人都是有获得幸福的可能性的。

最后,值得注意的是,对恐惧型的人群来说,他们是很难建立一段稳定的亲密关系的。它是痴迷型和疏离型的混合体,既渴望亲密关系,又害怕这种关系会给自己带来伤害,到最后他们通常还是会选择主动远离。这种类型比其他两种不安全依恋更为痛苦和矛盾,可能是所有不安全依恋中最麻烦的一种类型。对于他们来说,想要建立起稳定的亲密关系的话,改变是第一步,要认识到自己的想法、观念是可变的,不是固步自封、画地为牢。

小测试

爱情态度量表

三、爱情中的化学成分

我们的身体在不同阶段释放的荷尔蒙很有意思。对于一个有魅力的人,我们的第一反应是情欲,因为此时我们体内的性激素——雌性激素或者睾酮素在蠢蠢欲动。

当我们陷入爱情时,"吸引荷尔蒙"会介入:血清素会让我们觉得很幸福;去甲肾上腺素是肾上腺素的一种,会让我们心跳加速;多巴胺会产生一种目标驱动的、"必须和对方在一起"的吸引作用。后两种荷尔蒙会像鸡尾酒一样强化兴奋感和注意力,为我们提供能量,降低我们的食欲,让我们沉迷。在功能性磁共振成像扫描(fMRI)中,当看到自己爱人的照片时,会点亮我们大脑中的多巴胺受体。而且,男性比女性更容易受到影响,不过,男性的爱比女性的爱来得快,去得也快,正所谓"士之耽兮,犹可说也。女之耽兮,不可说也"。在依恋阶段,更多涉及长期关系。此时后叶催产素能够起到更大的作用。这种"拥抱荷尔蒙"会让我们更依恋自己的爱人、伴侣、孩子、家人和朋友。而另一大荷尔蒙是后叶加压素,促使人忠诚。

> 如果我们以为只有野心和爱情这类强烈的激情才能抑制其他情感，那就错了。懒惰尽管柔弱似水，却常常把我们征服：它渗透进生活中一切目标和行为，蚕食和毁灭着激情和美德。
>
> ——拉罗什富科

有意思的是，爱情与化学成瘾有很多共同之处。人类学家海伦·费舍尔将其总结为三点。首先，都有不断提高的感受阈限。你越爱对方，越想见到对方，只有需求得到不断加码的满足，你才能感受到幸福。其次，爱情也有所谓的"戒断效应"。如果你看不到自己的爱人，会感觉很糟糕，无法不思念对方。最后，会有不断复发的情况发生。分手一段时间后，听到收音机中传来的属于你们的歌，你仍旧会触发旧情，泪流满面。当你与合适自己的人在一起时，就会有类似上瘾的感觉。正如费舍尔所说，爱情"进展顺利时，就是一种非常好的上瘾的东西"。

小问答

问题1：遇人不淑，前前后后爱上了几个渣男，伤透了心。感觉自己正在渐渐对爱情、对自己失去信心，我要怎样才能避免再次爱上渣男呢？

——天使不会飞　21岁

答：在对婚前伴侣的选择上，普遍被认为是经历了以下几个阶段，了解——信任——依赖——承诺——肢体接触。伴随着自我披露和相处时间的增加，你会更加了解这个人。当你足够了解一个人，就要开始决定是否要信任他。此后，为了满足某些需求，你需要依赖于他。而随着时间流逝，你们的关系中又会建立起某种水平的承诺。最后，受到某些化学因素的驱动，在一段浪漫的情感关系中，你们会产生一些肢体接触。

图7-3

伴侣交往的不同阶段

避免爱上渣男，一个很重要的原则，就是始终待在安全区。每个阶段都会有一个恰当的水平在，永远不要使一个阶段的水平超过前一个阶段的水平。比如说，你还不够了解他，就不要给他太多的信任与依赖。又比如说，你还没有足够信任与依赖他，就不要过早地作出太多承诺。否则，只会让你自己陷入险地。

同时，对于你的伴侣，有几个核心要素需要在了解阶段进行重点考量，如他的家庭背景和童年经历、良知的成熟与否、潜在的包容能力、交往技能、以前的交往模式，等等。这些能够很好地预测一个人能否成为一个合格的配偶或者父母。虽然，很多人都说爱情是盲目的，但是我们要懂得如何让自己免受伤害。

问题2:身边的朋友,有的建议我说找男朋友要找性格相似的,也有的说要找性格互补的。我自己本身恋爱经历并不多,唯一的一次恋爱也是没到三个月就夭折了。找男朋友,到底应该找什么性格的呢? 这有定论吗?

——彩色不倒翁   18岁

答: 社会心理学家西奥多·纽科姆在1961年进行过一个实验。他们将学生分成两组,其中一组是性格特征相似的学生住在一起,另外一组是特征相异的学生一起居住。结果纽科姆发现,性格特征相似的同学彼此更友善,而且容易成为好友;而那些特征相异的同学即使天天生活在同一个屋檐下,依旧难以相互喜欢并建立友谊。除此之外,大量的实验研究都证明了人际吸引的相似性原则,相似会导致人际之间的吸引,他们会更容易相互接纳和喜欢。许多时候,正是因为那个人有着和自己相近的一些地方,才让我们对对方的好感爆棚,产生了触电的感觉。性格或者生活习惯相似,往往是许多情侣不知不觉走近彼此的原因。

虽然相似性可以加强人际吸引,但是根据社会交换理论,如果彼此的心理需求都能在对方身上得到满足时,双方的喜爱程度会增加。大量的心理学资料和事实都证明,现实生活中相当一部分人的婚姻是基于互补关系缔结的。比如,一个支配型的男人往往娶了一个依赖型的女人,一个喜欢控制的高调女人恰好嫁给了一个被动型、事事靠他人决定的低调丈夫。其中,最极端的例子就是虐待倾向和受虐倾向的人结合到一起。试想,如果一个正常人和虐待倾向或受虐倾向的结为连理,而双方都不愿意改变,最后很有可能以分居或离婚收场。

所以说,性格相近的情侣和性格互补的情侣间并不存在绝对的好坏之分。但是,几乎所有心理学家和情感专家都强调:双方的价值观必须相似或者相近,这是两个人能更好相处的基础。

问题3:我现在接触的男生很好、很有趣也很有意思,他基本都能符合我的要求,但是就是没有心动的感觉。如果我心里再能燃起火花的话,就完美了。但是,我应该怎样做才能让自己陷入爱情呢?

——抱竹子啃的大熊猫   22岁

答: 一见钟情的灵魂伴侣可遇不可求,遇到一个还不错的人,但是没有什么心动的感觉,相信很多人都遇到过这种情况。应该就此别过还是试着培养感情,相信每个人都会有自己的选择。遇到这种情况,建议你慎重地多问一下自己:你是否已经足够全面了解眼前这个人,他于你来说是不是可接受。如果答案都是肯定的,而你还抱有试着培养感情的想法,那请继续往下看。

心动,说到底其实是人类的一种情绪。而针对情绪,美国心理学家沙赫特和辛格的情绪归因理论在这里是可以借鉴的。该理论认为,情绪既来自生理反应的反馈,也来自导致这些反应情境的认知评价。大脑可以以几种方式解释同一种生理反馈模式,给予不同的"标记",也就是产生不同的情绪体验。这主要取决于可能得到的有关情境的信息,也就是取决于我们的认知归因。情绪的发生是外部刺激、生理唤醒、认知三个因素互相作用下的结果,其中认知发挥着重要作用,既包含察觉生理反应,又包含外部刺激归因,由此得到情绪。

比如,如果我们刚刚在一场车祸中幸存下来或者刚刚中了奖,接下来遇到的人就很有可能将我们迷住:因为我们心跳不已、双手发抖,某种程度上大脑会假定这是由眼前这人引起的。我们不喜欢对自己的感觉根源一无所知，所以会寻求解释，有时就会因此而对生理唤醒进行错误的归因进而得到错误的解释。

所以，如果你想要点燃一簇迟迟不来的火花，那么，不妨尝试邀请你最近约会的对象参加以下几种活动，不过前提是，你确定你有足够的理由来这样做。比如说，一起看恐怖电影，或者一起欣赏浪漫的音乐或者爱情主题的电影，也许还可以为约会设定严格的时间界限，这样，随着结束时间的不断临近，这种紧迫感会促使你们去享受每一分钟。由外部刺激引发的生理唤醒，如果被归因于约会对象身上，火花自然就产生了。

参与式活动

小游戏 7－1　　快速约会

目的：帮助单身学生了解如何发现潜在发展对象。

时间：45—60 分钟。

地点：普通教室。

人数：20—30 人，男女生人数各半。

具体步骤：

（1）第一印象：女生坐在固定位置上，男生轮流和每位女生进行一对一的两分钟了解。结束后，每个人参考约会信息卡上的个人信息与聊天时的感觉，依次写出自己心动的 6 位异性。

（2）男生时间：女生依然坐在自己的位置上，男生随意移动，可以自由选定，同几个女生作进一步了解，以获取更多信息，时间为 8 分钟。

（3）女生时间：男生坐在固定位置上，女生可以自由选择几位男生进行了解，时间为 8 分钟。

（4）心动选择：每个人可以给三位异性留下自己的联系方式，如果两个人同时给对方留下了自己的联系方式，即配对成功。

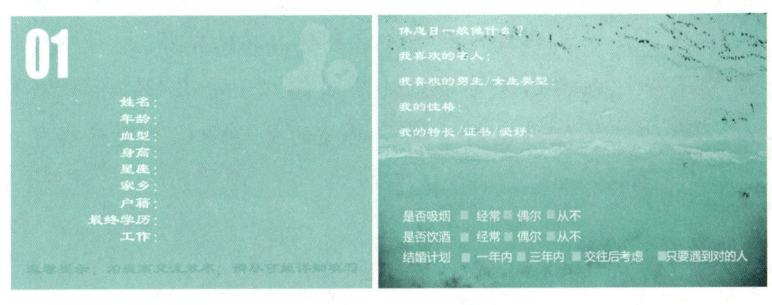

图 7－4

"约会信息卡"样例

结束后,同学们可以交流活动过程中的心得体会,并由老师进行总结发言。

补充信息:

斯坦福大学的一项研究发现,某些谈话方式能够增加男性获得女性好评的概率。最佳的行动是:

- 欣赏、称赞对方。
- 参与话题中。
- 减少提问的频率。
- 分享自己的故事。
- 改变音调以示感兴趣。

2005 年,宾夕法尼亚大学对一系列的快速约会进行了研究,发现大多数人在见面会后 3 秒内已经作出决定。总的来说,如果你已经单身了很长时间,快速约会还是值得尝试的一种扩大交友圈子的方式。

第二节　厮守的秘密——亲密关系的形成

▊ 案例故事

栀子一说起自己的男友就气不打一处来,"他一点都不关心我,他肯定是不爱我了!"

事情要从上周四两个人一起出去吃饭说起。他们提早几天就定好了要在那个周四下馆子改善一下伙食,结果出了宿舍,被小风一吹,栀子男朋友就开始打退堂鼓。他和栀子说:"外面好冷,要不还是在学校食堂凑合一下吧,等哪天天气好再去外面吃。"栀子心里老大不乐意,脸色瞬间就变了。男友一看栀子不高兴了,赶紧圆了回来,"天冷正好去吃火锅,吃点热乎的,对对对,我真机智。"栀子的脸色这才有所缓和。

一路无话,到了火锅店,开始点菜,栀子脸色却更难看了。起因是男友想吃麻辣锅,而栀子想吃清汤锅,其实是叫个鸳鸯锅就能解决的事儿,但栀子不依不饶地非要男友陪她一起吃清汤锅。男友觉得栀子莫名其妙,其实栀子心里也委屈得很。原来今天是栀子来"大姨妈"的第一天,身体不太舒服。但想到很早就和男友约了一起出来吃饭,也不想扫男友的兴,就一直没有提这茬儿。可男友这个没有眼力见的家伙,事事跟自己对着干。来"大姨妈"的时候不好吃辣,而自己又是个无辣不欢的人。每次"姨妈期"戒口,对于栀子来说,是一件折磨人的事儿。但男友对于栀子今天的异样却丝毫没有察觉,只顾着跟自己争执。栀子越想越委屈，这顿饭最后吃得很不是滋味。

回到宿舍，栀子和宿舍的小姐妹们说起了这件事，越说越气，开始了与男友长达一周的"冷战"。男友那边好像心里也有气，这次真就按捺着性子不来递个软话儿。栀子心里烦闷，身边的闺密也劝不好，于是来到了心理咨询室找老师帮忙。

注：本案例改编自本书作者的咨询活动。

其实只是生活中的一件小事，何以引发两人之间的一场冷战？栀子和男友到底谁对谁错呢？其实，在爱情里，绝对的是非观有时候并不能让两个人过得更好。反而是包容、理解、沟通，这些才能真正解决矛盾，化干戈为玉帛。爱情需要经营，一段亲密关系的建立与维持也并不轻松。

● **理论与讲解**

一、亲密关系

在定义亲密关系之前，我们先需要对关系的概念加以了解。心理学家凯利认为，关系是指两个人彼此能互相影响对方，并且能互相依赖的状态。也就是说，只有当两个人之间互相影响与依赖的时候，我们才能认定他们之间存在着关系。莱文杰和斯努克在这个解释的基础上提出了一个互动模型[1]，并用它来说明随着互赖关系的增加，关系随之发生变化的特点。他们以两个人之间关系发展阶段为例把人们之间的关系分为四种。

一是两个人互相不知道对方的存在，彼此无任何关系，称为零接触。二是有

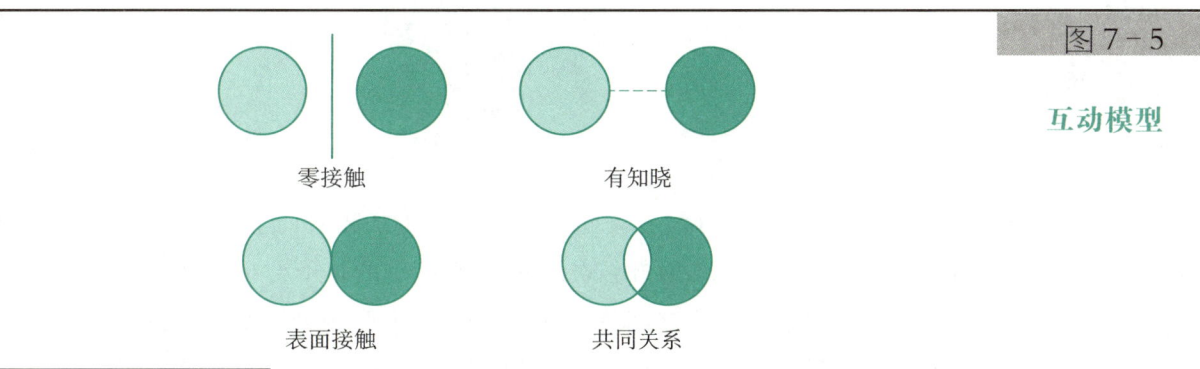

图 7-5

互动模型

零接触　　　有知晓

表面接触　　　共同关系

---

① Levinger，George Klaus，and H. S. V. D. Snoo. "Attraction in relationship：a new look at interpersonal attraction / by G. K. Levinger and J. D. Snoek." General Learning Press (1972).

生活是很可怕很丑陋的。当两个人果然在一起后，爱情就会由蜜糖化为口香糖，愈嚼愈淡，淡到后来竟是涩涩苦苦的，不由得你不吐掉。

——朵　拉

知晓，即一个人知道另一个人的信息，但未发生任何直接接触。三是表面接触，即两个人开始互动，如借谈话或书信来往。四是共同关系，两个人的依赖程度增加。在共同关系中，当两个人的互赖性很大时，我们把这种关系称为亲密关系。

亲密关系的特点有三个：一是两人有长时间频繁互动；二是在这种关系中包含着许多不同种类的活动或事件，共享很多活动及兴趣；三是两个人相互影响力很大。

而我们本节讨论的亲密关系主要指的是恋爱关系。针对大学生群体，恋爱这个话题并不新鲜。有很多大学生在入学伊始，都会期待着一份校园恋爱的发生。而进入恋爱阶段，如何能够维持好这样一段亲密关系的正常发展就是一门很大的学问了。

二、维持亲密关系

在本书第一章提到，亲密关系的建立和形成是个体在成年早期主要考虑的事项。埃里克森认为，成年早期，跨越了后青春期一直到 30 岁，这一阶段主要的发展任务就是和他人发展亲密关系，获得亲密感，避免孤独感。成年早期个体的幸福感，部分源于他们的亲密关系。

图 7－6

维持亲密关系的关键

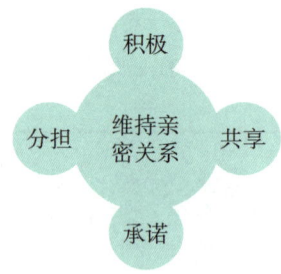

积极是指情侣双方为了彼此之间的互动更加积极向上、充满乐趣而做的努力。比如，会努力去记住对方喜欢的事物，在特殊的日子给对方惊喜。又或者，一方作出改变，培养两个人之间的共同兴趣爱好，比如跑步、阅读，在这一个兴趣爱好上延伸出更多的两个人感兴趣的话题，度过专属于两个人的甜蜜时光。

共享是指两个人搭档去完成一项任务而共享这段时光的过程。这个任务可能是一堂课上的小组展示,也可能是迎新晚会上的一个节目。两个人通过合作培养默契,熟悉对方的行事逻辑与办事风格,也是发现对方身上更多闪光点的绝佳机会。当然,共享也意味着社交网络的共享,即认识对方的亲人、朋友,融入对方原有的生活圈子。

承诺作为爱情的一个重要成分,对于亲密关系的建立与维持是不可或缺的。通过承诺,伴侣之间可以确认对方对自己、对这份感情的看重程度。更进一步来说,伴侣给予的承诺,会让人获得投身这份感情的安全感,让我们知道我们是被珍视的,这份感情是值得投入与付出的。

而分担是指在面对压力性事件时,两个人能够携手同行,一起处理。比如说,一方的亲人发生意外,则另一方需陪在左右,安抚其情绪,给出合理建议,并参与这件事情的后续处理,帮助自己的伴侣渡过难关。

当然,维持亲密关系的关键,不限于上述四个因素,还有其他一些同样重要的因素,比如冲突的解决、沟通方式的技巧,等等。这个问题没有所谓的标准答案,通过磨合摸索建立起适合两个人的相处模式,才是最重要的。

三、破坏亲密关系

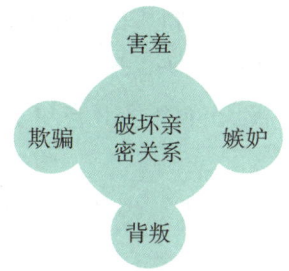

图 7-7

破坏亲密关系的因素

看到图 7-7 后,你可能会产生一个疑问,害羞怎么还成了危害亲密关系的因素呢?其实,从某种程度上来说,两个人的亲密关系是建立在自我表露或者说开放性沟通上的。而害羞,作为在社交场合中结合退缩抑制的社会行为和神经性紧张的症状,是不利于一段亲密关系的展开的。因为担心来自他人的负面评价而不愿袒露自己的内心想法,反而切断了与他人建立密切联系的途径,就此给人留下渴望逃避的负面形象。

而嫉妒,通常发生于当人们面临自己所珍视的关系输给自己真实的或想象的竞争对手的时候。在一些情况下,它是一种正常的反应,有助于及时采取措施避免自己在这段关系中被忽视。但如果总是嫉妒一些想象中的竞争对手,漫天吃飞醋,就对两个人的相处有害无益了。为了将嫉妒保持在可控水平,我们首先要摒弃嫉妒是真爱表现的观点。嫉妒并不是出于对伴侣幸福的考虑，更多的是一种自私的表现。我们也需要降低关系的排他性和个人自我价值感之间的关联性。

欺骗指的是欺骗者故意给受骗者造成一种假象的行为。有些欺骗涉及隐瞒信息或试图将对方注意力从真相转移。因为出于对伴侣的信任，有时人们对于谎言并不善于识破，所以说谎者大多能够得逞。然而，即使未被识破，说谎仍会对亲密关系产生破坏作用，说谎本身就是一种冒险行为，总会有被拆穿的风险。一旦被发现存在欺骗行为，说谎者的"诚信账户"很可能会被瞬间"清零"。

就背叛来讲，它的一个重要组成部分是关系贬值，也就是痛苦地意识到伴侣并没有我们想象中的那样爱并尊重我们，使得我们的感情受到最直接的伤害。而应对背叛，无论是选择原谅对方，修复这段感情，还是积极有效地应对背叛事件继而告别这段感情，都是合理的备选选项，但决不可假装背叛没有发生、忽视压力，这是最不利于事情解决的方式。

四、与伴侣的沟通

1. 精确表述

在与伴侣沟通问题时，要尽可能清楚明白、详细具体地指出问题所在，即发生的事实，避免情绪化的处理，这样不仅可以告诉伴侣自己的想法，还能让两人更快聚焦问题本身，而不被情绪所困扰。同时，在表达的时候，可以考虑以第一人称来陈述自己的观点与感受，尽量避免以"你"开头的句子进行表述，此类句子多半是负面评价或者是指责性的，有极大可能会引起对方的防卫反应，不利于问题的解决。

比如在向伴侣抱怨的时候，你可以分析，事情是如何发生的，在事情发生的过程中伴侣做出了怎样的行为，这个行为本身或者其导致的结果使自己体验到了怎样的情绪，从而得到伴侣的正视与反馈。而不是在负面情绪的驱动下，急切地表达着对伴侣的种种不满。

2. 积极倾听

在沟通过程中，当我们接受来自伴侣的信息时，有两个重要的任务需要完成。第一，是要准确理解对方话语所要传达的意思；第二，是要向对方传达自己对其所表达的内容的关注和理解，让伴侣知道我们对此是在意、重视的。

我们可以通过复述对方的话，或者对对方说过的话进行知觉检验来实现这两个目标。复述是一个向对方确认自己听到的内容是无误的过程。而知觉检验，即要求对方详细阐述自己说过的话，澄清某些说辞，从而判断自己根据其表达的内容所作出的推断是否足够准确，也就是一个确认自己得到的理解是没有问题的过程。如果人们能够在对话中重复对方的话，并自觉对自己的理解进行知觉检验，那么，这个过程本身就是一个积极主动地去理解自己伴侣的过程，这种关心和体贴很大程度上能得到伴侣的赏识，有助于缓解任何人际关系都不可避免存在着的种种困境。

3. 守礼而镇静

如果我们在对话过程中，被负面情绪所裹挟，那么，我们所要传达的信息也就失去了它的意义。比如，当我们遭到来自他人的蔑视和敌对时，心态就很难保持温和与放松，可能就会回以同样恶劣的态度。这样，两个人便陷入了负面情绪相互作用的困境之中。彼此蔑视对方，根本不把对方的任何话当回事，用一些尖酸刻薄的话来伤害对方，这种两败俱伤式的"沟通"非常不可取。

所以，如何在被伴侣激怒的时候保持清醒，在开始生气的时候能够冷静下来，都是非常可贵的技能。我们可以在发现彼此处于负面情绪状态、相互宣泄时，暂停一下，打断这个循环。"我现在太生气了，咱们先各自冷静十分钟，再来谈这个问题。"及时叫停，也是一种智慧。

4. 尊重与认可

良好的沟通包括很多构成要素：有意识地传递直接、清晰的信息，认真倾听，即使发生争执仍能保持礼貌和克制等。但最关键的要素却是明确地表示出我们对伴侣观点的关心和尊重。

对伴侣的认可，即承认他们的观点的合理性，表达对他们立场的尊重，一直是亲密交往中值得拥有的目标。认可并不需要我们一定要与伴侣的观点一致，即使相左，我们也可以对其观点表示适当的尊重和认可；即使与伴侣持不同意见，也不需要虚假或谦卑地屈从。

● 小问答

问题 1：为什么这世界上不存在永恒的爱人呢？ 从一而终真的就这么难吗？

——不想长大的小红帽　18 岁

答：最初的激情终将褪去，与之相对应的，爱情初期的幻想、新奇、唤起也会随着时间的推移而减弱。不是不爱或者倦怠了，而是我们开始更加真实地面对彼此。你的伴侣可能并不是那个脚踩着七彩祥云来迎娶你的盖世英雄，你可能也并不是那个痴情的紫霞仙子。生活终将归于平淡，而平淡才是生活的常态。这时候，是叫嚷着这不是我想象中的真爱，而匆匆告别？ 还是执子之手，与子偕老？ 这是一种心态上的转换。当浪漫的爱挥手告别时，我们应该学着坦然接受，进入友伴之爱。如果我们的爱人同时也是我们的好朋友，会增加我们得到一段长久的和令人满意的关系的机会。

问题2：在和男友相处的过程中，存在很多的问题，我明白很大程度上都是因为我，而最大的问题就是我总会想要逃避这段关系，这也一次又一次地伤害到了他。我自己有做过亲密关系经历量表，结果测出来自己的依恋类型是疏离型依恋。男朋友一直就像个小太阳想要给我温暖，但是那束阳光怎么也照不进我的心。他昨天终于情绪爆发，向我控诉了我的冷漠、我的无情，可是我就是做不到，好无力。

——刺猬 22岁

答：上一节讲到4种成人依恋类型，而其中的疏离型和恐惧型，其实可以理解为是一种防御机制。让我们回到最初研究婴儿依恋类型的陌生情境实验，其中回避型依恋类型的孩子在父母离开时，并没有表现出明显的不高兴或者有压力。然而，对这些婴儿的心率即与压力相关的荷尔蒙水平的测试结果却显示，这些孩子并不是真的感受不到压力，而是一种防御机制隐藏了他们的压力感，表现出冷酷和不在乎。而你的这种情况就如同上面所说的回避型婴儿，因为害怕受到伤害而拒绝表露真心，将自己的心门紧紧地锁住，对待自己伴侣的态度也十分挑剔苛刻，来刻意保持两个人之间的距离。

首先，你需要转换观念，爱情并不总是会让人受伤的，而你的伴侣是值得信赖的。你完全可以和你的男友沟通一下你的真实想法，不要担心会受伤。因为回避、疏离的态度才可能是让你受到伤害的最大潜在危害。学习接纳你自己、接纳他人，不要过于挑剔自己与别人的错误和不足，逐步摆脱习惯性给出负面评价的倾向，希望能对你有帮助。

或者，你也可以思考一下然后重新定义一下你对你男朋友的感情，如果你是爱他的，相信你会想清楚的。

问题3：我们好像进入了一个阶段，就是每天见面都会说我爱你，关心彼此，但实际上我们已经失去了了解对方的兴趣，就像例行公事一样重复着这些"工作"。我们的亲密，每一步关系的进展，好像只是在进行着角色扮演。虽然不会说分手，但也不会试图走进对方的内心。

——挥挥手只是假动作 20岁

答：你描述的正是"假性亲密关系"的相处模式。两个人不会自主自发地表达爱意，从不冲突，相敬如宾，处于一种僵死的和谐的状态中。在程序化的、缺乏活力的家庭里长大的孩子，很容易在生活中缺乏"激情"，并认为亲密关系、婚姻、爱情就是这样一种程序化的互动，并在成人之后复刻这种行为模式。处于"假性亲密关系"中的双方都被平等地束缚着，他们自愿被束缚，以为"世界是安全的"。这种表面上的"安全"关系会使人长期深陷其中、不易分离，如果不加修复则会带来严重的问题。所以，一旦认识到这个问题，就需要开始打破这个"假想的和谐"，找回正确的亲密关系相处模式。两个人可以坐下来谈一谈对于现状的困惑，一起找一下造成现状的原因，尝试着找出解决问题的通路。

问题4：马上就要毕业了，面临着分别，很舍不得大家。最令我苦恼的是，我要去北京工作，而男友选择留在上海打拼。都说毕业季是分手季，虽然眼下我们感情不错，分手的可能性不大，但一直以来,我并不看好异地恋,这也让我对我们的感情产生了动摇,我没有信心能坚持下去,我该怎么做呢?

——爱你就像爱世界　22 岁

答:很多情侣都会遇到异地恋这个问题,甚至有一些情侣确实是因为异地而最终分手。但是,其实还是有一些办法帮助异地情侣维系感情、保持新鲜感的。

首先,情侣之间可以尽可能多地分享自己的生活,尽可能保证每天都能有一段专属于彼此的时间,聊一下自己这一天都做了些什么,或者身边发生了什么有意思的事情。开心的、不开心的都可以与其分享。

此外,也可以相约看同一部电影或者读同一本书,然后就电影或书展开交流;或者也可以推荐自己的伴侣去关注一下自己最近比较感兴趣的话题,然后交流一下彼此的想法。

很重要的一点是,如果发生了问题,要及时与对方沟通,不要逃避或者冷处理问题,这样反而不利于问题的解决。直接表达你的不满,有时候会更能让对方知道你在想些什么,能够给你想要的反馈。

只要两个人对这份感情有信心,其实异地并不是什么洪水猛兽,反而会成为你们感情的催化剂。在计划未来的时候,两个人都要作适当的让步,定到一个地方,那熬过异地,就是一辈子了。

思考点

你会向另一半表达爱吗?

参考材料:《爱的五种语言》(查普曼)是一本畅销全球有关爱的"工具书",它旨在教会我们如何创造完美的两性沟通。

一、肯定的言词

查普曼是这样说的,"爱的目的,不是得到你想要的,而是为了你所爱之人的福祉,去做些什么。无论如何,这是事实:当我们听到肯定的言词,我们就会被激励,愿意回报"。努力去发现自己伴侣身上的闪光点,更多地给予他正面反馈。"亲爱的,你做饭真的很有天赋","你看,因为你的照顾,我的感冒已经好了一大半了",像这种肯定的言词,会让对方感受到自己的价值感,从而更愿意在这段感情中进行付出。

二、精心的时刻

精心的时刻,指的是高质量的陪伴,给予对方不加分散的注意力。两个人坐在一起看着电视,时不时一起吐槽一下某个演员的演技,这种并不算精心的时刻。精心的时刻可以是两个人在宿舍楼下的小花园散个步吹吹风,也可以是一起去学校附近的咖啡厅坐着聊聊天。重点在于在这段时间,两个人都是全身心投入的,关注的只有彼此。

三、接受礼物

需要注意的是,礼物的价格并不是最重要的,更重要的是花在礼物上面的心思,礼物可以是花钱买来的,也可以是自己动手制作的,甚至可以是路边随手摘的。只要心意到了,收礼物的人自然能够体会到你的一番真情实意。

四、服务的行动

服务的行动,是指设法达成伴侣的所期所想。比如,他一直想要去森林公园玩,但又觉得做攻略太麻烦。你就可以偷偷地将攻略做好,将所有可能遇到的问题都提前考虑周全,成为一个私人定制贴身小管家,为他的游玩保驾护航。

五、身体接触

身体接触可以建立或破坏一种关系,它可以传递爱也可以传递恨。是要在伴侣哭泣的时候,搂住他的肩膀;还是在他暴跳如雷的时候,给他脸上来上一拳。相信,这个选择题,是没有人会给出错误选项的。然而,在现实生活中,身体的接触远远没有这么容易。只有伴随着对伴侣更加深入地了解,才会有作为爱的语言的身体接触的出现。从最初的牵手时的悸动,到情到深处时的亲吻,都会让我们深刻地体会到爱情的美好。

图 7 - 8

爱的五种语言

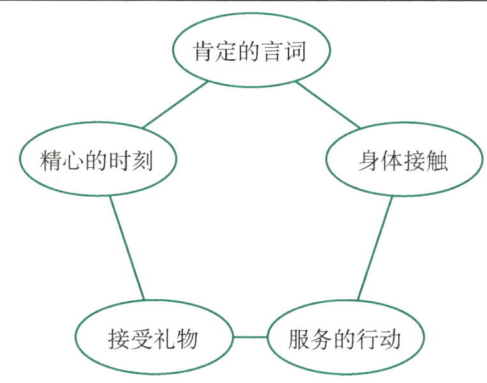

参与式活动

小游戏 7 - 2   沟通的艺术

目的:帮助学生情侣了解如何就分歧点进行沟通。

时间:45—60分钟。

地点:普通教室。

具体步骤:两人一组,分别扮演案例故事中"栀子"和"男友"的角色,完成下表,并以小组为单位分享心得体会,反思过往自己在处理矛盾时存在的问题。

如果你是案例故事中的栀子,你会怎样和男友沟通这件事?

如果你是案例故事中的男友,你会在事情发生时作出怎样的改变?

试着换位思考,将你想到的分别填入对应的位置。

栀子　　　　　　　　　　　　　男友

_____　　　　　_____

_____　　　　　_____

_____　　　　　_____

_____　　　　　_____

_____　　　　　_____

_____　　　　　_____

第三节　相爱两相难——常见困扰及应对

■ 案例故事

　　小峰是大三的男生,高个子,寸头,看起来有些偏瘦。他一坐下来就开始讲自己的失恋故事,说着说着,眼眶一下变红了,眼泪忍不住流了下来。"老师,我对她那么好,她为什么就不理我了呢?她删了我的联系方式。你说,我们感情那么好,一句我们不合适就分手了,我真的想不通啊。"

　　我让他从头开始讲相识相恋的过程。一年前,他和小芳恋爱了,刚开始的时候,两个人都非常喜欢对方。小峰说,两个人手拉手走在校园里,那时真的觉得自己是天底下最幸福的人了。

　　"这一年来,我心里装的都是她。她家比较有钱,我们家经济上要困难一点。为了她,我在搞好学习之余,一心做兼职,努力赚钱。她觉得我的着装不好看,我努力改变,尽量变得时髦一些。我经常想着给她制造一些惊喜,带她出去玩。当然,我知道她也很在乎我,为了我改变了很多。比如换了发型,学会了和我一样的体育运动。"

　　我说:"这一年来,听起来你们为彼此改变了很多,如果要你给彼此的改变打个分的话,你会打几分呢?""八九分吧。"小峰毫不犹豫地说。"那么,小芳为你的改变有多少?""10分。她现在的外表就是我心目中理想的样子。"当小峰说出"10分"这个分数的时候,我着实被吓了一跳。然后也很快就明白了,两个人关系那么"好",小芳却执意要分手的原因。

他们成为彼此想要的样子,却不知不觉在这个过程中失去了自我。如果用心理学的词汇来说,他们进入了"共生关系"。共生,一方面感觉甜蜜,另一方面也会带来"吞噬感"和"窒息感"。女友小芳想要逃离这种令人窒息的关系,"斩断关系"成了她能想到的唯一的办法。

注:本案例改编自本书作者的咨询活动。

小峰和小芳的恋爱问题在生活中比较常见。恋爱双方因为在乎彼此,所以,刚开始的时候非常愿意为了取悦对方而作出改变。有些人失恋后甚至还会一味归责于自身,错误地认为是因为自己不够好,所以,他(她)才不要我了,如果我改成他(她)想要的样子,就不会抛弃我了。如果对方真的在乎你的不足,那么,无论你怎么改,对方总是能够找出其他不如意的地方来。我们要明白,在真正健康的恋爱关系中,每个人都能够真实地做自己。双方能够接纳彼此的优点和缺点,接纳这个完整的人。恋爱中的感受很重要,如果你在恋爱中感受到自由、快乐、舒服,那么,恭喜你,你选对人了!

> 友谊和爱情之间的区别在于:友谊意味着两个人和世界,然而,爱情意味着两个人就是世界。在友谊中一加一等于二;在爱情中一加一还是一。
>
> ——泰戈尔

理论与讲解

一、面对恋爱中的冲突

在亲密关系中,冲突是在所难免的。但是冲突的形式却不尽相同,有些直接表现出愤怒和敌意,有些则是隐性的,从未公开表达的。比起没有被表达的冲突,直接发生的争吵对关系有更多积极的作用。它能满足人们在关系中自我表达的需求。

人们应对冲突会作出种种反应。有些反应具有破坏性,会不利于亲密关系;而有些反应则具有建设性,有利于维持和提升亲密关系。有些应对方式是主动、公开地面对争端;而有些应对方式则是被动的,试图绕过问题。

　　按照"破坏性—建设性""主动—被动"两类维度,心理学家卡瑞尔·鲁斯布尔特将亲密关系中应对冲突的方式分成退出、忽视、忠诚和协商四类(如图7-9所示)。

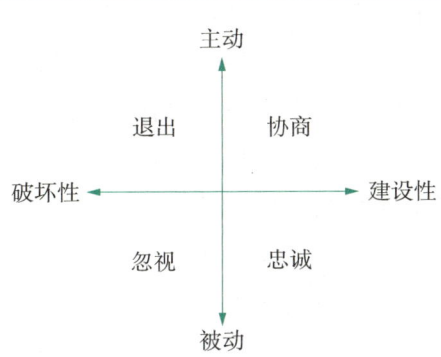

图7-9

人们应对冲突的反应

　　退出是以主动的,但却是破坏性的方式来应对冲突,强硬地要求伴侣服从自己、为自己妥协。比如,威胁结束关系,提出对抗性的问题,或是作出粗暴、恶意的反应,例如,大喊大叫或对伴侣大打出手。它被称为退出,是因为这种关系中,以这种方式应对冲突的人,一旦冲突发生,就直接退出关系,没有好好解决冲突的努力。

　　忽视是指以消极的方式应对冲突,眼睁睁地看着情况恶化下去却坐视不管,比如,避免和伴侣讨论关键性的问题,自顾自地与伴侣拉开距离;或是不直接和伴侣起冲突,改为因为和冲突无关的事指责伴侣。回避冲突的人,甚至会用其他不利于亲密关系的方式来缓解焦虑,例如出轨。

　　忠诚是一种被动但有利于亲密关系的反应,忠诚者并不会主动交流,只是乐观地等待境况的改善。忠诚与忽视的区别是,在面对伴侣的沟通要求时,忽视者会回避交流,打断对方的话,或者就是不肯谈论与冲突有关的问题,而忠诚者并不回避交流。当伴侣发起讨论或批评时,忠诚者会温和地进行反驳,或者坦率地说出自己的想法。

　　协商是积极应对冲突的方式,试图通过沟通来恢复或改善亲密关系。协商者会与伴侣共同讨论问题;而当协商者觉得两个人不足以解决问题时,他们也会积极寻求第三方的帮助,例如,朋友或婚姻咨询师等。进行协商的伴侣们,更容易达到积极结果,例如达成一致、双方折中,或是一起找出更好的方法。

　　无论是忠诚,还是协商,建设性的应对之所以有利于亲密关系,关键在于它们会开启沟通的正面循环。人们作出建设性回应,加强了伴侣的信任、提升伴侣作出同样回应的意愿,于是又反过来鼓励人们更多地作出正面回应,如此不断循环下去。[1]

知识延伸

如何看待性教育与婚前性行为

① Rusbult, C. E. ,Zembrodt, I. M. , & Gunn, L. K. Exit, voice, loyalty, and neglect: Responses to dissatisfaction in romantic involvements [J]. Journal of Personality and Social Psychology,1982,43(6):1230.

二、恋爱的痛苦来源

从精神分析的角度来说,人在恋爱的时候会出现退行行为,比如,对伴侣控制不住发脾气,要求伴侣喂饭,希望不说话伴侣就能明白自己的心思等。所谓"退行",可以理解为"人退回到某些早期生活的状态",一般是童年早期母子一体的状态。这时,一些被埋藏在深处的早期愿望,会因此被激活,并寻求实现的可能。比如,小时候爸妈关心不够的,恋爱时会特别希望伴侣关心;小时候父母一方出轨的,特别害怕伴侣也出轨;小时候愤怒总是被压抑的,恋爱时会特别希望伴侣理解包容自己的愤怒;小时候有过较长时间寄养经历的,会认为是爸爸妈妈不要我了,才把我放到亲戚家里,恋爱时特别害怕被另一半所抛弃。

有过比较严重创伤经历的一方,会有意或者无意地制造一些事件,一而再、再而三地考验另一方,看看对方是否真的关心自己,是否能够无限包容自己的无理取闹。有些伴侣通过了考验,通过恋爱,一方修复了早年的创伤,形成了新的更加成熟健康的人格,这就是现实生活中我们看到的恋爱后像变了一个人似的,状态越来越好了。

可是,由于恋爱中的伴侣通常不知道对方的"各种作"其实是在考验自己,很多人实在忍受不了对方的考验而离开。这样,失恋的痛苦激发了早年被父母伤害的痛苦。由于恋爱时已退行到婴儿状态,失恋时的心理承受能力也退行到了早年,婴儿是没有能力来应对这巨大的挫折的,更没有能力理智地分辨与分析问题;有的只是"离开妈妈活不下去"的巨大恐惧,这也就是失恋会让有些人痛不欲生的心理原因。

图 7 - 10

**失恋激发了
痛苦**

三、性取向[1]

性取向是指个体感受到的性吸引力来自何种性别,或性欲望指向何方。性取向

---

[1] 姚萍.大学生心理健康与咨询[M].北京:北京大学出版社,2010:113—114.

被分成异性恋、同性恋,以及双性恋三种。异性恋者无论从浪漫的爱情还是性欲上都受异性的吸引;同性恋者受同性的吸引;双性恋者既受异性吸引,又受同性吸引。

图 7-11

**性取向的
分类**

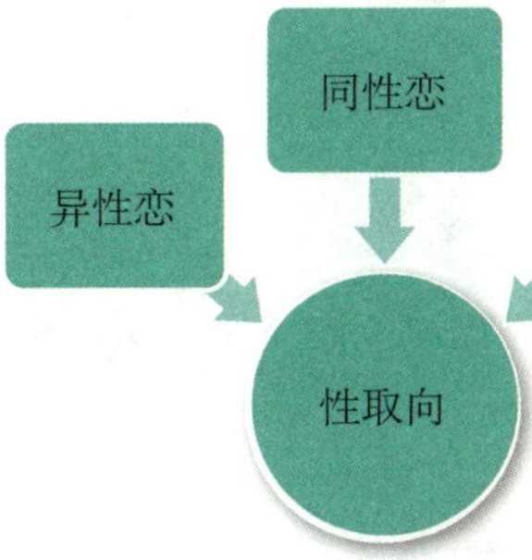

性取向从绝对的异性恋到绝对的同性恋之间并没有明显的界限。心理学家认为,性取向受生物、心理和社会文化因素的共同影响。对于主要是由生物因素造成的同性恋性取向,改变的难度很大;而对于主要由社会心理因素造成的同性恋性取向,改变则是有可能的,是否需要改变则由其个人决定。在美国的一项大规模调查中,成人约有 7% 认为自己是同性恋者或双性恋者。人类对于性取向的认识,有一个发展过程。在人类的历史中,同性恋现象一直存在着,但是对待同性恋的态度在各个时期各个社会并不尽相同。在较为自由的社会中,人们对同性恋的态度更加接纳和宽容;在较为保守的社会中,人们对同性恋更多的是持排斥和否定的态度。个体对自己的性取向感到不安时,可寻求心理治疗或医学诊断。

四、单相思及其心理调适

单相思是指个体单方面爱上了对方,内心也希望对方能爱上自己,于是在投射心理的驱动下,会将对方在无意识中透露出的友好、亲切、热情等都当作对方向自己表达爱意的信号,从而陷入单相思的深渊中。

单相思一般有两种情况:一种是误解对方的言行、情感,把友谊当作爱情,以一厢情愿的倾慕与热爱为特点,成为单恋;另一种是深爱对方,却不知道对方的感情,又不敢去表白,成为暗恋。单相思一方苦于倾慕的感情不被对方知道或接受而造成一种强烈的渴望。[①]

对于大学生来说,单相思本来不是问题,只不过有些大学生性格内向,有了心事不敢表达,积压在内心深处。当单相思影响了自己的生活和学习时,可以找值得信赖的人进行倾诉,比如,好友、家人、老师、心理咨询师等。一方面在倾诉的过程中可以宣泄掉

---

① 马建青.大学生心理健康[M].北京:人民出版社,2011:229—230.

部分负面情绪;另一方面,旁观者的反馈可以给予自己从未注意到的新视角。

图 7 - 12

倾诉对象的种类

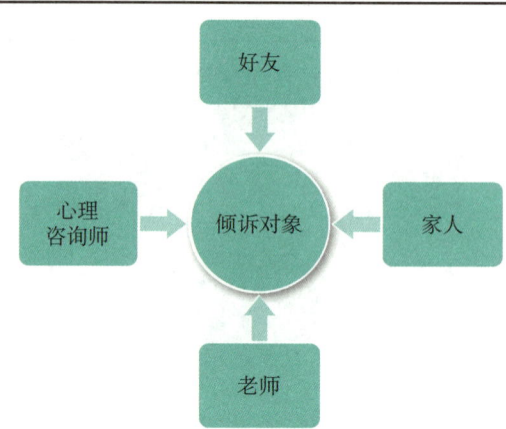

　　在做好充分心理准备的情况下,可以尝试向爱恋者表白。当然,表白的结果有两种,一种是对方也正有此意,那么皆大欢喜;另一种是遭到拒绝,这个时候千万要记住,对方的拒绝只是因为你们彼此不合适,而不是你不好,不优秀。

● 小问答

问题 1:我和轩已经谈了两年的恋爱了。在他面前,我变得很"作",经常会找一些芝麻大的小事冲他发脾气。我知道是我的问题,可是我控制不住哇。前段时间,他突然跟我说,我太累了,我们分手吧。我听了嚎啕大哭,在床上睡了一天一夜,我觉得天都快要塌下来了。

——琪琪　19 岁

答:正如前面所提到的,恋爱的时候因为感觉到安全所以心理会退行。我们会无意识中通过"作"的方式来考验我们的恋人,其本质就是退回到亲密关系中的"受伤点",期待恋爱的时候能够得到修复。当然,能否通过考验与恋人的心理水平有关系。有些人心理发展水平较高,属于安全型依恋,能够承受恋人的"作",而你的男友轩他本人无法应对你的"作",会变得很焦虑。这也是他说"太累"的原因。

　　在分手时,如果双方都已经没了感情,或者相互厌恶,那分手是很容易的。难办的是一方已经下定决心要分了,另一方却没这个打算。分手后,被分手的人会觉得受到了很大的伤害,而提出分手的一方也难以摆脱沉重的负罪感。后者分手后会产生内疚、悲伤、愤怒、恐惧等负面情绪。被分手后,我们通常会有两种错误的行为:一种是责怪自己,另一种是责怪对方。这两种行为其实都是在逃避自己的情感：愤怒、受伤、绝望。[①]

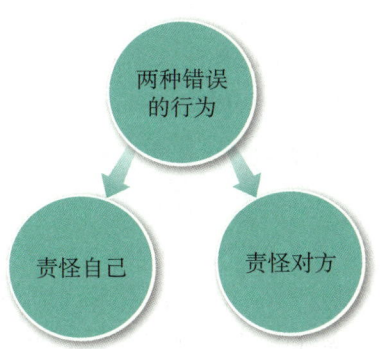

图 7 - 13

**分手后两种
错误的行为**

如果要走出分手的阴影，我们首先要做的就是接纳这些感受，不回避、不否认、不抵抗，或许要做到接纳真的很难，你可以找信任的人陪伴你度过这段艰难的时光。最后，再次强调一下，这不是你个人的问题，而是你们之间的关系出了问题，你已经很不容易了，千万不要把这个责任都揽到自己身上。

问题 2：我和男友恋爱一年了，刚开始恋爱的时候，觉得他对我特别好，就是我理想中的那种类型。可是，慢慢的，我觉得他不太关心我了。我觉得他的性格中的某些部分是自己无法容忍的，我提了很多次，他还是改不了，所以就想分手了。

——小芳　21 岁　大四

答：在爱情关系中，我们最初会把对方看得很出色，并为能够拥有这样一个完美爱人而自豪，觉得他（她）就是自己心目中的白马王子/白雪公主。在爱情荷尔蒙分泌高峰的阶段，我们能够暂时地生活在这种主观投射的完美世界里，现实检验能力受到了限制。慢慢地，随着荷尔蒙分泌的正常化以及现实检验能力的恢复，了解到对方并没有最初想象的那样完美，发现真实的他（她）还有很多缺点，比如不够关心人、不够浪漫、不懂打扮、不够有事业心等。于是我们会感到失望、愤怒、沮丧，试图想让他（她）改变，或者甚至会产生分手的想法。这是爱情生活中常见的心路历程，这种心路历程的背后是我们对完美自我的需要以及与完美原始客体（父母及重要人物）的联结需要及受挫的过程。

在我们年幼的时候，渴望自己是完美的，无所不能的，也渴望自己的父母是完美的，由于种种原因这些渴望并没有得到满足。然而这些愿望没有消失，只是埋藏在心底。在恋爱关系中，这种渴望被激活，我们幻想自己的恋人是完美

[①] Jenna Baddeley，Relationship break-ups：truths，distortions，and negative emotions，https://www.psychologytoday.com/blog/embracing-the-dark-side/200911/relationship-break-ups-truths-distortions-and-negative-emotions.

的。恋人的诸多缺点把我们从幻想拉回到现实,这对我们来说,又是一次重大的挫败。于是我们想着结束这段关系,并幻想在新的关系里能够找到自己渴望的完美。

我们现在能做的,是从完美自我渴望及联结完美原始客体的执着中走出来,承认并接受恋人和自己的不完美。当然这并不容易,但是如果能够通过学习做到这一点,你将能够体会到更加成熟、美好的爱。

问题3:老师,我今天想大胆地说出来一件事,因为一直憋在心里很难受,就是我上学期一门课的女老师很优雅,学识广博,让我心生爱慕,空闲的时候我经常想象和老师在一起的情景,这学期没有这位老师的课,但我还是会经常想象,这似乎成了我的一种习惯,同时这也导致了我上课注意力不集中,成绩下降,心里还很有罪恶感,我知道这样下去肯定不行,我该怎样摆脱现在的假想呢?

——一位苦恼的大学生

答:同学你好,你多次出现的这种状况可以称之为"性幻想",性幻想是一种源于个人生活经历的与亲密行为或者性行为有关的主动想象。青年学生时期处于性机能的高峰时期,性欲望强烈,对异性常想入非非,对自己爱慕的现时的或者虚构的对象想象出各种交往的情景,以往性幻想被认为是卑鄙而龌龊的,是不成熟不理智的,现代心理研究则表明,青春期的性幻想对于减少人的性紧张与性焦虑乃至性压抑都是有益的,有人称之为"心灵散步"。因此,你不必过于罪责于自己。

当然,并非所有的性幻想都是有积极意义的,凡事都要有度,如果一个人整天沉溺于性幻想,就会干扰到正常的学习生活和人际交往。你可以尝试白天进行一些运动,一方面强身健体,另一方面宣泄能量有助于身心健康;你还可以多花一些时间和周围的同学进行交流,增加自己的现实交往机会,发展志同道合的朋友或者恋人;同时,你还可以尝试发展自己的兴趣爱好,让自己的生活变得丰富起来,你会发现现实的生活也很精彩有趣,是值得用心思去经营的。

问题4:我大二的时候认识了小林,我和他算是一见钟情吧。有一次我们两个一起游西湖,玩得太晚了。小林建议我们到宾馆住一晚,我同意了,前提是订一间双床房。可是睡到半夜,迷迷糊糊中发现他爬到了我的床上,再然后不想发生的都发生了。我现在特别后悔,觉得自己很脏。现在每天都在想这个事情,学习成绩也下降了。我真的不知道该怎么办了。老师,你能帮帮我吗?

——莉 20岁

答:性是恋人之间表达情感的重要方式。当两人之间感情发展到一定程度的时候,性行为的发生是很自然的事情。

关于性行为的时机,李银河曾这样描述:青涩的苹果并不好吃,最好等苹果红了再摘。

在发生性行为之前,以下几个重要的问题得先问问自己:

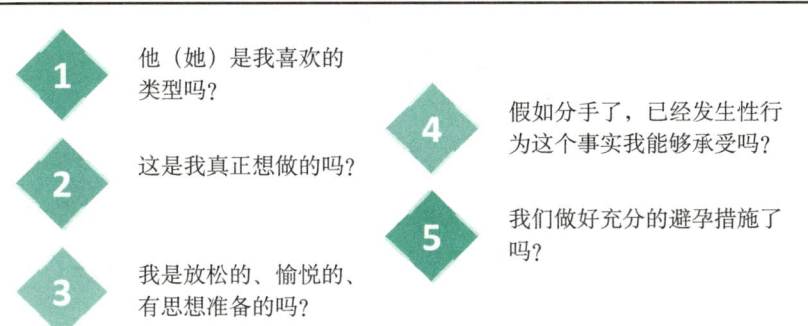

1 他(她)是我喜欢的类型吗?

2 这是我真正想做的吗?

3 我是放松的、愉悦的、有思想准备的吗?

4 假如分手了,已经发生性行为这个事实我能够承受吗?

5 我们做好充分的避孕措施了吗?

图7-14

性行为之前需要问自己的问题

如果这些问题的答案都是 YES,那么,代表你已经具备对自己负责,对爱人负责的能力了。

很显然,你在和小林发生性行为的时候还没有做好充分的心理准备,这也是给你带来心理困扰的主要原因。你说觉得自己很脏,这样的观念是怎样来的呢?你说"现在每天都在想这个事情,学习成绩也下降了",看来这个事情已经影响到你的生活了。

你觉得发生了性行为自己就变脏了,这是一种错误的认知,你用这样的认知捆绑了自己。你可以问问自己:关于性的这些认知观念都是从哪里来的呢?当我们重新审视自己的认知,给自己的思想松绑,那么,你的这份内疚和自责就会减轻一些。

问题5:老师,前段时间上体育课跑步的时候,我突然肚子疼,有流血症状,后来到医院检查了一下,原来是怀孕了。我要男朋友陪我做流产,我不想让我妈妈知道这件事,要不然她可能会很生气。我不能回家,可是如果待在宿舍,又不能得到很好的休息,你说我该怎么办呢?

——婉莹　20 岁

答:婉莹,说实话,当我听到你体育课跑步肚子疼到医院检查才发现自己怀孕这个事的时候,我还是有些震惊的。也就是说你是在毫无避孕措施的情况下和男友发生了性关系。在这里我还是想先给你作一些科普,避免下一次再犯同样的错误。避孕的方法有很多,比如使用避孕套、避孕膜、避孕药等。避孕套、避孕膜相对而言是最安全的,避孕药也有效但是对身体会有一定的副作用。而其他比如体外排精、计算安全期等方法其实是不够安全的,极有可能导致失败,千万不要随便尝试。

图 7-15

避孕的方法

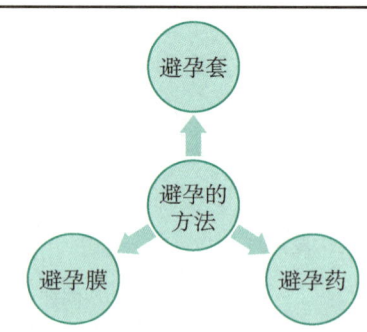

民间称流产后的休息为"坐小月子"。因为流产手术过后，子宫、卵巢等相关器官也要经历修复的过程。如果不注重调养，健康就可能由此走下坡路，严重的甚至导致日后不孕。流产手术后至少需要休息半个月。

从对你自己负责的角度出发，还是建议你将此事与你的父母沟通，因为父母在这件事情上会比你更有经验，能够给予一些有益的帮助与建议。沟通过后，让妈妈来照顾你或者回家去进行手术及休养都是比较明智的选择。而在沟通过程中要注意方式方法，父母的第一反应很可能是懵的，这很正常，也可能会有一些过激的言语表达。对此，你要做好充分的心理准备，毕竟在这件事情上，你确实是做错了，而作为一个成年人，你需要为你所做的事情负起责任。正所谓，爱之深，责之切，父母是你坚实的支持力量。

问题6：老师好，我从小就喜爱舞蹈，是父母眼中聪明、漂亮、乖巧、懂事的女儿。上大学后，我在社交软件上遇上了他，一个摄影达人，因为他的才华和体贴，我们相恋了。刚在一起的时候，他对我真的很好，常常来看我，带给我礼物，还会给我准备好早餐，贴心地留下纸条：你最爱的面包和豆浆，趁热吃。我傻傻地以为这就是爱情，但其实是一步步走入他的陷阱。他用对我的好来取得我的信任，然后控制我的生活和社交。我和朋友出去吃个饭，他都不高兴，刨根问底。社交软件里的异性朋友他觉得没必要都删掉了。为此我们有过几次很激烈的争吵，他每次都以"太在乎我""太害怕失去我"为说辞，最后都是我妥协了。于是我切断了和朋友们的联系，生活中的全部就是围绕着他。我曾打算本科毕业后考研，但他劝说读书只是混文凭，没有什么用处的，而且考研太苦他不忍心我受累，于是我就放弃了这个计划。毕业前实习的时候，他劝我一起在外面租房，说可以更好地照顾我，不让我受一点苦（当时我心里很感动）。可是真的住到一起，我发现他会忽然变得阴晴不定，例如有时我特地做好饭，有一道菜不合他的胃口，他就会说："你是白痴吗？饭做成这样，也就是我，不然谁看得上你。"

我变得小心翼翼地讨好他，可他越发变本加厉，除了言语攻击还对我暴力相向。那一次，我直接进了医院。经过这件事后，我终于逃离了他的魔爪，可躯体的逃脱救不了内心笼罩着的阴影。无数次被噩梦惊醒，他的话语萦绕在我耳边："你这样的人谁会喜欢？""你就是个垃圾！"我会怀疑自己是不是不配得到爱？

——被刺包裹的板栗

答:你好,从你的网名能感受到你经受到的伤害,你碰到的是两性精神霸凌,其实就是一种洗脑控制,就是常有人说的 PUA。他通过搭讪(Pick‒up Artist,初识)、吸引(互动,先营造自立自强、有才华等形象但内心却渴望关注和温暖的虚假形象)来建立联系,再升级关系、直到发生亲密接触,继而用各种套路、各种方式欺骗、轻视、打压和精神绑架你。可以看出你们认识后就快速地在一起了,而了解一个人的背景、人品需要一定的时间,这个恋爱前的"尽调"必不可少。对方的暴力让你清醒并坚决地走出了这段关系。为你的勇敢点赞!人生难免会有挫折,只是这个教训深刻需要记取。王尔德说:"爱自己是终身浪漫的开始。"漫长的人生途中,我们会跨过遇到的坎坷与低谷。接下来你要重建自己的朋友圈,树立健康的恋爱观。有空可以和咨询师聊聊天,不要太快投入下一段感情,但也不要否定自己或者怀疑人生。

参与式活动

小游戏 7‒3　　我眼中的性

目的:帮助同学们了解对性的认知。

时间:20 分钟。

地点:多媒体教室。

具体步骤:

(1)心理老师下发练习纸(5 分钟),内容如下:

从下面词汇中找出你认为与性有关的词汇。

1. 快乐	2. 好玩	3. 污秽	4. 生育	5. 恐惧
6. 爱	7. 美妙	8. 信任	9. 羞耻	10. 不满足
11. 委身	12. 忠贞	13. 尴尬	14. 压力	15. 例行公事
16. 表现	17. 欢乐	18. 实验	19. 释放	20. 难为情
21. 舒服	22. 无奈	23. 罪	24. 厌恶	25. 内疚
26. 无助	27. 享受	28. 压抑	29. 乏味	30. 满足
31. 美丽	32. 征服	33. 沟通	34. 禁忌	35. 亲密
36. 融洽	37. 遗憾	38. 自卑	39. 自信	40. 和谐

我的选择是:＿＿＿＿＿＿＿＿＿＿＿＿＿＿＿＿＿＿＿＿＿＿＿＿＿＿＿＿＿。

(2)小组讨论。(10 分钟)

学生按照就近原则分 4 人一组(奇数排向后转,奇数排的 2 人和后面偶数排 2 人形成讨论小组),每人在小组中交流。

① 你选了哪些词汇?

② 为什么认为这些词与性有关?

③ 你感觉性是以负面为主还是正面为主?

④ 你的这些认知和哪些经历有关呢?

(3)大组分享,教师总结。(5分钟)

① 邀请2—3名同学上台分享小组讨论结果。

② 教师总结:我们对于性的认识和自己的经历息息相关,有人认为性是美好的,代表沟通、亲密、和谐;也有人认为性是污秽的,充满了恐惧和羞耻。通过这个练习,我们可以看到每个人对于同一件事的认知是如此不同。如果我们对于性的负面感觉过多而影响了亲密关系的深入,那么,你可以借此机会找心理老师进行深入的自我探索,解除身上的这些隐形的枷锁,享受更加美好的亲密关系。

小游戏 7 - 4　　小小辩论赛

目的:帮助同学们对婚前性行为有一个全面的了解。

时间:30—45分钟。

地点:多媒体教室。

具体步骤:

(1)心理老师提前两课布置任务、自主报名、抽签、组队。

(2)正反双方课后充分准备,老师进行指导。

(3)课堂辩论。

正方:支持大学生婚前同居。

反方:反对大学生婚前同居。

小游戏 7 - 5　　姑娘与水手

目的:测试大家的恋爱价值观。

时间:35分钟。

地点:多媒体教室。

准备:小组统计表。

具体步骤:

(1)学生阅读以下材料:(7分钟)

一艘船遇上了暴风雨,沉了。船上有5个人幸运地分别上了两艘救生艇。一艘艇上有水手、姑娘和老人;另一艘有姑娘的未婚夫和他的亲戚,两艘船分别去了两个荒岛。

姑娘在岛上惦记着她的未婚夫,千方百计地想找他,但一点线索都没有。有一天,她发现大海中有另一个小岛,于是请求水手把救生艇修理一下,带她去那个岛找她的未婚夫。水手答应了姑娘的请求,但是提出了一个条件,就是姑娘必须与水手睡一夜。陷入两难的姑娘不知道如何是好,于是去请求老人给他一些建议。了解了姑娘的情况后老人对姑娘说:"其实对于你来说,怎么做正确、怎么做错误我实在不能说些什么。你扪心自问,按你自己的意愿去做吧。"姑娘万般无奈,但又寻夫心切,于是答应了水手的要求。

第二天水手也履行了承诺,把艇修理好,带姑娘去了另一个岛找她的未婚夫。远远地,她就看到了岛上未婚夫的身影,顾不上等船靠岸,姑娘就冲了过去,拼命往岛上跑,一把抱住他的未婚夫。在未婚夫温暖的怀抱中,姑娘正犹豫,是否该向他坦白昨晚自己和水手的事。思前想后,她最后还是告诉了未婚夫。未婚夫听后勃然大怒,一把推开了她,并吼她说:"我再也不想见到你了。"然后就走掉了。姑娘伤心地在海边走,见到了她未婚夫的亲戚。这时,亲戚走过来安慰姑娘说:"我看到你们俩吵架了,有机会我会帮你在他面前说说的,在这之前,让我来照顾你吧。"姑娘的未婚夫一直没原谅她,最后姑娘也因为报答亲戚的悉心照顾而和亲戚结婚了。

请按照自己对故事中的 5 个人物(姑娘、水手、老人、未婚夫、亲戚)的好感度,从多到少排序,并思考原因。

（2）小组讨论。（20 分钟）

① 六人一小组,确定一个组长,一个记录员,一个发言人。

② 每人分享自己的好感度排序,最有好感写 1,最没有好感写 5,并说明原因。

③ 发言人根据小组发言情况进行总结。

小组成员	组员 1	组员 2	组员 3	组员 4	组员 5	组员 6
姑娘						
水手						
老人						
未婚夫						
亲戚						

（3）大组分享,教师总结。（8 分钟）

① 邀请 1—2 名同学上台分享小组讨论结果。

② 教师总结:

这个测试没有所谓的正确答案。在故事中,五位人物都代表了在恋爱问题上不同的道德观、个人价值观还有处事观。

姑娘是理想主义,水手是实用主义,老人是现实主义,未婚夫是务实主义,亲戚是机会主义。

扫码即可
见答案

思考点

如何看待失恋这个行为带来的影响? 怎样从失恋的阴影中走出来?

课程思政案例

法治意识与恋爱和婚姻

有老师将《民法典》第五编"婚姻家庭"内容与大学生心理健康教育"恋爱与婚姻"专题融入,以帮助大学生提升法治意识,运用法治思维和法治方式维护自身权利。通过生活中的案例警醒法律意识还不是很强的大学生,不做法盲,让学生意识到法律法规距离自己并不遥远,而是与自己的生活息息相关,应知法守法。培养大学生敬畏法律的意识,作为一名成年人,面对恋爱和婚姻的严肃课题,应做到对自己的言行负责任。[1]

---

① 贾珊珊."法治意识"课程思政理念在大学生心理健康教育"恋爱与婚姻"专题中的运用[J].品位·经典,2022(16):126 - 128.

第八章

漫漫路远

第一节　人生大不同——生涯规划的理念

▌案例故事

　　小乐是刚进校的大一新生，在新生入校课程中，老师说大一时一定要认真学习基础课程，为专业课程打下基础；可是，室友们忙着参加各种社团活动、学生会活动，告诉他大学最重要的就是交朋友，多参加活动，积累人际交往经验，考试什么的，考前突击复习不挂科就行了；聚餐的时候，已经开始实习的大二、大三的学姐、学长则对他说，要尽早找好的公司实习，为就业做准备。

　　面对这么多不同的建议，小乐自己也不知该如何是好。似乎谁说的都有道理，可是专注学习，必然要减少社交活动。其实，小乐自己都没有想好今后的生活应该怎么规划。

　　此外，在进入大学以前，所有的重大决定几乎都是父母替小乐作的：上哪个大学，读什么专业，父母在后面盯着学习。现在上大学了，小乐开始想要独立，不再由父母主导自己的人生，但当自己面对选择的时候又不知道该向谁寻求帮助。一方面，他希望从父母那里得到中肯的建议；另一方面，他又希望主动权在自己手里。

　　小乐觉得他自己一点都不了解自己，不清楚自己想要什么，也不清楚自己能干什么。刚进大学的新鲜劲儿早就淡去，现在只剩下茫然。

　　注：本案例改编自本书作者的咨询活动。

　　小乐的困惑是许多大学生都有的。大学里充满各种选择,每一个选择都是一个挑战与机遇,但作出选择也就意味着失去另外一个机会。这就需要小乐在选择前有一个规划,这个规划可以是短期的,也可以是长期的;可以只规划到大一第二学期结束,也可以包括大学四年,甚至更长远的时间。但是,在进入大学前,大部分的决定都是父母替小乐作的,现在突然需要他自己作出规划,他就觉得束手无策。当然,规划也不是拍脑袋想出来的,要询问他人的建议,也要结合自己的情况。小乐说不知道该如何是好,他能寻求心理老师的建议,就已经是很棒的开端了。心理老师将引导小乐认识自己,了解现实社会的情况,为他提供作决策的有效方法,让他真正学会为自己的人生作规划,为自己的人生负责。

● 理论与讲解

> 如果一个人不知道他要驶向哪个码头,那么,任何风都不会是顺风。
>
> ——小塞涅卡

一、生涯的含义

　　谈起"生涯",你会想到什么? 职业生涯、舞蹈生涯、篮球生涯……《庄子·养生主》中对生涯的解释是:"吾生也有涯,而知也无涯。"生涯,原指人的生命有止境,现指所过的生活或所经历的人生。

　　生涯译作 career,源于拉丁文 carrus 和罗马文 viacareeria,两者都含"古代战车"之意。career 原指道路、轨道,后又引申为生涯,是个体一生的发展过程,也可指个体一生中所扮演的角色或职位。目前,大多数人所接受的生涯定义是舒伯在 1976 年提出的观点:"(生涯是)生活中各种事件的演变方向和历程,它统合了人一生中的职业和生活角色,由此表现出个人独特的自我发展形态。"[①]

　　根据舒伯对生涯的定义,生涯包括以下四个特点:终身性、独特性、发展性和综合性(如图 8-1 所示)。

图 8-1

生涯的四个特点

终身性	独特性	发展性	综合性
• 贯穿人的一生。 • 概括一生所有的职位和角色。	• 每个人权衡自己的理想与现实。 • 形成了个人独特的生命历程。 • 每个人都拥有独属自己的生涯。	• 动态发展的过程。 • 在一生中不同的阶段,会有不同的追求与愿望。 • 每个人都是自己生涯的塑造者。 • 每个人都是不断发展的。 • 生涯也随着个体的发展而发生变化。	• 以事业角色为主轴。 • 也包括子女、学生、父母、公民、休闲者等一生中各个阶段的各种角色。

---

① 沈之菲.生涯心理辅导[M].上海:上海教育出版社,2000.

也许你曾经认为选择一个职业或专业后，就不能再回头了；也许你认为每个人终身只有一个适合自己的职业；也许你曾经选择专业或寻找工作的标准是满足自己需要即可，而不管自己的兴趣或是否觉得有价值。但了解生涯概念，可以帮助你重新思考人生发展与职业发展，引导你重新了解自己、了解职业世界，建构你自己的人生。

二、生涯规划的含义

广义的生涯规划，不仅包括职业生涯规划，还涉及个体一生的生涯过程和各种角色。1971年，美国联邦总署专门界定了生涯规划教育：生涯规划教育是一种综合性的教育计划，其重点放在人的全部生涯，即从幼儿园到成年，按照生涯认识、生涯准备、生涯熟练等步骤，逐一实施，使学生获得谋生技能，并建立个人的生活形态。

生涯规划并非静态。随着人生阶段的变化、角色与责任的改变，生涯规划的重点也在发生改变。生涯规划并不意味着人生的发展必须按照单一路径前进，生涯规划的结果也不保证一定是成功的。生涯规划只是你在当下，结合自己的内部因素与外部环境作出的决策与长远的考虑。因此，在进行生涯规划时，需要同时注重自身的发展与对环境的适应。

对于大学生来说，从大一开始筹划未来，尤其是进行职业生涯规划是重中之重。但很多学生往往难以确立自己的理想目标，决定目标后也难以实现，困难重重。根据米凯洛奇的观点，阻碍学生设立目标并努力实现理想的分别是内在障碍和外在障碍（如图8-2所示）。

内在障碍	外在障碍
·恐惧不安	·就业政策不足
·缺乏自信	·市场趋势不明显
·缺乏自觉	·经济衰退
·自视甚低	·社会环境紊乱

图8-2

阻碍生涯规划的障碍

三、生涯规划理论

舒伯认为，职业生涯的发展是一个持续渐进的过程，一直伴随着个体一生，而

"自我概念"是其理论核心，舒伯的自我概念理论认为，职业发展的本质是自我概念的发展与实践过程。[①] 自我概念是每个人对自己的兴趣、能力、价值观以及人格特质等方面的认识与主观评价。

1. 生涯发展阶段

舒伯的生涯发展理论依据年龄分为五个阶段：成长阶段、探索阶段、建立阶段、维持阶段及衰退阶段。前三个阶段又各自划分了子阶段。各阶段主要特点如表8-1和表8-2所示。

表8-1

舒伯生涯理论

阶段	成长阶段（0—14岁）	探索阶段（15—24岁）	建立阶段（25—44岁）	维持阶段（45—64岁）	衰退阶段（65岁以后）
主要特点	开始辨认周围的事物，开始发展自我概念，开始用不同方式表达自己的需要；对现实世界不断尝试后，修饰自己的角色。	开始通过学校活动或社会活动，尝试一些自己感兴趣的职业活动，对自我能力及角色、职业进行探索。	开始选择合适自己的职业领域，并谋求发展。但后期，开始考虑稳固职位。	不断努力以求稳定职业生涯已获得的成就和社会地位。在维持既有的成就与地位时也会遇到新成员的挑战。	职业角色分量逐渐减少，开始考虑退休并适应退休后的生活。
主要任务	发展自我形象，发展对工作世界的正确态度，了解工作的意义。	职业偏好逐渐具体化、特定化，完成择业并初步就业。	致力于工作上的稳定，统筹、稳固职业，并求上进。	维持既有成就与地位，维持家庭与工作间的和谐关系。	注重发现新的角色，减少权利和责任，寻求不同方式替代和满足需求。

表8-2

舒伯生涯理论前三阶段子阶段

主阶段	子阶段	主要特点
成长阶段	幻想期（0—10岁）	以需要为主，在幻想中扮演自己的角色。
	兴趣期（11—12岁）	以喜好为主，喜好是主要决定因素。
	能力期（13—14岁）	在作决定时，更多考虑自己的能力。

---

① ［美］皮德森，［美］冈萨雷斯.职业咨询心理学：工作在人们生活中的作用（第2版）［M］.时勘，等，译.北京：中国轻工业出版社，2007.

（续表）

主阶段	子阶段	主要特点
探索阶段	探索期（15—17岁）	综合考虑需要、兴趣、能力，对未来职业进行尝试性选择。
	过渡期（18—21岁）	正式进行专业训练，更注重现实，进入职业世界，明确某种职业倾向。
	承诺期（22—24岁）	初步确定工作领域，并尝试其成为长期职业生活的可能性，如果不合适则重新经历上述各时期进行选择。
建立阶段	实验—承诺稳定期（25—30岁）	寻求稳定，也可能因为生活或工作上若干变动而尚未满意。
	建立期（31—44岁）	致力于工作上的稳固，大多数人处于富有和创造性的时期。

在舒伯的后期研究中，他认为，发展的五个阶段并不完全和年龄相关，各阶段间可能存在交叉，在人生的不同时期，都可能经历由这五个阶段构成的"循环"。例如，大学生刚进入校园，需要适应新角色与新环境（成长），参与各种活动，进行各种尝试（探索）；当大学生建立了相对稳定的适应模式后（建立、维持），需要面临就业或继续深造的选择，原有的习惯再次被打破（衰退）。

2. 生涯彩虹图

舒伯在进行了为期四年的跨文化研究后，又提出了生活广度、生活空间的生涯发展观（Life-span，Life-space career development，1980）。这一生涯发展观，在原有的发展阶段理论上，加入了角色理论，并用"生涯彩虹图"描绘了生涯发展阶段与角色间交互作用的影响状况。

在"生涯彩虹图"中，个体不仅具有职业角色，同时还需要扮演子女、学生、休闲者、公民、持家者等多种角色。彩虹的横向层面代表着一生的生活广度，外层是一生中主要发展阶段与大致年龄：成长阶段（类似于儿童期），探索阶段（类似于青春期），建立阶段（类似于成人早期），衰退阶段（类似于老年期）。值得注意的是，舒伯特别强调各个时期年龄的划分具有相当大的弹性，应根据自身的独特性进行规划。

彩虹的纵向层面代表着纵贯上下的生活空间，由各种角色组成。舒伯认为，人在一生之中需要扮演九种主要角色：子女、学生、休闲者、公民、工作者、夫妻、家长、父母及退休者。彩虹图中并未纳入"退休者"，而夫妻、家长与父母等角色都被纳入"持家者"。各种角色之间相互作用，某个角色的成功或失败，可能与另外一个角色的成功或失败息息相关；为某个角色的成功付出太多，也可能导致其他角色的失败。例如，与高中生相比，大学生可能减少学生角色的投入；由于住校，子女角色的投入程度也会有所下降。

在生涯彩虹图中,角色在一生中都是不断变化的。不同阶段,最关心的角色、投入最多的角色也在发生变化。彩虹图中的填色部分表示角色相互替换、此消彼长。对角色的投入程度,不仅受到年龄及社会期望的影响,而且通常也与个体在角色上所花时间和感情投入程度有关。个体可以根据自身情况,规划自己的生涯彩虹图。

图 8-3

生涯彩虹图

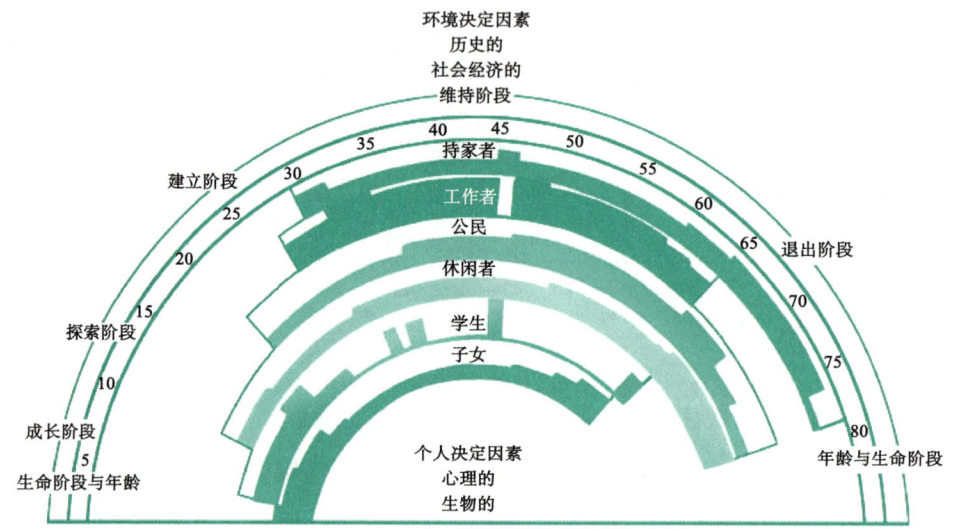

四、大学生生涯规划的任务及意义

大学生的生涯规划,主要侧重两方面,一方面是对自身的情况有一个充分的了解;另一方面也需要熟悉即将步入的社会环境。在校大学生普遍处于职业准备阶段,主要任务是对自身情况和客观环境进行客观评估,综合自我特征与环境因素后作出决策与选择,并针对选择进行各方面的准备(例如,心理、知识、技能等)。此外,大学生要对即将踏入的职场生活做好合理的预期与准备,例如,工作内容、工作时间、工作压力以及工作氛围等。

根据舒伯的理论,大学生处于生涯发展中的探索阶段。不同年级的学生有不同的目的与任务。一年级为探索期,这一阶段的大学生需要尽快适应大学生活,了解自己的专业以及相应的职业世界,扎实掌握基础课程,提高人际沟通能力,也应当注重工具知识的学习(例如,计算机)与实际应用能力的培养。二年级为定向期,经过一年的探索后,明确自己的专业兴趣,制定具体的职业生涯规划,尤其是学业规划,引导自己的大学学习生活。可以通过参加校园与校外活动,进一步对专业进行深入了解,提高自身能力。三年级为准备期,这一阶段大学生应该有比较明确的职业目标,主要任务是朝向目标全力以赴。根据个体的不同计划进行准备,例如,准备留学事务、复习考研科目、收集就业信息。四年级为尝试期,具有不同规划的学生,将有不同的尝试与选择。准备就业的同学需要综合考虑个人因素与环境因素,作出有效的决策,为踏入职业世界做准备。

我们在这一部分主要介绍了生涯规划和生涯发展的概念,在这里,我们先停下来想一想为什么生涯规划是重要的? 为什么我们需要规划职业发展? 你认为工作是什么,朝九晚五日复一日的重复劳动? 不断晋升的职位?

生涯规划还存在一些更深层次的回报,例如,顺利完成工作后获得自我价值感、获得他人的尊重与赞赏;在工作环境的改变中接触到不同对象,获得更多学习机会;通过自己的职业表达自己的价值观,同时促进他人和社会的发展。生涯规划是一个帮助你厘清自我、职业世界和两者间关系的过程。通过有目的的规划,可以帮助你了解自己的性格与兴趣、拓展自己的能力与技能、传达自己的价值观,不断挑战自己,不断前进。

每个人的生涯道路都是不同的,有些人很早便确定了具体的生涯目标,有些人仍处于探索和尝试的过程之中。即使你作好了完善的计划,也可能受到意外事件的干扰。事实上,并不存在唯一一个完美的生涯规划,例如,你的不同能力可以帮助你在不同职业中获得成就,关键是尽可能地去了解你的意向及相关信息,找到最吸引你的方向。

小问答

问题1:一旦制定了生涯规划后,就必须按照原有计划前进吗? 如果在实施计划的过程中,我的想法发生了改变,或是发现原来的计划并不适合我,应该怎么办?

——刚接触生涯规划的大一新生 小赵

答:你当前的主要任务是做好步入职业世界的准备。但生涯规划并不仅限于职业生涯规划,它是整合你过去到现在的所有经验,融入你对未来的期望后作出的规划,是为生活指引方向的。生涯规划是灵活的、可变的。

虽然在计划付诸实施前,应尽量将各种因素考虑在内,定下目标,作好计划。但是,往往在实践的过程中,我们会发现很多情况与本来规划的并不一样,学习与生活中的突发事件有可能影响我们的行为,这时候就需要作出调整,而不是一条道上走到黑。不论你在最开始做了多么充分的准备,都难以制定一个完美的计划,必然需要在前进的路上进行修正。

生涯规划可以帮助你更全面地了解自己、了解自己不同阶段的责任、了解职业世界,其旨在引导你更好地度过人生,而不是将你的行为框定在你的计划中。在实施生涯规划过程中,你会面临各种情况,有些促使你坚定了自己原始的目标,有些则动摇了你的决定。这些都是正常的,你需要做的是及时调整自己:我现在在做什么,我做的事情是为了什么。

此外,也建议你可以建立小目标来代替大目标,不要立刻设下远大的目标,有时这可能会限制你迈开前进的步伐,打消你行动的念头。避免以结果为导向,即为了完成设立的目标,去做一些事情,而忽略了事情本身的意义。如果你发现原先的计划并不适合你,这很好,说明你结合了自身情况与外部情况,思考了自己的现状与未来,你接下来需要做的就是调整。

问题2:高中的时候通过小说和影视剧,我对心理学产生了浓厚的兴趣,也希望自己将来可以成为帮助别人解决自身问题的心理咨询师。但是,通过一年的学习,我渐渐发现自己性格中的一些部分与心理咨询师并不匹配。我是一个很理性的人,遵循逻辑,共情能力比较差,面对同一件事,我很难理解别人的情绪为什么会如此波动。我还适合现在的专业吗,我是否应该改变职业目标?

——经历一年学业生活的大二学生　小白

答:首先,你对于自己的性格和心理咨询师——你现在的职业目标,都有一定的了解与探索,这真的很棒。现在的问题是,你发现自身的一些特质与理想职业所需要的特质相矛盾,在这种情况下,你该如何选择。

如果你已经了解了自己与理想职业间的差距,但仍然希望以此职业为目标,那么,你所需要做的就是改变自己,学着去提高你的共情能力。这一过程很困难,需要打破你原有的思维模式,但如果你原有的期望与热情足够强大,那就试着去改变自己。

如果你觉得自己的思维方式并没有什么问题,改变这种思维方式反而让你觉得难受,那么,不妨改变你的职业目标。学习心理学专业并不意味着要成为心理咨询师,你可以从事科研工作、钻研心理统计,或是在课余时间寻找自己另外的兴趣所在。

对于其他专业而言,同样如此。当你发现自己好像并不适合这个专业,或是这个专业与自己预期的差距很大时,你可以试着从不同角度来选择与改变。

问题3:我现在选择的专业是高考时父母为我决定的,但并不是我真正喜欢的。经过一学年的学习后,对于这个选择,我越来越迷茫,难道我就要在一个不喜欢的专业中学习四年,再找一份自己不喜欢的工作吗?

——不喜欢自己专业的大一学生　小何

答:很多学生在进入大学后都会面临这样的一个问题——这个专业我不喜欢。有些同学可能发现所学的内容与自己以为的大相径庭,有些同学的专业是父母凭着他们自己的喜好进行选择的,而有些同学选专业时则是盲选。

当你发现你不喜欢自己的专业时,先别急着否认专业,可以先想一想,这个专业真的这么无趣吗？你有没有深入地了解过这个专业、了解它的意义与作用？你的不喜欢是因为课程太难，还是因为是父母的选择而产生抵抗心理，或是因未能考取理想专业而懊悔？

如果对专业经历了一系列的探索后，你还是发现——我真的不喜欢这个专业，那么，你就需要重新进行规划。先确定你自己的兴趣是什么，如果你不喜欢现在的专业，那么，你喜欢什么样的专业，那个专业需要哪些基础，你自己是否有能力转专业。你需要根据自身的情况，比较每一种选择，作出抉择，付诸行动。

明确自己不喜欢这个专业是很容易的，很多同学都不太喜欢自己的专业。但更重要的是在知道自己不喜欢专业后，去探索、寻找，重新规划自己的大学生活。你的每一次选择不一定都是正确合适的，也不一定是你期待的，需要你不断调整，不断发现自我。

● 参与式活动

小游戏 8-1　　绘制自己的生涯彩虹图

目的：帮助同学们梳理生涯进展，促进同学们对标终身学习进行生涯规划。

时间：30—45 分钟。

地点：普通教室。

准备材料：彩色笔（6 支）。

具体步骤：

由心理老师介绍生涯彩虹图，同学们根据自己的想法，绘制自己的彩虹图。

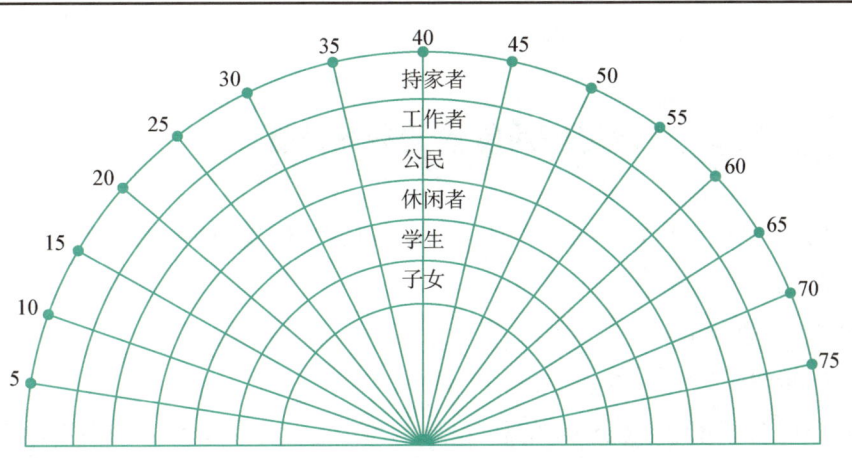

图 8-4

生涯彩虹图

同学们完成自己的彩虹图后,请回答以下问题:

(1) 我这样规划"子女"角色的原因是:

_____

_____

(2) 我这样规划"学生"角色的原因是:

_____

_____

(3) 我这样规划"休闲者"角色的原因是:

_____

_____

_____

(4) 我这样规划"公民"角色的原因是:

_____

_____

_____

(5) 我这样规划"工作者"角色的原因是:

_____

_____

_____

(6) 我这样规划"持家者"角色的原因是:

_____

_____

_____

小游戏 8-2   确定当前阶段的职业目标

目的:帮助同学们建立当下的职业目标,以此目标规划学习生活。

时间:30—45 分钟。

地点:普通教室。

具体步骤:

由心理老师介绍"五个 W"的思考模式,可以通过案例介绍,加深同学们对"五个 W"模式的理解。在老师的带领下,同学们根据当下自己的情况,设立职业目标,并以此目标规划自己现阶段的学习生活。

"五个 W"	你的回答
Who are you? 你是谁？	（例如，我的优缺点……）
What do you want? 你想做什么？	
What can you do? 你能做什么？	
What can support you? 环境支持或允许你干什么？	（例如，我可以从外界获得哪些帮助……）
What you can be in the end? 最终，你将成为什么样的人？	（例如，我希望我能成为……）

表 8-3

"五个 W"思考模式问答表

思考点

"一旦作出选择，就难以改变"，这样的想法在构思生涯规划时会带来什么影响？你认同这种观点吗？

参考资料：艾利斯认为，每个人都趋于非理性思考。他发现"一些人会因为习惯性地以自我挫败的方式思考，而特别容易陷入沮丧的情绪"。[①] 如果你因为坚持某种信念，而引起不恰当的负面情绪，例如，沮丧、愤怒、焦虑、无意义感，甚至影响健康，那么，根据艾利斯的定义，这种信念就是非理性信念。非理性信念不仅对情绪造成负面影响，也会影响生涯规划、生涯决策。例如，在行动前，我必须做好周密的计划和充足的准备；我的数学成绩就是这么糟糕，无论我怎么努力都于事无补。

值得注意的是，并不是信念内容让我们感到不幸福，而是对信念的执着程度让我们痛苦。因此，如果用一种希望坚持来替代信念，用更灵活的方式思考，这样就能对自己和外界因素有更贴切的认识，有利于生涯规划。如果存在某种非理性信念，即一旦我作出了选择，那我就必须按照这个选择前进，即使我发现它不适合我，我也难以改变；对此，需要作出调整：我希望我作出的选择是合适的，可以让我得到更好的发展。但是，如果在这个选择的路途上我遇到挫折，或发现并不适合，也是对我自身的进一步认识，可以在失败中得到经验，引导我之后的生涯发展。

---

① ［澳］萨拉·埃德尔曼．总有一天，你要和自己握手言和：运用认知行为疗法（CBT）改变我们的人生（上）［M］．张超斌，译．北京：北京理工大学出版社，2016．

第二节   找到未来路——常见的规划测试

▌案例故事

大一新生王同学戴着鸭舌帽走进了咨询室,脑袋压得低低的,极轻地说了句"老师好",就站在门边不动了。

我开口请他坐下后,他才慢慢坐下。在引导下,他终于打开了话匣子,向我诉说了自己的问题。

"我似乎总是和周围的环境格格不入。从初中时代开始,我就很难融入集体活动,其他男生喜欢在课余时间打篮球,但是我更喜欢一个人安静地看书。一开始,还会有人招呼我和他们一起玩,后来拒绝的次数多了,就没人再来找我了。上大学后,我决心改变自己,即使无法成为受欢迎的人,至少不形单影只。但我发现融入一个团体对我来说还是有些困难,好多时候我都不了解我自己,不了解自己做事的方法。"

"看来这个问题已经困扰你很久了,当你最初因为想独自看书而拒绝别人集体活动的邀请时,你会觉得不好意思吗?"

"好像也不会。但是次数多了,大家都不再邀请我了。等我反应过来,就感觉自己被排除了。有时候会想是不是我太不友好了,所以大家就不再喜欢和我玩了。"

"你现在进入了一个新环境,想要改变以前的交往情况,融入新的集体。那你在行动上有哪些改变呢?"

"嗯,我希望现在的我可以给大家留下一个'友好''容易相处'的印象。所以,一般班级有什么活动,我都会积极参加;室友要组团打球打游戏,我也会去。可是……"

"看起来你已经有了很大的改变,可是我记得你说你还是觉得融入团体很困难?"

"是的。虽然我现在不再是独来独往,可是参加这些活动往往也让我感到筋疲力尽。有的时候我真想一个人待在图书馆看书复习,但是又害怕拒绝别人带来的后果。而且现在只是同学关系就已经让我焦头烂额了,以后进入职场,我该怎么办。"

注:本案例改编自本书作者的咨询活动。

难以融入集体可能是你缺少人际交往技巧,但融入集体不等于一味地牺牲自己,对别人好。除了你参加别人组织的活动,你也可以向他们推荐好书,彼此走入对方的世界看看,也许你也会找到和你一样喜欢看书的朋友。至于,你不了解自己,不妨通过人格测验,来客观地看一下你的性格是什么样的,什么样的生活方式让你感到舒服。

● **理论与讲解**

一、认识自己的人格

在第三章第二节,我们详细介绍过人格的心理学知识。人格虽然不能预测职业满意度或职业成功,但人格特质可以支持或拒绝职业发展的其他信息。例如,一个人社会人际交往方面的人格特质得分较高,他又想要从事销售类工作,该人格特质就可以支持这一选择。

这里,我们通过 MBTI 测验了解人格与生涯发展的关系。[①] MBTI 量表共有四个维度,即:(1)能量倾向,即希望将自己的注意力集中于何处？从何处获得活力？(2)接收信息,即如何获取信息？(3)处理信息,即如何作出决定？(4)行动方式,即如何与外部世界打交道。八个偏好如下:

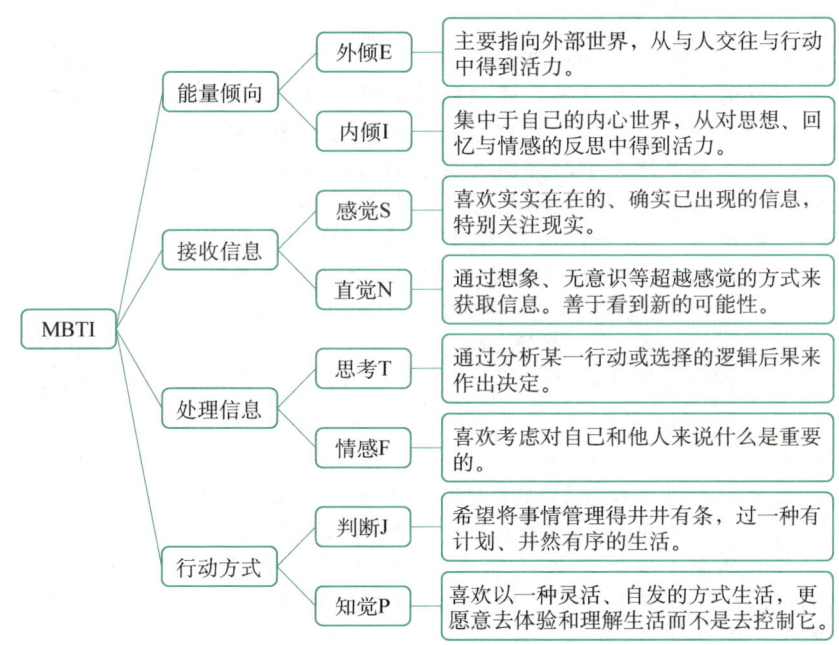

图 8-5

**MBTI 量表
四个维度**

上述四个维度上的编好组合,则构成了不同的人格物质。例如"ISTJ"代表着

① 钟谷兰,杨开.大学生职业生涯发展与规划(第二版)[M].上海:华东师范大学出版社,2016.

"内倾 I""感觉 S""思考 T"和"判断 J"这四种偏好组合。MBTI 共有 16 种人格类型,了解自己的人格类型可以帮助你了解职业兴趣。具体如下表:

表 8 - 4

MBTI 16 种人格类型的匹配职业①

ISTJ 从事能够让他们利用自己的经验和对细节的注意完成任务的职业。例如,管理者、行政管理、执法者和会计等。	**ISFJ** 从事能够让他们运用自己的经验亲力亲为帮助别人的职业,这种帮助是协助或辅助性的。例如,教育、健康护理(包括生理、心理)、宗教服务等。	**INFJ** 从事能够促进他们的情感、智力或精神发展的职业。例如,宗教、咨询服务(包括个人、社会、心理等)、教学/教导、艺术等。	**INTJ** 从事能够让他们运用智力创造和技术知识去构思、分析与完成任务的职业。
ISTP 从事能够让他们动手操作、分析数据或事情的职业。例如,熟练工种、技术领域、农业、执法者、军人等。	**ISFP** 从事能够让他们运用友善、专注于细节的相关服务的职业。例如,健康护理(包括生理、心理等)、商业、执法者等。	**INFP** 从事能够让他们运用创造力且符合他们的价值观的职业。例如,咨询服务(包括个人、社会、心理等)、写作、艺术等。	**INTP** 从事能够让他们基于自己的专业技术知识独立、客观分析问题的职业。例如,科学或技术领域等。
ESTP 从事能够让他们利用行动关注必要细节的职业。例如,市场、熟练工种、商业、执法者、应用技术等。	**ESFP** 从事能够让他们利用外向的天性和热情去帮助那些有实际需要的人们的职业。例如,健康护理(包括生理、心理等)、教学/教导、教练、儿童保育、熟练工种等。	**ENFP** 从事能够让他们利用创造和交流去帮助促进他人成长的职业。例如,咨询服务(包括个人、社会、心理等)、教学/教导、宗教、艺术等。	**ENTP** 从事能够让他们有机会不断承担新挑战的工作。例如,科学、管理者、技术、艺术等。
ESTJ 从事能够让他们运用对事实的逻辑和组织完成任务的职业。例如,管理者、行政管理、执法者等。	**ESFJ** 从事能够让他们运用个人关怀为他人提供服务的职业。例如,教育、健康护理(包括生理、心理等)、宗教等。	**ENFJ** 从事能够让他们帮助别人在情感、智力和精神上成长的职业。例如,宗教、艺术、教学/教导等。	**ENTJ** 从事能够让他们运用实际分析、战略计划和组织完成任务的职业。例如,管理者、领导者等。

---

① 钟谷兰,杨开.大学生职业生涯发展与规划(第二版)[M].上海:华东师范大学出版社,2016.

宁可算了吃，不可吃了算。

——俗　谚

二、探索自己的兴趣

在进行生涯决策时，了解自己的兴趣是非常重要的。如果我们从事的职业是自己喜欢的，我们就更容易专心致志地投入其中，从工作中获得满足感与喜悦。同时，如果你喜欢自己的工作，你也就会投入更多的时间与精力去培养相关的职业能力。因此，兴趣不仅与工作满意度相关，也与能力相关。

霍兰德六种类型的兴趣理论（RIASEC 理论）是兴趣方面最著名的理论，该理论主要目的是为了在个体与环境间建立起相匹配的关系。该理论由四个假设作为理论基础：假设 1，可以将人格分为六种典型的类型：现实型，研究型，艺术型，社会型，企业型，传统型。每种人格都是这六种类型以一定的方式组合而成的。假设 2，有六种与这六种人格特点相对应的环境。假设 3，当一个人的兴趣、技能及相应人格与所从事工作环境相匹配时，他就会对环境感到满意。假设 4，通过一个人的某种人格，可以预测其所适应的工作环境。

类型	特质	表现	典型职业
现实型（R）	顺从、坦率、谦虚、自然、建议、实际、有礼、害羞、稳健、节俭。	喜欢实际操作性质的职业或情境；以具体实用的能力解决工作或其他方面的问题；拥有机械和操作的能力，较缺乏人际关系方面的能力；重视具体的事物或明确的特征。	工程师，工程人员，医师，医事技术人员，农、渔、林、牧相关职业，导演，机械操作员，一般技术人员等。
研究型（I）	分析、谨慎、批评、好奇、独立、聪明、内向、条理、谦逊、精明、理性、保守。	喜欢研究性质的职业或情境；以研究方面的能力解决工作及其他的问题；拥有科学和数学方面的能力，但缺乏领导才能；重视科学价值。	数学家，科学家，自然科学研究人员，工程师，工程研究人员，资讯研究人员，研究助理等。
艺术型（A）	复杂、想象、冲动、独立、直觉创意、理想化、情绪化、感情丰	喜欢艺术性质的职业或情境；以艺术方面的能力解决工作	音乐家，画家，诗人，作家，舞蹈家，导演，戏剧演员，艺术教师，美术设计人员等。

表 8 - 5

霍兰德兴趣理论

（续表）

类型	特质	表现	典型职业
	富、不重秩序、不服权威、不重实际。	或其他的问题；富有表达能力、创造能力，拥有艺术、音乐、表演、写作等方面的能力；重视审美价值与美感经验。	
社会型(S)	合作、友善、慷慨、助人、仁慈、负责、善沟通、善解人意、富有洞察力、理想主义。	喜欢社会性质的职业或情境；以社交方面的能力解决工作或其他的问题；具有帮助别人、了解别人、教导别人的能力，但较缺乏机械与科学能力；重视社会规范与伦理价值。	社会服务工作者，一般教师，社工人员，护理人员，辅导咨询人员等。
企业型(E)	冒险、野心、抱负、乐观、自信、有冲动、追求享乐、精力充沛、善于社交、说服他人、获取注意、管理组织。	喜欢企业性质的职业或情境；以企业方面的能力解决工作或其他的问题；具有语言沟通、说服、社交、管理、组织、领导方面的能力，较缺乏科学能力；重视政治与经济上的成就。	业务行销人员，律师，企业经理，公关人员，政治人员，媒体传播人员，法官，中介代理人员等。
传统型(C)	顺从、谨慎、保守、自抑、谦逊、坚毅、实际、稳重、重秩序、有效率。	喜欢传统性质的职业或情境；以传统方面的能力解决工作或其他的问题；具有文书作业和数字计算方面的能力；重视商业与经济价值。	会计师，会计人员，总务，出纳，银行职员，行政助理，编辑，资讯处理人员等。

　　六种类型间也存在相互关系，相邻近的两种类型间，它们的职业环境与人格特质的相似程度较高；而互为对角线的类型，则相似度最低。

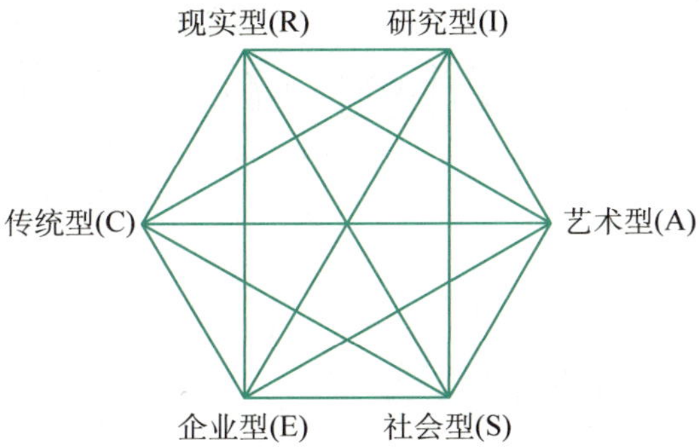

图 8 - 6

霍兰德 RIASEC 模型

三、卡片分类与非标准化方法

进行生涯规划或生涯决策时,不一定总需要纸笔测验,也可以选择卡片分类的方法。卡片分类或非标准化方法可以帮助大学生主动探索价值观、兴趣、技能及其他与生涯相关的问题。

卡片分类中的卡片有不同形状、尺寸和颜色。通常,卡片的一面印有一个代表性的词语,可能代表一种职业、兴趣、爱好、价值观或技能等;卡片背面可能会有与正面词语相应的说明。在生涯规划中,常用的分类卡包括:生涯价值观分类卡、技能动机分类卡、探索自我分类卡、职业兴趣分类卡规划工具(OICS)、O* NET 职业价值观量表、虚拟卡片分类及 VISTA 生命/职业卡片等。

除了分类卡以外,生涯规划中也会使用其他非标准化量表。具体有:(1)生涯风格访谈(CSI):对一些问题进行回答,根据回答建构自己的自画像。建构自画像的过程中,需要回答一系列问题,例如,爱好、喜欢的故事、喜欢的座右铭、心目中的英雄、最喜欢/最不喜欢的课程、喜欢的杂志或电视节目、早期记忆等。这些问题的答案并不是焦点,回答时个体需要描述细节,这些细节帮助个体建构自画像。(2)简历:简历同样可以作为生涯探索工具。根据简历,可以快速了解自己的工作经历。通过分析职位、受雇单位、工作内容,也可以获得相应的信息。(3)职业家谱图:绘制一个家谱图,图上需要标注配偶、子女等家庭成员的职业信息。职业家谱图可帮助我们看到自己的特征与家族成员间可能存在的关联。[①]

---

① ［美］奥斯本,［美］赞克.生涯测评结果分析与应用[M].阴军莉,译.北京:中国劳动社会保障出版社,2014.

图 8-7

职业家谱图

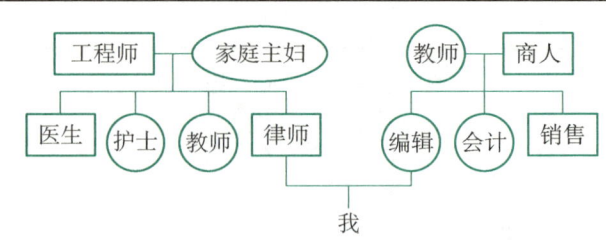

四、正确使用生涯测评结果

测评结果的作用是了解自己、认识自己并修正自己。通过测评,可以获得大量与自己有关的信息,并将这些信息相互整合,作出生涯决策。虽然测评结果可以显示多方面的内容,但是在生涯决策时,不能只依照测评结果。测评结果只是生涯决策中的一部分信息,生涯决策是一个复杂的过程,需要综合考虑自己的价值观、兴趣、能力、社会环境、家庭因素以及其他特点。

不同文化背景下的个体,在使用同一测评时,要注意参考文化背景的影响。最好在专业人员指导下使用生涯测评,使用生涯测评时最好采用多种水平、多种方法的生涯测量工具。多水平测评指测评时不仅需要考虑受测者本人的水平,还需要考虑个体的文化水平和社会背景;多方法指应使用多种多样的方法进行测评。例如,通过成就与能力测验可以帮助我们制定提升学习技巧的计划,让我们认识到所选择的职业需要哪些基本技能,并与自己的技能进行对照,充分利用我们的学业成就和自我概念发展之间的关系,将自己的测评结果与不同的职业要求进行匹配,评估自己的优势和潜力,从而形成积极的自我感觉。

在生涯规划中评估测评结果时,应根据自身的需要,参照不同量表,综合各种结果分析自身特点,进行生涯决策。例如,某位同学想知道自己的性格是否适合自己的专业,他可能就需要借助人格测验。

通常,综合各测评结果模型的应用过程是:分析并明确自己的需要——建立目标——选择工具——应用结果——作出决策。例如,某位同学对当前专业不感兴趣,希望换一个新的专业,那么,选一个新专业即当前需要,可以借助兴趣量表,通过量表发现或证实这位同学潜在的专业取向。明确了新的专业取向后,可能需要参考个体的学业水平(能力),即是否有能力在原有专业外再学习一个新的专业,或是学业水平是否达到了转专业的资格,这位同学也可能需要完成价值观量表,明确自己在职业中所重视的内容。

小问答

问题1:进行生涯规划时,在毫无目标和规划的情况下,我应该如何帮助自己寻找目标?

——迷茫的大一新生　小熊

答:很多同学在进行生涯规划时,都会觉得茫然:我的性格是什么样的,我好像也说不清楚。我对哪方面的内容感兴趣?虽然知道自己对医学感兴趣,但是我的能力可以学医吗?成为医生需要什么特殊的职业技能吗?面对多份录取通知书的时候,我要如何取舍,应该把什么放在最先考虑的位置?

不妨来做一下下面两个小练习,帮助你了解自己想要什么样的生活,以便作出正确的选择。

表8-6　**十年后的你**[1]

十年之后,我看到自己		
方面	写下在这方面的愿景	这方面对我有多重要
住在世界的哪个地方?		
住在怎样的地方?(城市、镇上、乡村……)		
认为生活中最重要的是什么?		
独居还是周围人很多?		
一起共事的同事有什么特点?有艺术修养、聪明、实际、关心人、实在、主动、有想法、善良……		
工作上的压力水平如何?很高、还可以、很低?		
享受私人空间还是受到公众注视、是名人?		
每周工作多长时间?		

[1] [英]科特雷尔.个人发展手册[M].凌永华,译.北京:北京大学出版社,2012.

（续表）

十年之后，我看到自己		
方面	写下在这方面的愿景	这方面对我有多重要
是领导？是得力的二把手？还是满意地做团队的一分子、人群里的普通一员？		
想"得过且过"，不引人注意，还是在工作上得到一定的认可？抑或位居高级管理层，甚至全球知名？		
大部分时间是坐在办公室、在路上，还是在户外？		
自己当老板、在大公司工作，还是在小公司工作？		
工作内容丰富还是常年无变化？工作内容是否可以预见？		
常年做一份工作还是偶尔会换换工作？		
和大家庭、小家庭还是迷你家庭生活在一起？家庭关系良好、很差，还是一般？		
认为我的工作对生活不可或缺、很重要，还是毫不重要？		
我工作之外的闲暇时间会用来做什么？		
我的朋友是什么样的人？		
我生活的主要成就可能会是什么样？		
在我对未来的愿景中，还有这些方面……		
针对我对未来的愿景，主要的影响、激励和价值观源于……		

　　做完后，要注意看第三列"这方面对我有多重要"。从这些回答中，你是否看出自己可能会喜欢怎样的生活方式和职业？

问题2:如果没有专业老师的指导,我可以自己根据测评结果为自己进行职业生涯规划吗?

——面临抉择的大三同学 小雪

答:如果你只是想简单地了解自身情况,可以选择一些正规的量表,进行测验。这种情况下进行的测验会呈现给你一个简单的分数说明,例如,当你使用人格测验时,会告诉你哪几个人格特质比较突出。

如果你希望通过生涯测评引导生涯规划,那么,最理想的情况就是在专业老师的指导下,进行测评。

首先,专业生涯规划指导老师会根据你的实际情况为你选择适合你的量表。例如,对于一个面对多个录取通知不知如何选择的同学,可能就需要使用职业价值观量表,而不是人格量表。

其次,老师会根据你的测评结果,结合你的实际情况给出建议,例如,学习成绩、居住地、父母情况、健康状况、文化背景等各种可能影响你生涯规划的因素。只有较全面地纳入这些信息,再结合测评结果,才能给出综合性的指导建议。

此外,每一个测评都有其相对应的常模,测评得分需要和常模进行比较。也只有在和常模比较之后,才可以对测评分数进行合理的解释,帮助你正确使用你的测验分数。

问题3:在选择职业时,我把人力资源作为可选项的最后一项。可是在完成兴趣量表后,人力资源似乎是最适合我的职业。当测验结果与我的想法相左时,我应该如何选择?

——工商管理专业学生 小徐

答:在你想完成一个测验前,先要了解这个测验测的是什么,它是一个合格的工具,还是一个没有理论基础、数据支持的工具。如果这个工具不合格,那么,你完全不必受测验结果的困扰。

无论是哪个量表,都几乎不可能直接告诉你:你应该从事这个职业,或者你不该从事这个职业。如果你完成的是一个兴趣量表,那么,可能人力资源方面的工作只是你适合的领域中的一个小分支。你不喜欢人力资源工作,但你可以在你适合的领域内探索其他既感兴趣也适合你的职业。

此外,当你发现测验结果与你原有的想法背道而驰时,也许你可以重新了解一下这个曾经被你抛弃、但结果显示合适你的领域,看看它是否与你原有的看法仍然不同,是不是因为你对它的了解不足,才导致你不喜欢它。

如果在充分了解后,你依然不喜欢这个职业领域内的工作,那么,你可能需要借助其他的测验工具,或是考虑其他的方面,再一次进行评估。

● 参与式活动

小游戏 8-3   认识你自己

目的:帮助同学们认识自己、了解自己。发现自己的优势,直面自己的弱项。

时间:30—45 分钟。

地点:普通教室。

具体步骤:

老师引导同学们去思考自己能做什么,列出自己能做的事情。让同学花足够多的时间去想想自己的长处在哪里。

表 8-7

你的 40 大强项

你的 40 大强项 列出你的强项、取得的成绩、素质和特质。至少列出 40 条。如果你觉得 40 条太多,你可能太低估自己了。在你认为自己 10 项最大的资本旁画上星号,在你感到最骄傲的 7 项上画圈。	
1.	16.
2.	17.
3.	18.
4.	19.
5.	20.
6.	21.
7.	22.
8.	22.
9.	23.
10.	24.
11.	25.
12.	26.
13.	28.
14.	29.
15.	30.

（续表）

你的 40 大强项
列出你的强项、取得的成绩、素质和特质。至少列出 40 条。如果你觉得 40 条太多，你可能太低估自己了。在你认为自己 10 项最大的资本旁画上星号，在你感到最骄傲的 7 项上画圈。

31.	36.
32.	37.
33.	38.
34.	39.
35.	40.

如果你已经列出 40 大强项，请你快速回答：

你最擅长做哪一件事？ _____

现在你认识到自己有这么多强项，感觉如何？ _____

_____

你有多少时间会置这些强项于不顾？ _____

你有哪些强项是周围人比较认可的？ _____

如果没有，你认为原因是什么？ 比如，是因为你觉得展示自己的强项令人尴尬吗？ _____

你周围的人懂得欣赏你吗？ _____

如果希望自己的强项在现实中得到认可，就得靠自己。你认为可以采取什么措施改变现状？ _____

_____

需要改进的 7 个方面
列出最多 7 个你生活中需要改进的地方
1.
2.
3.
4.
5.
6.
7.

表 8 - 8

需要改进的 7 个方面

如果你已经完成,请你回答:

承认自己的弱项,你感觉如何? _____

_____

日常生活里,你如何应付或者避开自己的弱项?(例如,掩饰、找出解决方法、责怪,或寻求帮助与支持) _____

_____

有谁或者有什么方法可以让你改进这些弱项? _____

_____

小游戏 8－4   适合我的职业领域

目的:通过测验,帮助同学们直观地了解自己的人格、兴趣及与之相匹配的职业领域。结合自己的优势与弱势,明确适合自己的职业领域。

时间:45—60 分钟。

地点:普通教室。

具体步骤:在心理老师的指导下,完成霍兰德职业兴趣量表与 MBTI 职业性格测试。

根据量表计算方式,获得自己的职业兴趣代码与职业性格代码。根据老师对各职业代码的解释,参照自己的优势与弱势,确定适合自己的职业领域,并向其他同学介绍你选择该领域的原因。(可以 3—4 人为一小组)

1. 霍兰德职业兴趣量表[①]

扫一扫图 8－8,请根据对每一题目的第一印象作答,不必仔细推敲,答案没有好坏、对错之分。具体填写方法是,根据自己的情况回答"是"或"否"。

图 8－8

**霍兰德职业
兴趣量表**

计分方法:符合以下"是"或"否"答案的记 1 分,不符合的记 0 分。

传统型:是(7,19,29,39,41,51,57),否(5,18,40)

现实型:是(2,13,22,36,43),否(14,23,44,47,48)

研究型:是(6,8,20,30,31,42),否(21,55,56,58)

企业型:是(11,24,28,35,38,46,60),否(3,16,25)

---

① [英]科特雷尔.个人发展手册[M].凌永华,译.北京:北京大学出版社,2012.

社会型:是(26,37,52,59),否(1,12,15,27,45,53)

艺术型:是(4,9,10,17,33,34,49,50,54),否(32)

得分最高的前三项就是与你兴趣相对应的职业类型,相应的特质、表现与典型职业可参考表8-5。

2. MBTI 职业性格测试[①]

扫一扫图8-9至图8-12,完成 MBTI 职业性格测试。

(1)请务必诚实、独立地回答问题,只有如此,才能得到有效的结果。

(2)测试展示的是你的性格倾向,而不是你的知识、技能、经验。

(3)MBTI 提供的性格类型描述仅供测试者确定自己的性格类型之用,性格类型没有好坏,只有不同。每一种性格特征都有其价值和优点,也有缺点和需要注意的地方。清楚地了解自己的性格优劣势,有利于更好地发挥自己的特长,而尽可能地在为人处事中避免自己性格中的劣势,更好地和他人相处,更好地作重要的决策。

(4)本测试分为四部分,共 93 题;用时约 18 分钟。所有题目没有对错之分,请根据自己的实际情况选择。将○涂黑,例如:●。

只要你是认真、真实地填写了测试问卷,那么通常情况下,你都能得到一个确实和你的性格相匹配的类型。希望你能从中或多或少地获得一些有益的信息。

(a)哪一个答案最能贴切地描绘你一般的感受或行为?

图 8-9

**MBTI 职业
性格测试(a)**

(b)在下列每一对词语中,哪一个词语更合你心意?请仔细想想这些词语的意义,而不要理会它们的字形或读音。

图 8-10

**MBTI 职业
性格测试(b)**

(c)哪一个答案最能贴切地描绘你一般的感受或行为?

图 8-11

**MBTI 职业
性格测试(c)**

---

① [英]科特雷尔.个人发展手册[M].凌永华,译.北京:北京大学出版社,2012.

(d) 在下列每一对词语中,哪一个词语更合你心意?

图 8-12

MBTI 职业性格测试(d)

(5) 评分规则。

(a) 当你将●涂好后,把 8 项(E、I、S、N、T、F、J、P)分别加起来,并将总和填在每项最下方的方格内。

(b) 请复查你的计算是否准确,然后将各项总分填在下面对应的方格内。

每项总分				
外倾	E		I	内倾
感觉	S		N	直觉
思考	T		F	情感
判断	J		P	知觉

(6) 确定类型的规则。

(a) MBTI 以四个组别来评估你的性格类型倾向:

"E—I""S—N""T—F"和"J—P"。请你比较四个组别的得分。每个组别中,获得较高分数的那个类型,就是你的性格类型倾向。例如:你的得分是:E(外倾)12 分,I(内倾)9 分,那你的类型倾向便是 E(外倾)了。

(b) 将代表获得较高分数的类型的英文字母,填在下方的方格内。如果在一个组别中,两个类型获同分,则依据下边表格中的规则来决定你的类型倾向。之后,可以与前文中表 8-4 进行对照。

评估类型			

同分处理规则:假如 E = I,请填上 I

假如 S = N,请填上 N

假如 T = F,请填上 F

假如 J = P,请填上 P

思考点

你愿意从事与父母一样的职业吗？

参考材料：职业家谱注重家庭成员对一个人职业发展与职业选择的影响，有助于了解原生态家庭对个人职业选择的影响。中国人的职业选择往往反映家族的期望与价值，利用职业家谱，可以帮助理清个人需要与家庭期待之间的关系，寻找平衡点。相较语言的描述，图形则更清晰明了。此外，职业家谱图可以反映家族中文化的变迁过程，例如，原生家庭的文化环境与接受教育时文化环境间的文化冲突等。

职业家谱图可以分为探索性与治疗性两种。探索性职业家谱图适用于通过家谱搜集世代间家族成员的职业概况，了解家庭结构与家庭动力对生涯选择的影响。治疗性职业家谱图则适用于咨询与治疗的情境。

虽然职业家谱图存在诸多好处，但也有其限制。例如，中国人认为"家丑不可外扬"，可能在讨论与探究时，会避免谈及家族成员的问题。

第三节 职业我做主——生涯决策的理论

案例故事

小敏一进咨询室，就和老师说："老师，我最近有点烦。"

小敏今年大四，毕业设计也在按部就班地进行中，一切看起来都挺顺利的。

"老师，我上高中的时候觉得每天只要读书上课，多开心哪，不用操心其他事，目标就是考上大学，也没想过以后到底要干什么、能干什么。报考专业的时候，对这些专业究竟是学什么的，也不了解，全凭自己的猜测和感觉进行选择。到了现在，虽然我是在认真学习、了解，明确自己确实感兴趣后，才决定工作，可是，这一系列的选择似乎都是凭着我的兴趣来的。都是因为我喜欢这个，所以我就这样做了。我现在都不确定我的选择是否正确。"

"不论是高考选专业，还是工作，对你而言都是比较重大的事件。那么，这期间你的爸爸妈妈给过你什么建议吗？"

"他们的态度是这样的:'我们也不懂,我们希望你选择其他的专业,你说不喜欢,我们说的你也不听,那就随你吧。'对于工作这件事,他们也是抱着无所谓,你要是喜欢就去试试的态度。"

"这么听来,你的父母没有替你作出选择,也没有阻止你的选择,但同时也很少提出建议,是这样吗?"

"确实是这样。有的时候我真希望有个人可以为我出出主意,听听我的想法,说说他的看法。所以现在,我也不想再这样只凭着'喜好'作决定,我想仔细地考虑我的自身情况,在作出决策前,可以考虑多方面因素,而不只是因为'我喜欢'所以我才选择。"

注:本案例改编自本书作者的咨询活动。

小敏同学的决策几乎都是自己作出的,对于自己作出的决策,就有一种责任感,要为此负责。但同时,小敏现在也遇到了麻烦,她在作决策的时候没有人和她商量,给出中肯的建议和意见,她决策时考虑的因素只有兴趣。然而,决策是一个很复杂的过程,需要考虑多种因素,有自身的特质、外界的影响、家人的希望等。希望通过这一节的学习,你们和小敏都可以学会正确作出决策的方法。

理论与讲解

一、生涯决策的认知信息加工理论

生涯决策是一个复杂的过程,需要考虑各种因素,包括自身条件、客观环境、家庭影响等。下面,主要介绍生涯决策的认知信息加工理论(cognitive information processing,简称CIP)。

认知指个体的思维方式或大脑加工信息的方法。认知信息加工理论的研究角度是,在解决生涯问题和制定决策过程中,大脑是如何接受、编码、储存及利用信息的。该理论将生涯发展与咨询的过程看作是学习信息加工能力的过程,研究者们提出了一个信息加工金字塔模型(如图8-13所示)。

塔底是包括自我知识和职业知识在内的知识领域。自我知识,即了解自己,包括自己的价值观、兴趣、人格及技能等;职业知识即了解职业环境。这两方面的内容为生涯决策提供信息。中间层是决策技能领域,包括沟通、分析、综合、评估及执行五个阶段(CASVE)。该阶段是我们是如何进行决策的过程。解决生涯问题时,需要我们具有强大的信息加工能力,整合各方面因素作出决策,往往有许多学生能很好地了解自我和环境信息,但却难以作出决策行为。最上层是执行加工领域,也称为元认知。元认知是指调节认知过程的认知,是个体对自己的思维活动和学习活动实施控制的过程。元认知可以帮助个体进行自我监控、自我调节,并达到预定目标。

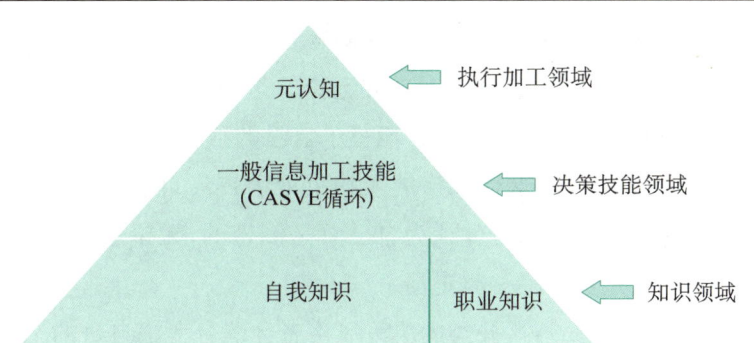

图 8 - 13

职业决策信息加工金字塔模型

二、生涯决策的风格

决策在生活中无处不在,小至生活琐事,大致人生规划。决策并非易事,早晨闹钟响了,是要按掉闹钟继续睡,还是立刻起床? 如果继续睡,那么,可以继续睡多久? 这样的小事件每天都发生,但总是困扰着我们。影响你判断的因素包括天气状况、身体状况、事件,以及你个人的行事风格等。

丁克里奇(Dinklage,1966)通过访谈研究,总结出八种常见的职业生涯决策风格:

(1)痛苦挣扎型(agonizing):使用这样决策风格的人,会花很多时间和精力收集许多信息、咨询许多专家的意见,但却难以作出取舍,经常处于挣扎之中,就是拿不定主意,无法下定决心。这种风格的好处是可以收集充分完整的资料。有些大一新生往往在认真学习还是积极参加社团活动中苦苦挣扎。

(2)拖延型(delaying):拖延型的人习惯将思考和行动都往后推迟,期望船到桥头自然直,暗暗期望问题自己解决。有些大学生选择考研以回避求职的心态就属于拖延型的决策风格。但许多问题并不会自己解决,反而越拖越严重。拖延的作用只是延长作出决策的时间。

(3)瘫痪型(paralytic):他们知道自己应该作出决定,但又畏惧作出决策和开始行动。害怕行动的原因是无法承担决策后果,无法担负责任,用不作为麻痹自己。

(4)冲动型(impulsive):冲动型与痛苦挣扎型相反,他们不会花时间收集资料,理性分析。而是一旦遇到选择立即作出决定,不再考虑其他选择,导致之后遇到更好的选择时追悔莫及。

(5) 直觉型(intuitive):直觉型的人通常凭借自己的主观感觉作出决策。在无法获得充分信息的环境中,直觉型的决策模式会比较有效。但这种决策方式受个人过去经验影响较大,决策结果容易因自己的主观偏见而产生误差。

(6) 顺从型(compliant):顺从型的决策风格是指根据他人的计划安排行动,代替自己独立决定。许多学生在选择专业的问题上主要是根据父母的指示;在决定考研、留学时,也是因为身边大多数人这样选择。这种决策方式相对比较容易,但是没有根据自己的实际情况进行分析,牺牲了自己的独特性。

(7) 宿命型(fatalistic):这种风格的人在决策中丧失自己的主动性,一味地顺从环境的安排。在遇到逆境时,就认为自己总是倒霉的,无论怎么努力都没有用;在遇到顺境时,也只是觉得是一时走运。

(8) 计划型(planning):这一类的决策风格者会综合考虑自身的想法与外界的环境要求,作出恰当明智的选择。在遇到问题时,会采用主动积极的态度解决问题。

决策遍布于生活中的方方面面,每个人并不是只拥有一种决策风格。面对不同的事件,我们也会采用不同的模式作出决策。

三、生涯决策的工具

我们可以借助量表了解自己的人格、兴趣、能力、价值观,也同样可以借助一些工具进行生涯决策。

1. SWOT 决策分析

SWOT 分析中,S 代表 strength——优势,指自己出色的方面,尤其是相对他人具有的优势;W 代表 weakness——弱势,相对他人而言处于落后地位的方面,自己最不擅长的方面;O 代表 opportunity——机会,指有利于职业选择和职业发展的机会;T 代表 threat——威胁,指对职业发展造成潜在危险的方面。S 和 W 属于内部因素。O 和 T 属于外部因素。SWOT 分析可以帮助个体了解自己,了解感兴趣的不同职业的机会和危险。

SWOT 分析一般遵循三个步骤:(1)分析环境。环境包括内部环境和外部环境。内部环境指个体自身的优劣势、技能,外部环境指家庭、社会、就业形式等因素。(2)构建 SWOT 矩阵。将 SWOT 四个因素根据其对职业生涯决策的影响程度进行排列,构建 SWOT 矩阵。个体可以直接从 SWOT 矩阵中看到自己的优势与不足,确定自身发展方向,并弥补自己的不足之处。(3)组合决策类型。将内部因素与外部因素相结合,可以组合成四种决策类型:机会—优势(OS)、机会—劣势(OW)、威胁—优势(TS)、威胁—劣势(TW)。

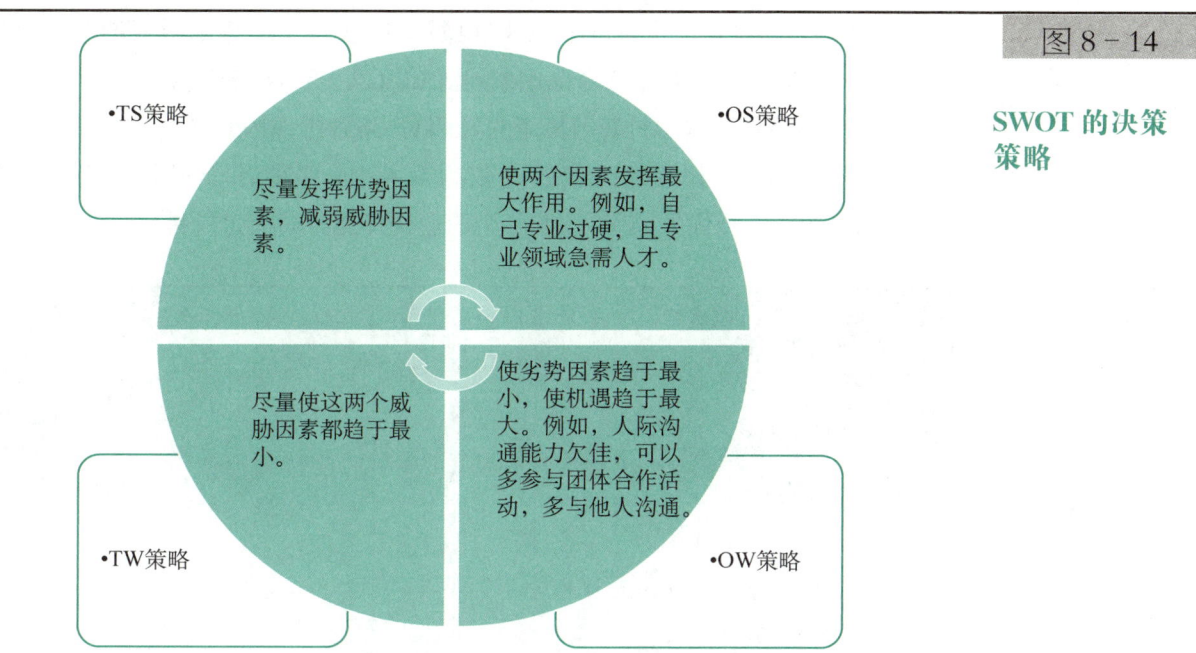

图 8 - 14

SWOT 的决策策略

（图中文字）
- TS策略
  尽量发挥优势因素,减弱威胁因素。
- OS策略
  使两个因素发挥最大作用。例如,自己专业过硬,且专业领域急需人才。
- TW策略
  尽量使这两个威胁因素都趋于最小。
- OW策略
  使劣势因素趋于最小,使机遇趋于最大。例如,人际沟通能力欠佳,可以多参与团体合作活动,多与他人沟通。

表 8 - 9

SWOT 矩阵

内部因素 ╲ 外部因素	优势(strength) 1. 2. 3.	劣势(weakness) 1. 2. 3.
机会(opportunity) 1. 2. 3.	机会—优势(OS) 1. 2. 3.	机会—劣势(OW) 1. 2. 3.
威胁(threat) 1. 2. 3.	威胁—优势(TS) 1. 2. 3.	威胁—劣势(TW) 1. 2. 3.

2. 生涯决策平衡单

当我们面临两难抉择,无法理性地作出决定时,可以通过决策平衡单简化决策问题。决策平衡单将重大问题的思考集中于四个方面:自我物质方面的得失;他人物质方面的得失;自我赞许与否(自我精神方面的得失);社会赞许与否(他人精神方面的得失)。

决策平衡单的实施步骤:(1)建立决策平衡单:在生涯决策平衡单中列出 3 至 5 个潜在职业。(2)判断职业选项的利弊得失:根据四个参考方面的重要得失,以 "+5"—"-5"的评分方式为每个职业选项评分。(3)设定考虑因素的权重:根据 个体自身的判断取向,对每个考虑因素设置加权(1—5),1 分表示不看重该考虑因素,5 分表示最看重。(4)计算各职业选项得分:将各考虑因素的权重与得分相乘,再将每个职业选择下考虑因素的加权得分相加,即得各个职业选择的总分。(5)排列各职业选择优先顺序:按照各个职业选择总分高低进行排序。

表 8 - 10

生涯决策平衡单

考虑因素	选择项目	权重	目标 1		目标 2		目标 3	
			打分	加权得分	打分	加权得分	打分	加权得分
自我物质方面的得失	1. 经济收入							
	2. 工作的易难程度							
	3. 升迁的机会							
	4. 工作环境的安全							
	5. 休闲时间							
	6. 生活变化							
	7. 对健康的影响							
	8. 就业机会							
	9. 社会资源							
	10. 其他:＿＿＿＿							
他人物质方面的得失	1. 家庭经济收入							
	2. 家庭地位							
	3. 与家人相处的时间							
	4. 与朋友相处的时间							
	5. 其他:＿＿＿＿							
自我精神方面的得失	1. 生活方式的改变							
	2. 成就感							
	3. 自我实现的程度							
	4. 能力和潜能的发挥							

（续表）

考虑因素 \ 选择项目		权重	目标1		目标2		目标3	
			打分	加权得分	打分	加权得分	打分	加权得分
	5. 兴趣的满足							
	6. 挑战性							
	7. 社会声望的提高							
	8. 其他：_____							
他人精神方面的得失	1. 父母认同							
	2. 师长认同							
	3. 朋友认同							
	4. 其他：_____							
总分								

四、生涯决策与心理健康

生涯决策中需要考虑客观环境因素（例如，社会需求、家庭环境等）与主观因素（例如，个体的人格、兴趣、能力及价值观等）的影响。影响生涯决策的一些阻碍性心理因素有：(1)意志薄弱。大学生在进行生涯选择时，往往会因为家人、朋友或主流社会价值观的影响，而改变自己的选择，甚至放弃自己真正想要的。(2)犹豫不决。由于充满担忧与焦虑，总是不愿付诸行动，开始和生涯规划有关的行为。(3)性格特质。由于自己的性格特质，在生涯规划，或职业生涯规划中遇到阻碍，例如，自负或自卑。(4)信息匮乏。不了解探索职业世界信息的渠道，或是不积极搜集相关信息。(5)专业选择。对目前选择的专业不感兴趣，也没有对自己感兴趣的领域进行探索。(6)学习困扰。在学业上未能取得进展，对学习成果不满意，对自己的能力不自信。

生涯发展和职业决策过程，会影响心理健康。例如，当工作要求与我们的能力、资源或需求不匹配时，就会产生职业压力。过度的职业压力会引起我们的生理症状、心理症状与行为症状。再如，工作环境中不良的人际关系也会引起我们的不适，例如，工作时间内与工作伙伴过多的接触，导致下班后不愿再与家人朋友沟通，久而久之就会影响到自己的人际关系，甚至引起人格特质的改变。

既然不良的工作状态会影响我们的心理健康，那么，在生涯过程中，就需要考虑保持心理健康的策略。这里主要可以从四个方面着手：(1)界定工作与生活之间的界限：不要模糊两者的边界，工作是为了让我们更好地生活，而在生活中可以安抚工

知识延伸

大学毕业生
"就业综合征"

作带来的劳累。(2)在工作中寻找乐趣:如果我们对自己的工作总是持有消极的态度,那么,工作就成了一件难以忍受的事情。对待工作恰当的态度,应该是保持好奇心,在工作任务中找到乐趣,享受工作过程。(3)更换职业,改变职业环境:如果现阶段的职业计划确实不适合你,那么,及时转换工作,换个环境。只有做自己真正喜欢的事情时,才能不断发挥自己的潜力,在工作中更有动力。(4)当出现无法解决的问题时,积极寻找社会支持或进行专业的心理咨询:当工作所带来的负面影响已经远远超出自己的承受范围时,记得及时求助他人,或者寻找专业人员帮助你共同渡过困境。

小问答

问题1:即将面对就业选择,父母希望我找一份安稳的工作,比如,考一个公务员,但我自己更希望找一份有挑战性的工作。在父母的建议与自己的喜好之间,我该如何决策?

——面临选择的毕业生 小晶

答:在进行生涯决策时,除了要考虑自己的人格、兴趣、能力、职业价值观等主观因素与客观的职业世界信息外,有时候家人的意见也会成为决策的影响因素。一些时候,旁人会提出我们自己在决策时忽略的信息;而有时,旁人的想法和我们自己的决策会不一致。当意见不同时,就需要自己理性地分析每种决策的依据与可行性,而不是焦虑纠结,或一味地排斥。

当你的决策和父母期望的决策间出现差异,你需要思考这些问题:你为什么更倾向这个选择?你的父母作出那个选择的原因是什么?你的选择与父母的选择是否一致,或是矛盾?如果矛盾,可以相互商量达成一致吗?如果你已经作出了某个决策,你是否做了充足的准备,可以让你的父母相信你?

不论你作了什么样的决策,最后承担后果的人都是你自己。因此,在进行生涯决策时,不必因存在不同的声音而焦虑,这反而是好事,可以促使你思考你作决策时还有哪些因素没有考虑,或帮助你进一步坚定自己的决策。没有任何一个决策是完美的,最重要的是认真思考并付诸行动。

问题2:在作出重大决策时,总是犹豫不决,把身边熟悉的朋友、同学、家人都询问个遍。总觉得他们每个人说的都有道理,最后还是不知如何是好。这么优柔寡断的我要如何是好?

——环境工程技术专业学生 小郑

答:首先,你需要明确为什么你总是犹豫不决?原因可能是以下几点:兴趣过于广泛,暂时不知道该选择哪一个;觉察到求职中充斥着一些职业障碍(例如,性别、种族等);与他人比较后带来的焦虑;缺乏职业知识;缺乏自我认同;完美主义或是害怕承诺等。

每个人的学习情况不一样、家庭环境不一样、对未来的期望不一样。可以询问他人的意见,和他人讨论你的想法,但没必要过多地考虑别人的选择。别人选择考研或者就业,选择哪个公司,都是他们根据自身的情况进行选择的。你需要做的就是坚定地做自己,走自己的路。

你要知道,不论是谁都无法作出完美的决策。任何决策都是有风险的,与其一直纠结自己的决策是否会失败,不如趁早行动,失败了还能总结经验尽早重新调整。

如果你的犹豫不决不仅限于生涯决策,在生活中任何时刻你都难以下决心,并且这种纠结已经严重影响到你的正常生活,这时你需要做的是及时寻求专业帮助。

问题 3:老师你好,我其实已经大学毕业半年了,我学的是国际贸易专业,从实习开始如愿进入了外贸公司,同学们都觉得我很不错很顺,但进公司后我先后做过公司的前台接待、跟单员、面料采购、外贸接单、经理助理、客户服务等,我感觉自己真就像"万金油",其实又什么都不够专业,随时有可能被替换掉,现在很焦虑,不知道未来该怎么走?

——笑笑的猫

答:的确,有时候我们能够如愿地进入自己的专业领域,但在工作后我们也可能会面临很多的不确定性和随时的变动,就像这一年多的你,在外贸领域换了许多不同的工作岗位。

不过,这也并不完全就是个糟糕的状况。因为职业规划和发展过程原本就是不断探索、不断变化的过程,每个阶段都是有它的价值的,就像你说的,这个"万金油"它可是很厉害的基础必备药呢,所以,想想看,这些不同的岗位上的工作经历,是否全然地是浪费青春时光呢? 如果说有些收获以及对你的未来发展有些帮助的话,可能是什么呢? 经历过这些不同的岗位后,关于哪个方向的发展是最适合你的这个问题,你可能也会更有切身的体会。也许,这个答案就在你自己的体会里。况且有的公司为了培养人才,会让有潜质的新人在不同岗位历练,以开阔视野和增加阅历,当然自身也要找准一个发展的方向。

如果有了心中的发展方向,接下来可能要看如何朝着这个方向发展了。具体操作你可以和公司人事部门进行协调,运用我们之前的章节中学习过的人际交往和沟通的方法来探讨如何更好地帮助公司创造更多的价值,同时也满足公司的发展需要,期待你 10 年后在经历过这段焦虑和彷徨后会有灿烂的景象。

参与式活动

小游戏 8-5　　**制定自己的 SWOT**

目的:帮助同学们了解自己的处境,分析自己当前对职业规划做了多大程度的准备,迅速找到问题的关键。

时间:30—45 分钟。

地点:普通教室。

具体步骤:

明确一个职业目标,可以是近期的,也可以是长远的。确定了你的职业目标后,在下表中尽可能多地列出自己的优势和劣势。考虑的因素包括但不仅限于:个人素质、技巧、经历、知识、资源和支持。在"机会"栏中,写下实现这个目标可能会出现的所有机会,需要同时考虑短期和长期的好处。在"威胁"栏中,写下实现这个目标可能会出现的威胁、让你担心或焦虑不安的事情,以及具有挑战性的事情。

表 8-11

SWOT 分析资源表

目标:	
优势	劣势
机会	威胁

小游戏 8-6　运用决策平衡单

目的:帮助同学们学会如何使用决策平衡单,以便在自己决策时,能正确使用。

时间:30—45 分钟。

地点:普通教室。

具体步骤:

心理老师提供 5 个目标供同学选择,每位同学从中选择 3 个目标,根据自己的价值取向,给每个考虑因素赋予权重、打分,计算每个目标的总分。3—4 人为一组,完成决策平衡单后(如表 8-10 所示),相互讨论自己的决策结果。

课程思政案例

工匠精神:李凯军、潘玉华和王树军

李凯军,一汽铸造公司产品技术部模具制造车间装配钳工班班长,坚守五尺钳台 30 载,用精湛技艺为企业创造品牌、赢得声誉、创造价值的精彩人生。提起他,很多人都会竖起大拇指,他被誉为在金属上雕刻的"大国工匠"。他曾获得中华技能大奖得主、全国高技能人才十大楷模、全国五一奖章获得者、全国劳动模范、吉林省首个工人高级专家、享受国务院政府津贴等荣誉。1989 年从一汽技工学校毕业,来到一汽铸造模具设备厂从事模具钳工工作,面对日复一日枯燥的抛光、研磨等工作,他却乐此不疲,跟着师傅忙这忙那。同时对自己提出

了更高的要求："理论上要弄通,操作上要练精。"别人午休的时候,他继续学习模具结构知识;别人下班走后,他加班加点练技术,练手法。应了那句话,有心人,即使打杂也不忘学艺。

30 年来,李凯军制作的复杂精尖模具数不胜数,先后完成了国内外复杂模具二百余套,填补了多项压铸模具制造技术的空白。他完成的大型变速箱中壳模具压铸模具的铸件在上海国际模展上捧获金奖,使我国的压铸模具在国际市场上占有了一席之地。

潘玉华,中国电子科技集团有限公司第二十九研究所高级技师,被誉为"军工绣娘"。她是全国示范性劳模和工匠人才创新工作室领办人,曾获得全国五一劳动奖章、全国最美职工、全国巾帼建功标兵、全国技术能手、第三届中国质量奖(个人)、四川第四届敬业奉献模范、四川省三八红旗手等荣誉称号。1995 年,她被中国电科公司某所招聘入所并分配在装配部的一个电装车间,从此她与一个个精密器件打上了交道,与各种元器件结下了不解之缘。

把电子元器件精密焊接到电路板上,需要手稳、心静。刚入职时,潘玉华每天琢磨如何让自己的手更稳,心更静。同事们经常看到她很晚了还在加班钻研技术,即便是工间休息时,她也在做投硬币练习。这个练习是往一杯盛满水的杯子里投一元硬币,并保证水不会溢出,为的是锻炼观察力和手的平衡感,潘玉华的最高纪录是投入了 45 枚硬币。为练自己的眼力,磨炼专注力,潘玉华还会撒上一把芝麻,用镊子将芝麻一颗一颗地夹起来整齐排列在托盘里,以此磨炼专注之心,直到心无旁骛,从而达到心、手、眼的高度协同。"干一行、爱一行、专一行,'专注'成为我成长字典中的关键词。"潘玉华说。

在一块一元硬币大小的电子板上,在没有任何机器辅助的情况下,全凭手感精准焊接 1144 根细小的铅柱。潘玉华焊接完成一块 1000 多根铅柱的植柱只需要 2 个多小时,精度达到 50 微米,无一差错,攻克了行业公认的微纳互联领域数十项技术难题。她还善于总结经验,琢磨团队管理,开展技能创新,解决技术难题,先后培养出数十名省、市、区级工匠和技能大赛获奖者。

王树军,潍柴集团发动机和机电设备检修工,他正直进取、勤学实干、技能突出,在各类数控加工精密机床的维修上做出成绩,并发展出可以做自动化设备的定制化设计,他成为潍柴高精尖设备维修保养的领军者。

王树军的家里有一张拼接的巨长大纸,纸上密密麻麻地记满了数控机床的代码,这是王树军结合自己的实践,从十几本资料里一点一滴总结出来的精华。王树军用数十年修炼内功,练就了"望闻问切故障诊断"的绝技,精准判断,快速解决各类进口加工中心设备故障。其中一个小的事例可以看出他的工作劲头。随着高精设备服役时间的不断增加,潍柴的海勒加工中心光栅尺故障频发。光栅尺是数控机床最精密的部件,相当于人的神经,一旦损坏只有更换。采购备件不仅产生巨额费用,还严重影响企业生产。"我怀疑这批设备有设计缺陷,导致了光栅尺的损坏。"王树军大胆的质疑惊呆众人。在众人的怀疑中,他利用一周时间,对照设备构造找到了该批次加工中心的设计缺陷。继而通过拆解废弃光栅尺、3D 建模构建光栅尺气路空气动力模型、利用欧拉运动微分方程计算出 16 处气路支路负压动力值,搭建了全新气密气路,该方案成功取代原设计,攻克了海勒加工中心光栅尺气密保护设计缺陷难题,将故障率由 40% 降至 1%,年创造经济效益 780 余万元。

第九章
心理之痛

第一节　压力山大的痛——与焦虑相关的心理问题

案例故事

小光走进咨询室时看上去非常疲倦,他开口第一句话就说:"张老师,我太累了,可是我又睡不着,再这样下去,我真的撑不下去了。"小光是个大四的男生,他看上去高高大大的,但脸色很不好,他窝在沙发里无奈地看着我说:"张老师,你看我该怎么办?"

"小光,你能讲讲自己发生了什么事情吗? 你看上去非常疲倦,想休息又停不下来。"
"我也不知道自己怎么了,我本来是个很阳光很开朗的人,同学们都说我好像有用不完的劲,但现在我怎么这样了,什么活都不想干,睡又睡不着,我觉得自己整个人都是懵的,已经快一个月了,我真不知道该怎么办。"

"小光,听起来你的确有事情放不下,或是不习惯放下。"

"放下?"小光看着我说,"当然放不下,我还有那么多作业要写,有社团活动要组织,有工作要做,还有好几篇文献没来得及看,还有两个月我们论文就要开题了。"小光说着说着,整个人换了个姿势,似乎更紧张了。

"小光,讲到这些事情的时候,你好像变得焦虑了。"

"是的,我晚上躺在床上也在翻来覆去地想这些事情,但又睡不着,做作业速度特别慢,文献也看不进去,越想越紧张,我都不知道该怎么办了,我在想自己是不是变笨了,能力丧失了,会不会毕不了业了。"小光愁苦地说。

"小光，你好像在要求自己要一刻不停地运转。"

"我也没要求自己，但自从考上了高职本科，我的确就没有停下来过，我不能停啊，我本来不是学这个专业的，周围的同学又那么优秀，我必须一刻不停地费好大劲才能赶上，但现在这样，我都觉得自己废了。"

"小光，你好像越讲越焦虑了，这些事情对你那么重要，好像的确是没办法暂时放下一样，你能说说自己焦虑的感觉在身体的哪个部位特别明显吗？"

"在头脑里，好像有根弦一直在跳，一直跳，我没法安静下来。"

"很好，继续跟随这根弦，和这种跳的感觉多待一会，看看这种感觉会有什么变化，让你想到了什么。"我引导小光从感觉入手，试着体会。

"像一辆火车，就是那种老式火车，一直在开，那个铁轨的声音，就是这样的，一直在响，停不下来。"

"一辆老式的火车，试着闭上眼睛，在想象的世界里，把这辆老式火车看清楚。"

小光闭上了眼睛，过了一会，喃喃地说："这辆火车好像很破，开了很久了，一直在开，轮子在转的时候发出挺大的噪声。"

"检修过吗？"我轻声问。

"没有，好像停不下来，没有检修过。"

"对，这是一辆一直在开的，从来没有检修过的火车。"

"嗯，检修，好像也不知道怎么检修，只知道一直开，一直开。"

"现在轮子转的时候发出很大的噪声，你能描述给我听吗？"

"就是那种很刺耳的、有规律的噪声，轮子好像有点问题，或是开太久了，我也不知道。"

"你已经做得很好了，试着听听这刺耳的、有规律的噪声，看看这噪声想表达什么，如果噪声会说话的话。"

"如果噪声会说话……"好像在说，"我要休息……我要休息……"小光说着，眼泪开始从眼角流了出来。

"似乎，这辆小火车觉得很难过，很委屈。"

"从来就不能休息，从小就是，必须往前，一直往前。"

"也许，这辆小火车不知道该怎么停下来，你愿意和我一起试试看吗？"

"愿意。"小光擦着眼泪说。

"怎样让一辆小火车停下来，我们要一起试试看，怎么样才能让一辆小火车停下来，也许是慢慢地停下来，速度越来越慢，终于停下来休整；也许是说停就停了，因为检修的时间到了；也许是一声汽笛之后，小火车就很自然地停下来了，当这辆小火车停下来之后，它会自然地检修设备，很自然地修理轮子，很自然地晒晒太阳，很自然地呼吸新鲜空气，等这辆小火车检修好了，它会重新开动起来，我想请你观看这个有趣的过程，如何让一辆小火车停下来。"我轻声对小光说,引导他想象小火车停下来的场景,"小光,你的小火车会怎样停下来呢?"

"我的小火车,它会慢慢地,慢慢地,停下来,停在轨道上。"

"我想请你观察这辆小火车停下来的样子,它停在阳光里吗? 它优雅地停着吗? 它气喘吁吁地停着吗? 它停在你身边吗?"

小光笑了起来:"是气喘吁吁地停了。"

"非常好,你的小火车终于气喘吁吁地停了,接下来,它会享受怎样的停留时光呢? 我想请你继续观察,对,是怎样的停留时光呢?"

"嗯,怎样的停留时光……"小光问我,也在问自己。

"也许,是应该检修一下了,轮子发出那么大的声音。"

在接下来的两次咨询里,除了谈到小光能够逐渐规划并推进的学业压力之外,每次我们都要一起去看看这辆想象中的小火车,学会更好地给小火车加油,照顾小火车的感受,在最后一次咨询时,小光心里的小火车已经变成一辆动力十足的"动车"了。也许,在每个为梦想拼搏的人心里,都有这样一辆小火车,你的小火车现在好吗? 你会给它加油吗?

注:本案例改编自本书作者的咨询活动。

在这个案例中,小光通过和心理老师一起进行想象练习来面对内心的焦虑,小火车象征着他焦虑的自我,而想象中的弦则象征着小光对自己的高要求,在这样的想象练习中,小光看到了自己焦虑背后的恐惧,即担心自己如果不努力就没有用,就没有人喜欢自己了。这也正是焦虑背后的非理性念头。心理老师没有和小光一起去探索这些非理性念头的来源,而是陪伴小光一起去面对这些焦虑的感受,引导他看到焦虑背后的恐惧,进而发展可能的资源(手推车象征着照顾自己)。焦虑作为大学生常见的心理困扰,一方面推动了大学生努力进取,成为更好的自己,就像案例中的小光一样;另一方面,过度的焦虑也会引发一系列的症状,如案例中的小光就出现了头痛、失眠等生理症状,那么,我们该如何识别焦虑症等一系列可能的心理问题,又该如何主动调节焦虑情绪呢? 本节将向你介绍以焦虑为核心的常见心理困扰。

我不能也不应该消灭我的压力,而仅可以教会自己去享受它。

——汉斯·塞利

理论与讲解

一、焦虑症的临床表现

心理剧

考试焦虑

当一个人在 6 个月以上的日子里感到焦虑或担心，却不是由于受到特定的危险所威胁，临床心理学家们就将这种心理疾病称为广泛性焦虑障碍（generalized anxiety disorder），又称慢性焦虑症。此外，当事人的焦虑往往集中于特定的生活环境，其表达途径因人而异，并且还包括括号内至少三项其他症状（比如肌肉紧张、容易疲倦、坐立不安、思想难以集中、易激惹或睡眠障碍等）才可被诊断为广泛性焦虑障碍。该心理疾病会造成功能的缺损，因为当事人的担心难以控制或难以置之不理。由于当事人的注意焦点在焦虑的来源上，他们往往不能充分地专注于自己的工作，这些困难伴随着躯体症状（如睡眠困难等），进一步形成了恶性循环，使情况变得更加复杂。

与广泛性焦虑障碍中持续出现的焦虑相比，惊恐障碍（panic disorder）（又称急性焦虑症）的当事人体验到的则是一种毫无预期的、严重的惊恐发作，可能只持续几分钟。这种发作在一开始的感觉是强烈的焦虑、恐惧或惊慌，并伴随着躯体症状，比如，自主神经系统的高兴奋性（如心率加快）、眩晕、头昏或窒息感。这种发作由于并非来自情境中的某些具体事情而无从预期。当一个人反复出现无预期的惊恐发作并且开始持续担心再次发作的可能性时，惊恐障碍的诊断就成立了。

按照美国《精神障碍诊断与统计手册（第五版）》（DSM-Ⅴ），惊恐障碍的诊断标准包括：（1）反复出现不可预测的惊恐发作。一次惊恐发作是突然发生的强烈的害怕或强烈的不适感，并在几分钟内达到高峰，发作期间出现以下四项及以上症状（心悸心慌或心率加速；出汗；震颤或发抖；气短或窒息感；哽噎感；胸痛或胸部不适；恶心或腹部不适；感到头昏、脚步不稳、头重脚轻或昏厥；发冷或发热感；感觉异常，如麻木或针刺感；现实解体或人格解体；害怕失去控制或发疯；濒死感）。（2）至少在一次发作之后，出现以下症状中的一到两种，且持续时间为一个月或更长：持续地担忧或担心再次惊恐发作或其结果；在与惊恐发作相关的行为方面出现显著的不良变化。（3）这种障碍不能归因于某种物质（如毒品滥用等）或其他躯体疾病（如甲状腺功能亢进等）。（4）这种障碍不能用其他精神障碍来更好地解释。

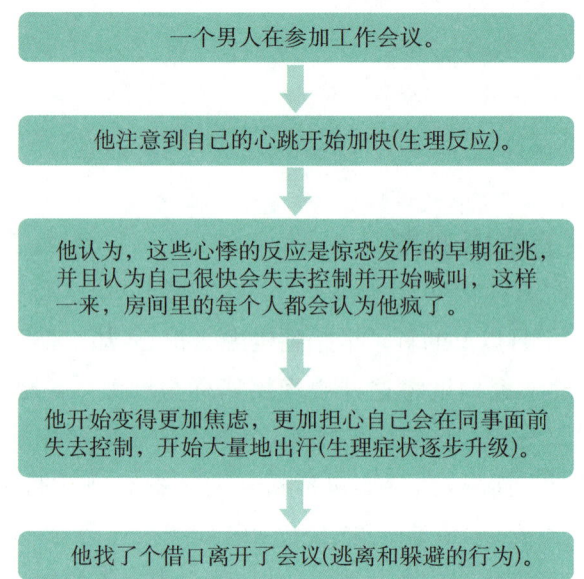

图 9−1

典型的惊恐
发作的过程

二、恐惧症的临床表现

恐惧是个体对于客观确认的外部危险的一种理性反应(如家里着火了或遭遇行凶抢劫),这种情绪能促使个体逃跑或发起以自我防御为目的的攻击。但是,恐惧症的当事人会持续地、非理性地害怕某一特定物体、活动或情境,这种恐惧对于实际的威胁来说是夸大的和非理性的。比如,很多人都会对蜘蛛或蛇感到不安,这种轻微的恐惧并不妨碍人们进行日常生活,但是身患恐惧症(phobias)的当事人则会因此产生显著的痛苦,使自己的一些必要活动受到限制。常见的恐惧症包括以下几种。

广场恐惧症(agoraphobia),即个体对于在公众场所或是开阔地方停留的极端恐惧,因为感觉要逃离这些地方几乎是不可能的或会令人感到尴尬。有广场恐惧症的人通常害怕拥挤的房间、商场、公共汽车、高速公路、处于密闭的空间或开放的空间等。他们常常害怕离开家会遇到可能得不到帮助或令自己感到十分尴尬的困难,比如,膀胱失禁或惊恐发作,这些恐惧剥夺了他们的自由,在极端的例子中,广场恐惧症患者会把自己囚禁在家里。

社交恐惧症(social phobia),即个体对自己处在可能被他人观察到的公众场合预先会感到一种持久的、非理性的恐惧。他们会害怕自己做出令人难堪的举动,虽然个体能意识到这种恐惧是多余的、没有理由的,但还是被恐惧所控制,努力回避可能有公众眼光的场合。社交恐惧症的个体常涉及一种自我预言,即因为过分害怕别人的审视和拒绝造成过度的焦虑,进而影响自己的表现;即便在社交场合表现得比较成功,也不会认为自己成功地反映了个人长处。

特定恐惧症(specific phobia),即个体对于特定的事物或情况(如飞行、高处、动物、接受注射、看见血液等)产生显著的害怕或焦虑。他们会主动回避恐惧的事物或情况,或带着强烈的害怕、焦虑去忍受。这种害怕、焦虑与特定事物或情况所引起的实际危险,以及患者所处的社会文化环境并不相称。

在以上这些恐惧症中,个体出现焦虑、害怕或回避的时间通常要持续在 6 个月以上才能考虑确诊。

三、强迫症的临床表现

强迫症(obsessive-compulsive disorder,简称 OCD)属于焦虑障碍的一种类型,是一组以强迫思维和强迫行为为主要临床表现的神经精神疾病,其特点为有意识的强迫和反强迫并存,一些毫无意义的甚至违背自己意愿的想法或冲动反反复复地侵入患者的日常生活。患者虽体验到这些想法或冲动是源于自身,极力抵抗,但始终无法控制,两者强烈的冲突使其感到巨大的焦虑和痛苦,以致影响学习、工作、人际交往甚至生活起居。

分类	主要内容	自动思维	出现频率
自我标签	负性的自我评价或并未参考他人的评价就给出自我标签。	我是个惹人厌烦的人; 我是没法胜任的。	105(8.87%)
其他标签	担心别人给自己贴上负面标签。	他会觉得我很奇怪; 她会觉得我是傻瓜。	174 (14.69%)
外在信号可见	即便其他人没有说,也担心自己的焦虑会出现外在信号。	我会脸红的; 我会口吃的。	61(5.15%)
其他信号可见	担心别人会注意到自己焦虑的信号。	她会看见我脸红的; 他们会看见我发抖的。	5(0.42%)
自我定义的社交规矩	担心自己会违反社交规矩。	我会说一些不合适的话; 如果我打断会显得很粗鲁。	53(4.47%)

表 9-1

社交恐惧症的自动思维[1]

---

[1] 该表引用并翻译自论文:Hope,D. A.,Burns,J. A.,Hayes,S. A.,Herber,& Warner,J. D. H. M. Automatic thoughts and cognitive restructuring in cognitive behavioral group therapy for social anxiety disorder [J]. *Cognitive therapy & Research*,2010,34,1-12.

(续表)

分类	主要内容	自动思维	出现频率
其他社交规矩	担心别人会觉得自己打破了社交规矩。	如果我问的话,她会觉得我太有攻击性了; 他会觉得被冒犯的。	15(1.27%)
焦虑症状	担心别人根本不会注意到的自己的焦虑症状或负性情绪。	我会很尴尬的; 我的心跳会加快的。	127 (10.73%)
过去回忆	对于过去引发焦虑体验的负性想法。	在这种情况下我会完蛋; 我从来都做不好这种事情。	7(0.59%)
表现	担心自己表现不佳。	我会不知道说什么的; 我不会给别人留下什么好印象的。	286 (24.16%)
负性结果	担心一些负性情况的发生,而这种情况是自己不能决定的。	他并不想和我说话; 没有什么人会想要听我讲话。	181 (15.29%)
回避行为	与回避、逃跑或安全行为相关的想法。	我要离开这里; 如果我避免眼神接触会容易点。	32(2.7%)
未分类	任何不在以上分类中的想法。	人们会问问题的; 我必须这样做才能克服我的焦虑。	138 (11.66%)

美国《精神障碍诊断与统计手册(第五版)》(DSM-Ⅴ)中列出了强迫症的诊断标准,该疾病以强迫思维或强迫行为为特征,属于强迫及相关障碍。具体的诊断标准如下:(1)具有强迫思维或强迫行为或两者皆有。强迫思维是指在该障碍的某些时段内,个体感受到反复的、持续的、侵入性的及不必要的想法、冲动或表象,大多会引起个体显著的焦虑和痛苦;个体试图忽略或压抑此类想法、冲动或表象,或用其他一些想法或行为来中和它们。强迫行为是一系列重复的行为(如洗手、排序、核对等)或精神活动(如祈祷、计数、反复默诵等)。个体感到重复行为是被迫执行的;这些重复行为或精神活动的目的是减少焦虑、痛苦,或防止某些可怕情况,然而却与所预防的事件缺乏现实的联结。(2)强迫思维或强迫行为是耗时的,或这些症状引起具有临床意义的痛苦,或导致社交、职业或其他重要功能的损害。(3)此强迫症状不能归因为某些物质的生理效应或其他躯体疾病。(4)这种障碍不能用其他精神障碍来更好地解释。此外,强迫及相关障碍还包括躯体变形障碍、囤积障碍、拔毛癖、抓痕障碍以及因物质/药物所致的强迫及相关障碍等。

思维或行为	报告症状的百分比	
强迫（重复思维）		表 9 - 2
对灰尘、细菌或病毒的关注	40%	
可怕事情的发生（火灾、死亡、疾病）	24%	**青少年常见的强迫思维或行为**[①]
对称、顺序、精确	17%	
强迫（重复行为）		
过度地洗手、洗澡、刷牙或修饰	85%	
重复习惯行为（进/出门，从一把椅子上起来/坐下）	51%	
检查门、锁、用具或汽车刹车、家庭作业	46%	

四、创伤后应激障碍的临床表现

创伤后应激障碍（post-traumatic stress disorder，简称 PTSD）是指在创伤性事件发生后，存在以下一个或多个与创伤性事件有关的侵入性症状，具体来说包括以下临床表现：（1）与创伤性事件相关反复的、非自愿的与侵入性的痛苦记忆。（2）反复做内容或情感与创伤性事件有关的痛苦的梦。（3）分离性反应，如闪回，个体的感觉或举动好像是创伤性事件重复出现。（4）在接触象征或类似创伤性事件某方面的内在或外在线索时，产生强烈或持久的心理痛苦。（5）对象征或类似创伤性事件某方面的内在或外在线索产生显著的生理反应。

此外，个体在经历创伤性事件之后，开始持续回避与之有关的刺激，产生与之有关的认知和心境方面的负性改变，比如，对自己、他人或世界产生持续性放大的负性信念和预期等。实际上，无论是创伤的受害者还是看到创伤情景的人，都有可能罹患创伤后应激障碍。

● **小问答**

问题 1：老师，自从上次家乡地震之后，我总会在脑子里回放当时的画面，其实我们家离震中还比较远，家里也没有人出事，但我总是在晚上睡觉前想起这件事，挥之不去，我该怎么办？

——护理专业大三学生　小鱼儿

答：创伤不可避免，但从创伤中恢复是一个逐渐的、持续的过程。治愈并不是一蹴而就的事，

---

① Rapoport，1989．本表转引自：［美］理查德·格里格，［美］菲利普·津巴多．心理学与生活［M］．王垒，王甦，等，译．北京：人民邮电出版社，2003．

创伤的记忆也无法从个体的记忆中完全消失。这可能会使我们的生活在某些时候变得较为困难。但是,你仍然可以做很多事情去处理创伤残留的症状来减轻你的焦虑和恐惧,把创伤的印记留在身后。你可以试着采用以下这些方法来克服创伤带来的后续反应,同时,我们也建议你及时寻求心理老师的帮助。

1. 保持平衡心态

比如,坚持日常惯例,在惯常的时间起床、睡觉、吃饭、工作、锻炼等,同时也为自己安排一些放松活动或参加社会活动的时间;去做一些能使你感觉更好的活动并保持思考,如阅读、上课、烹饪或和孩子或宠物玩耍;当有关创伤的感觉出现时,请试着感受它,并接纳它。接纳你的感觉,它是哀伤的一部分,面对现实是治愈所必需的。

2. 不要独自一人

在经历创伤后,你可能会想回避他人,但是独自一人会让情况变得更糟。和那些能帮助你恢复的人保持联系,努力去维持你们的关系。此外,还可以找一个你信任的家庭成员、朋友、咨询师,和他谈谈你的感觉,向他寻求帮助;参加一些社会活动。即使你并不想这么做,但与创伤经历无关的常规的活动有助于我们恢复内在秩序。

3. 关心自己的健康

注意保证充足的睡眠,要知道,缺乏睡眠会导致创伤症状更严重,从而使维持情绪平衡变得更困难;此外,当你在痛苦的情绪和创伤记忆中苦苦挣扎的时候,你可能会想用酒精或药物来自我疗伤。但是,酒精和药物虽然可能会暂时使你感觉好受一点,但从长期来看,它们会使你的症状变得更加严重。有规律的锻炼会促进血清素、内啡肽与其他使人感觉愉悦的脑部化学物质的分泌,还可以提升你的自尊水平,提高睡眠质量。

4. 战胜你的无助感

克服你的无助感是克服创伤后应激障碍的关键。创伤会让你变得无力和脆弱。试着提醒自己拥有力量和方法来度过这段时间,还可以采取一些积极的行动来直接挑战你的无助感,比如,帮助他人、做志愿者、献血等。

问题2:有时觉得自己一忙起来像个热锅上的蚂蚁,一点都不淡定,我可以做点什么帮助自己管理焦虑呢?

——园林技术专业大二学生　C.Y.

答:在开始调节焦虑情绪之前,你需要先弄清让你焦躁不安的"热锅"里装的究竟是什么。只有弄清焦虑的具体根源,才能对症下药。虽然焦虑是由多种因素造成的,但是起码可以确定锅里的"主菜"是什么。先解决最能引起你焦虑情绪的问题。一般来说,目前大学生常见的焦虑来源包括以下几个方面,你可以根据以下来源仔细列出自己的焦虑点,直面自己热锅里的"主菜"。

1. 学业焦虑,包括不知道该如何适应大学的学习、对自己的专业不满意或不感兴趣、因太过担心自己的表现引发的考试焦虑等。

2. 人际焦虑,即由于性格特点的差异造成的各种羡慕嫉妒恨或是被孤立的焦虑。

3. 就业焦虑，最常见的是担心自己毕业后没有着落，一毕业就失业。

4. 经济焦虑，有些同学因钱不够花而焦虑，还有些贫困的学生因为经济条件有限，产生自卑和焦虑。

5. 家庭潜在焦虑，比如，代沟问题、与父母意见不合、家庭矛盾等。

6. 因恋爱引发的焦虑，比如，失恋、暗恋、追不到男神或女神等。

当你了解了热锅里的"主菜"之后，让我们来看一看你是否在不由自主地做一些给"热锅"升温的事情，这些举动给你带来了额外的压力。以下列出几项常见的"压力伴侣"，欢迎对号入座，看看自己是否在给"热锅"持续升温。

1. 好好先生/好好小姐。即便你已经承担了很多任务，却依然要扮演个老好人，无法拒绝额外的任务，继续往"热锅"里加料。

2. 拖延习惯。你用拖延逃避的办法来回避压力事件，试着逃离你的"热锅"。实际上，行为和想法只会不断给"热锅"升温，让自己陷入焦虑的恶性循环。

3. 自我挫败型对话。你开始不由自主地对自己说："我肯定做不好""我肯定没法胜任""我就是个没有能力的人"等。

4. 不适应的完美主义。完美主义者内心有以下这些对话，反而阻碍了他们去行动。比如，"如果我没法把事情做到最好，我宁可不做""如果我犯了一点错误，我就彻底失败了""如果我一次考试没考好，一个面试没有通过，我就是个彻底失败的人"等。

如果你曾经不由自主地选择这些"压力伴侣"，也许，是时候转换观念，真正给"热锅"降温了！你可以使用以下方法，主动检视自己的观念，尝试不一样的思考方式。

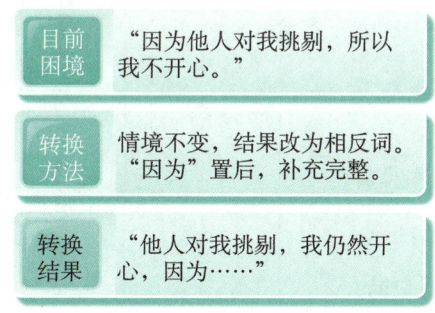

图9-2

转换思考方式

目前困境	"因为他人对我挑剔，所以我不开心。"
转换方法	情境不变，结果改为相反词。"因为"置后，补充完整。
转换结果	"他人对我挑剔，我仍然开心，因为……"

除了学会了解"热锅"里的"主菜"，尝试给"热锅"降温之外，你还可以学习一些主动调节的"炒菜"技术，"热锅"虽然热，"主菜"的确多，你依然可以游刃有余地"炒热锅"！比如采取行动，至少你在解决问题的过程中；比如规律作息，要知道焦虑时我们会对垃圾食品有特殊的渴望，需要有意识地减少糖、咖啡、酒精及加工食品的摄入，过量食用这些食物只能暂时缓解焦虑，治标不治本，反而会使你产生依恋，加重焦虑。此外，半小时以上的有氧运动有利于

我们的大脑产生内啡肽,使人体会到一种欣快的感觉,不仅能让心情愉悦,还能促进身体健康。

最后值得一提的是,焦虑往往是抑郁、压力、沮丧、害怕等不良情绪的好伴侣,常常成双成对出现。所以在调节焦虑情绪的同时,也要注意对其他不良情绪的控制。如果你发现自己除了焦虑之外还伴随其他负面情绪,那么,同样需要了解这些负面情绪的来源。负面情绪只有在不被读懂时才会变得可怕,一旦你能够接受它、尊重它、理解它,往往就会发现负面情绪里蕴藏着改变的力量。

● 心理测试

小测试 9-1　焦虑自评量表(self-rating anxiety scale,简称 SAS)

以下有二十条文字描述,每一条文字后有四级评分,1. 表示没有或偶尔,2. 表示有时,3. 表示经常,4. 表示总是如此。请仔细阅读每一条,根据你最近一星期的实际情况,在符合情况的分数后面打钩。

项　目	没有或偶尔	有时	经常	总是如此
1. 我觉得比平时容易紧张和着急。	1	2	3	4
2. 我无缘无故地感到害怕。	1	2	3	4
3. 我容易心里烦乱或觉得惊慌。	1	2	3	4
4. 我觉得我可能将要发疯。	1	2	3	4
5. 我觉得一切都很好,也不会发生什么不幸。	1	2	3	4
6. 我手脚发抖打颤。	1	2	3	4
7. 我因为头痛、头颈痛与背痛而苦恼。	1	2	3	4
8. 我感觉容易衰弱和疲乏。	1	2	3	4
9. 我觉得心平气和,并且容易安静地坐着。	1	2	3	4
10. 我觉得心跳得很快。	1	2	3	4
11. 我因为一阵阵头晕而苦恼。	1	2	3	4
12. 我预感晕倒发作,或觉得要晕倒似的。	1	2	3	4
13. 我吸气呼气都感到很容易。	1	2	3	4
14. 我感到手脚麻木和刺痛。	1	2	3	4
15. 我因为胃痛和消化不良而苦恼。	1	2	3	4
16. 我常常要小便。	1	2	3	4
17. 我的手常常是干燥温暖的。	1	2	3	4
18. 我脸红发热。	1	2	3	4
19. 我容易入睡并且一夜睡得很好。	1	2	3	4
20. 我做噩梦。	1	2	3	4

计分标准:SAS 的主要统计指标为项目总分,在这 20 个项目中,第 5,9,13,17,19 条是反向计分。一般来说,总分低于 50 分为正常,在 50—60 分之间为轻度焦虑,在 61—70 分之间是中度焦虑,70 分以上是重度焦虑。

SAS 是一种简便的、用来分析主观焦虑感觉的临床评估工具,是咨询门诊中了解焦虑症状的一种高效、简便、易于分析的评定手段之一。同学们可以根据评定结果对自己焦虑情绪的严重程度进行评估,但是否达到以上介绍的焦虑类心理问题的程度,还需要专业心理医生或精神科医生进行确诊。

参与式活动

小游戏 9 - 1　　焦虑大作战

目的:帮助同学们学习应对焦虑的好方法。

时间:30—45 分钟。

地点:普通教室。

具体步骤:

第一步,心理老师带领大家学习焦虑的好处,适当的焦虑可以促使个体和群体有良好的表现,但是过度的焦虑则会引发不必要的困扰。

第二步,心理老师邀请每个成员分享战胜焦虑的方法,经过团体分组讨论,每个人制作自己的"战胜焦虑小卡片"。

战胜焦虑小卡片
我容易焦虑的时候:考试前、有许多事情同时需要处理、有挫败的经历。
我选择的战胜焦虑的方法: 吃东西、看剧、打游戏。
听了同学们的分享后,我可以补充的新方法: 我可以试试呼吸冥想,顺带练练瑜伽,既能锻炼身体,又能降低焦虑; 我可能需要提醒自己改变一些念头,比如,凡事都要做到完美什么的。

表 9 - 3

一位大一同学的战胜焦虑小卡片范例

第二节 吃饭睡觉的痛——与生理需求相关的心理问题

▌案例故事

　　小云是一个纤弱的大三女生,刚走进咨询室时,她有些犹豫地抱着自己的大书包,坐在沙发上。在第一次咨询的前半个小时里,小云和咨询师说到自己在学业、人际交往方面的压力,她一刻不停地在说,并时不时拨弄着自己怀里的书包。当咨询师询问她最近的睡眠和饮食情况时,小云有些犹豫地说:"其实,我可能有点问题,我有时吃得太多,吃完了非常不舒服,会吐。"咨询师敏锐地意识到,小云可能正在通过食物来缓解自己的焦虑,于是询问道:"是不是在你一个人的时候会忍不住吃得太多?是自己催吐吗?"小云有些不好意思地点点头。

　　原来,身体一向瘦弱的小云自上学期和男友分手后,吃得越来越多,寒假里一度重了二十斤,经历了一番疯狂的减肥之后,她好不容易恢复了原来的体重。但自此之后,小云的饮食就开始失控了,要么吃得特别少,宿舍同学都觉得她是"吃猫食"的,要么就是趁着晚上宿舍其他三个姑娘去上晚自习了,偷偷买一大堆吃的东西溜回宿舍,一个人暴饮暴食后,再去厕所用手把食物从嗓子里抠出来。每次这样做之后,小云从胃部一直到嗓子都会特别不舒服。有时吐得胃酸都出来了,接连几天吃不下东西,但稍微恢复点之后,小云又开始偷偷地暴食加催吐。她始终觉得自己太胖了。她对咨询师说:"你看我的腿这么粗,穿什么裙子都不好看,夏天我都不敢把腿露出来。"实际上,小云身高162厘米,体重才90斤,实在是个消瘦的女孩子,这学期以来,她甚至连月经都没有来,尽管如此,她一直觉得自己这个暴食加催吐的问题并不是什么问题,自己的问题出在压力太大,别人都不喜欢自己,直到和咨询师谈起这些经历,她才意识到自己可能是得了厌食症了。

　　注:本案例改编自本书作者的咨询活动。

　　近年来,大学生的饮食障碍问题逐渐增多。案例中的小云其实已经属于偏瘦型的女生,却依然觉得自己太胖,在这扭曲的自我体形认知的驱使下,小云和自己的食欲进行着各种斗争,反复催吐损害了她的肠胃,不但没有缓解她在现实生活中的焦虑,反而给她带来了额外的负罪感和失控感。实际上,很多有饮食障碍问题的学生往往都存在自我价值感偏低的问题,案例中的小云也提到,上学期她和男友分手了,并且对分手的归因是自己不够有魅力,都是自己的错,这继续加重了她的自我贬低感。值得一提的是,许多厌食症的患者并不承认自己有病,并且拒绝接受治疗,大约有 5% 的患者还会因此死亡。案例中的小云一开始也不承认自己有心理疾病,后来在心理老师的引导下才正视自己的饮食问题。本节将介绍一系列和生理需求有关的心理疾病,一旦个体能够意识到这是需要重视的心理问题,也就可以主动寻求心理咨询或其他支持,早日克服困境了。

理论与讲解

一、饮食障碍的临床表现

随着媒体网络的宣传以及近年来愈演愈烈的"以瘦为美"的审美观念的普及,青少年的意识障碍问题几乎逐年攀升,大学生群体在饮食障碍方面的困扰也同样存在上升趋势。饮食障碍是以进食或与进食相关行为的持续紊乱为特征,导致食物消耗或吸收的改变,并显著损害躯体健康或心理社交功能的心理障碍,其中最常见的是神经性厌食症(Anorexia Nervosa)、神经性贪食症(Bulimia Nervosa)以及暴食障碍。

神经性厌食症是指个体由于害怕体重增加而出现的严重进食抵制,是以少女和年轻女性患者为主要人群的心理障碍。85%—95% 的厌食症患者都是女性,大多数情况下,发病时间在 12 岁到 18 岁,但也有可能在青春期之前或晚至 30 岁左右发病。神经性厌食症有三个基本特征:持续的能量摄取限制;强烈的害怕体重增加;持续地进行妨碍体重增加的行为以及对自我的体重或体形产生感知紊乱。如个体保持体重低于相对年龄、性别、发育轨迹及躯体健康而言的正常水平的最低值。神经性厌食症通常发病于青春期或成年早期,通常和压力性生活事件有关,如离家上大学等。神经性厌食症的病程和后果变异很大,更年轻的个体可能表现出不显著的特征,包括否认"害怕变胖",年龄更大的个体更可能有较长的病程,临床表现可能包括更多慢性障碍的体征和症状。

神经性贪食症同样具有三个基本特征:反复发作的暴食;反复的不恰当的代偿行为以预防体重增加;自我评价受到体形和体重的过度影响。此外,必须出现暴食和不恰当的代偿行为(如自我引吐,滥用泻药、利尿剂或其他药物,禁食或过度锻炼),且三个月内平均每周至少出现一次。一次"暴食发作"被定义为在一段固定的时间里进食,食物量超过大多数人在相似时间段内和相似场合下的进食量,不过也需要注意进食发生的背景(如在庆典和节日用餐中比平常用餐摄入更多的食物量是正常的),这种过度的食物消耗必须伴有一种缺乏控制感才可被认为暴食发作。值得注意的是,反复发作的暴食,且在三个月内平均每周至少发作一次并无代偿性行为是暴食障碍的基本特征。

图 9 - 3

神经性厌食的大学生往往有着糟糕的内在自我形象

二、睡眠障碍的临床表现

我们把睡眠量的不正常和睡眠中出现的一些异常行为表现称为睡眠障碍,实际上,大学生群体的睡眠问题不容小觑。研究发现,在中国大学生群体中,睡眠障碍的发生率已经达到 20% 左右。此外,睡眠障碍常常伴随着抑郁、焦虑与认知改变,并且持续的睡眠紊乱(包括失眠和过度困倦)是已经确立的、后续发生精神疾病与物质使用障碍的风险因素;也成为精神疾病发作的前驱性表现,早期干预可以预防或减弱后续精神疾病的发作。

在不同种类的睡眠障碍中,失眠是最常见的问题,其主要表现为主诉对睡眠数量或质量的不满,伴有下列一个或多个相关症状,如入睡困难;维持睡眠困难,表现为频繁地醒来或醒后再入睡困难;早醒,且不能再入睡。每周至少三个晚上出现睡眠困难,持续时间至少 3 个月,且尽管有充足的睡眠机会依然出现睡眠困难。此外,以上睡眠紊乱引起了具有临床意义的痛苦,或导致社交、职业、教育、学业、行为或其他重要功能的损害。

与之相反的嗜睡障碍则表现为睡眠过量(如延长的夜间睡眠或不自主的日间睡眠)、恶化的觉醒质量(即觉醒时有睡眠倾向,表现为觉醒困难或当需要觉醒时无法保持清醒)以及睡眠惯性(即从规律性睡眠或打盹中觉醒后,有一段时间表现出睡眠质量受损或警觉性降低)。

三、性心理障碍的临床表现

大学生正处于性生理和性心理走向成熟的阶段，在这个阶段可能会出现与性相关的困扰，比如，对手淫的担心、与恋人之间的性关系问题、性幻想的冲突等，这些对于大学生来说都是发展性问题。但是如果出现了因为性问题产生的严重的痛苦，尤其是以下这些情况，则需要考虑性心理障碍的可能。

性欲倒错障碍，是指除了与正常、生理成熟、事先征得同意的人类性伴侣进行生殖器刺激或前戏爱抚之外的，其他强烈的、持续的性兴趣，并且由于性欲倒错导致个体的痛苦或损害，或涉及对他人的伤害或风险的一种性欲倒错的性满足。具体包括窥阴障碍（偷窥他人的私密活动）、露阴障碍（暴露生殖器）、摩擦障碍（未经他人允许的情况下触摸或摩擦对方）、性受虐障碍（承受羞辱、捆绑或磨难）、性施虐障碍（使他人承受羞辱、捆绑或折磨）、恋物障碍（使用无生命体或高度聚焦于生殖器之外的其他身体部位）以及易装障碍（穿着具有性唤起效果的异性装束）。值得一提的是，以上性欲倒错的表现是性欲倒错障碍诊断的必要而非充分条件，性欲倒错本身并没有必要接受临床干预，除非同时导致了性欲倒错的负性后果（即痛苦、损害或对他人的伤害）。

性别烦躁，是指个体体验到表现出的性别与自身性别之间不一致的痛苦。尽管并非所有的个体都会因为这样的不一致而痛苦，但许多人如果得不到渴望的躯体干预，如通过激素或手术进行干预，他们会非常痛苦。此外，虽然同性恋不再被认为是心理疾病，但同性恋大学生还是需要面对一定的社会压力，从确认自己的性取向到向家人、同学、老师等公开自己的性取向都需要面临不小的心理挑战。

四、躯体症状障碍的临床表现

有些大学生在出现头痛、头晕、胃痛、恶心、皮肤疾病等躯体症状时，往往只会考虑是不是患上了某种身体疾病，实际上，如果是以下情况，还需要考虑可能的心理疾病，并及时寻求心理老师的帮助。

躯体症状障碍，其诊断标准包括个体出现一个或多个躯体症状，使其感到痛苦或导致其日常生活受到显著破坏；如与躯体症状相关的过度的想法、感觉或行为，或与健康有关的过度担心，表现为与个体症状严重性不相称的和持续的想法、有关健康或症状的持续高水平焦虑，投入过多的时间和经历到这些症状或对健康的担心上等；虽然任何一个躯体症状可能不会持续存在，但有症状的状态是持续存在的（通常超过 6 个月）。

疾病焦虑障碍，其诊断标准包括个体存在患有或获得某种严重疾病的先占观念,但个体并不存在躯体症状,即使存在,其强度也是轻微的;对健康状况有明显的焦虑,个体容易对个人健康状况感到警觉;有过度的与健康相关的行为(如反复检查躯体是否出现某些疾病的体征)或表现出与适应不良相关的回避行为(比如,回避医院及与医生的预约)。这些先占观念至少持续 6 个月,且个体所害怕的疾病在这段时间里可以有所变化,此外,这些与疾病有关的先占观念不能用其他精神障碍来更好地解释。

小问答

问题 1:老师,我自从上了大学之后,各种各样的毛病层出不穷,一会儿头晕低血糖,一会儿胃痛吃不下东西,最近还满脸冒痘痘,像是皮肤过敏,也检查不出来什么原因,校医院的老师建议我去心理咨询中心,我有些犹豫,这明明是生病,真的需要看心理老师吗?

——生物制药技术专业学生　小红莓

答:如果你生的各种毛病通过医学检查的确找不到明确的病因,是需要考虑心理问题的可能性。我们都知道,身心其实是一体的,一些生理上的病痛其实反映的是我们心理上的不适。比如进入大学后,你是否觉得无助、缺乏支持? 是否感到孤独却一时无法排解? 了解这些躯体毛病背后可能的情绪因素,也是一个了解自己的过程。建议你和学校的心理老师仔细谈谈上大学以来,在学业、人际、情感方面的情况和感受,有没有不满意或想要去改变的部分,帮助自己梳理躯体疾病背后可能的心理原因,也学习去尊重自己内心深处的感受。

问题 2:我的妹妹像是得了厌食症,她今年刚大一,已经很瘦了,但还是一直说要减肥,而且这次暑假回来,我发现她在厕所里呕吐,我问她,她还说她们宿舍的女生都这样,吃多了就吐出来一点。我妹妹的胃已经很不好了,甚至有一次半夜胃痛,我陪她去医院看病,我很担心,我能为妹妹做点什么吗?

——商务日语专业学生　godblessyouandme

答:很多厌食症的患者就像你的妹妹一样,并不愿意让别人知道自己厌食,也并不觉得自己有问题,很少向他人求助或接受治疗。他们通常完全否认自己存在问题并且拒绝改变,只有身边最亲近的人才能发现他们的情况,因此,家人的帮助与支持对于厌食症患者来说非常重要,你能做的是鼓励妹妹向专业人士求助,可以向本校心理咨询中心的老师求助,也可以预约有执业资格的心理咨询老师,如果你妹妹的胃痛等生理问题已经危及身体健康,则需要寻求专业的精神科医生的帮助。

厌食症的康复需要一个过程,就好像毛毛虫化茧成蝶,需要承受这个转变带来的痛苦,经历一段漫长的过程,才能变成一只美丽的蝴蝶。在这个过程中,你可能感觉某一天有很多进步,第二天又发现回到了原点,但康复的过程就是如此,并不是一条直线,而是会有许多起伏。

- **参与式活动**

小游戏 9－2　　常见心理疾病大梳理

目的:带领同学们学习常见的心理疾病知识。

时间:30—45 分钟。

地点:普通教室。

具体步骤:

第一步,心理老师准备关于各种心理疾病的卡片,如强迫症、恐惧症、创伤后应激障碍、厌食症、失眠症、嗜睡症、躯体症状障碍、疾病焦虑障碍等,请同学们分组形成学习团体,查找该疾病的相关知识,准备并进行十分钟的介绍。

第二步,在每组介绍完某种心理疾病后,其他小组的组员一起讨论这种心理疾病可能的成因以及治疗方法,心理老师为大家普及心理疾病的康复知识。

第三节　停不下的痛——网络成瘾的识别

■ **案例故事**

我们见到小张时,他已经就读计算机网络技术专业了,不过,两年前,他还是一个被爸妈"围追堵截"的网瘾少年。

"区别在于,我现在终于能名正言顺地上网、编程,甚至开始自己设计小游戏了……"小张颇有些得意地说。

从初三到高三,小张一直是一个不折不扣的网瘾少年,每天至少打五六个小时的游戏,高中几乎没有好好去上过课,父母为此伤透了脑筋。小张对网络最痴迷的时候是高一到高三上学期,每天要上网十几个小时,他一直在想各种方法逃学去网吧,上学成了"三天打鱼、两天晒网"的事情。他的父母简直急坏了,他们开始互相指责,觉得自己没有把孩子教育好,还给小张请了很多心理咨询师,以朋友的身份来家里给小张做思想工作,小张对父母的这些"小把戏"嗤之以鼻,一眼看穿,咨询也常常不欢而散。有时候,小张在网吧通宵不回家,父母就到处找他,因怕父母发现自己,小张一晚上要换十几家网吧,简直是一场惊心动魄的"猫鼠大战"。

有一次,小张又在家连续上网几个小时,妈妈开始指责他。小张一怒之下跑出家门,妈妈二话不说追了出去。"我妈妈坚持锻炼八年了,我怎么也跑不过她,我跑到哪,她追到哪,最后我看她累得不行了,我也完全累坏了,心里也很难受,就把妈妈搀回去了。一路上我们没有再说话,从那以后我也没有再跑过……"

奇迹发生在高三上学期,那时候小张已经俨然成为网上的"超级玩家""表演嘉宾"了,他开始觉得游戏打到顶峰也不过如此,像开了窍一样,突然决定要努力学习、考大学。在小张的要求下,父母给他请了家教,让他在家复习迎考,半年后,他居然如愿考上了心仪的计算机网络技术专业。

这到底是怎么回事呢? 我们颇为好奇地询问小张这段突如其来的转变。

小张说:"我把游戏都打得差不多了,发现打游戏不过如此,图的只是网上的虚荣。我还仔细研究了这些游戏的生产厂家,以及这些厂家的财务报表,我发现那些让我们最痴迷的游戏,往往能给厂家带来巨额利润,我觉得我也能做这件事,我爸爸是做生意的,我也很想把自己的爱好转变为市场价值。简单来说,就是我从天空落回地面了,我要在地面上做点事情……"

"其实,我能在半年内通过自学考上这个学校,也不是偶然,我本来的成绩就很好,中学读的是双语学校,小时候琴棋书画样样精通,只是在那个特定的阶段,网络对我的吸引力很大,而且我也的确在网络上取得了成就……"

"另外,自从我沉迷网络后,父母的关系变差了,我不希望他们因为我不开心,我知道他们非常爱我,一直以我为骄傲,我想这也是我改变的一个理由……"

"说实话,网络游戏除了满足虚假的成就感之外,真的没有一点好处,除了让你头昏眼花,虚荣心极度膨胀之外,看不见任何实实在在的东西。不过,我经历了这些之后,就很能理解那种一定要把游戏打通,一定要成为顶级玩家,一定要成为论坛的精英人物的痴迷心理。其实,关了电脑,你什么也不是,而且因为这个网络,我和女朋友之间也出现了问题……"

"现在我读了计算机网络技术专业,如虎添翼,我想自己设计、创作一些东西,并且已经开始准备了……我准备在大学毕业之后办一家网络公司,研发游戏,真正把这块东西转变为市场价值,我还想着为什么不干脆开发些有趣又有意义的游戏呢,虽然只是个肤浅的想法,但我想试一试……"

小张还饶有兴趣地向我们展示了他做的一些软件、Flash。当他谈论这些的时候,眼睛里闪烁着兴奋的光芒。据说,小张的爸爸也开始支持儿子的兴趣,积极帮他联系电脑公司求职呢!

图 9 - 4

网瘾少年与父母之间存在着有形或无形的拉锯战

　　小张大概是网瘾少年中极少数真正能把"网瘾"发展成"志趣"的孩子,他甚至把设计网络游戏作为自己未来职业发展的方向。小张是一个自己从沉迷网络游戏中走出来的聪明孩子,他的转变看似发生在高三上学期的一念之间,其实也有很多必然的因素。

　　大部分孩子会发现,自己只是利用游戏来打发时间、逃避课业压力,而并非真正痴迷游戏本身,甚至也不会像小张那样,想到自己去设计游戏;还有一些孩子今后的确想要从事网络工作,却忽略了最能接触到先进计算机知识的地方是大学校园,他们需要为此积累足够多的知识、经验与磨砺。也只有当他们发现自己对网游的真正迷恋之处,才能有心思去想一想,自己以后到底想要做什么,什么才是自己真正的兴趣所在。

理论与讲解

一、"时代病"网络成瘾

　　随着互联网时代的来临,人们一方面享受着互联网带来的生活、学习、工作方式上的巨大便利;另一方面,无节制地使用网络也给人们的身心带来了负面影响,网络成瘾(internet addiction)已经成为一种困扰个体身心的异常行为,也成为大中小学生的重要心理困扰之一。

　　网络成瘾最早是在 1994 年由纽约市的精神科医生戈德伯格首先提出来的。1996 年,根据美国《精神障碍诊断与统计手册(第三版)》中病理性赌博的十项标准确定了网络成瘾的判断标准,其中包括:网络成为生活的中心,需要增加网络的使用时间;不能成功减少、控制、停止网络的使用;停止或减少网络使用会导致无聊、抑郁、气愤;在线时间超出预期计划;重要的人际关系、工作职业机遇遭到破坏;向别人隐瞒自身的网络卷入程度并使用网络逃避现实问题等。

2013年出版的美国《精神障碍诊断与统计手册（第五版）》（DSM－Ⅴ）在"需要进一步研究的状况"中首次列出了网络游戏障碍，建议的诊断标准包括持续、反复地使用网络来参与游戏；经常与其他人一起参与网络游戏，导致临床上显著的损害或痛苦；在12个月内表现为沉湎于网络游戏；当游戏停止时出现戒断症状；需要花费逐渐增加的时间来参与网络游戏；不成功地试图控制自己参与网络游戏；除了网络游戏外，对先前的爱好和娱乐失去兴趣；尽管有心理社会问题，仍然继续过度参与网络游戏；欺骗家庭成员、治疗师和他人；增加网络游戏的使用量，使用网络游戏来逃避或缓解负性心境；由于参与网络游戏而损害或失去重要的关系、工作或教育机会等。

二、网络成瘾的成因

网络成瘾是个体由反复地使用网络所产生的一种慢性或周期性的着迷状态，并带来难以抗拒的再度使用欲望。同时，会产生想要增加使用时间的张力与忍耐、克制、戒断等现象，个体对于上网所带来的快感会产生一种心理与生理上的依赖。心理学家杨认为，网络成瘾是一种类似于赌博的强迫行为，表现为过度使用互联网而导致个体的社会、心理功能明显损害。网络成瘾的成因既有外部因素，如网络本身的特性和魅力（如易得性、支配性与兴奋性），生活中遇到挫折、压力、丧失等事件，现实生活中所能得到的支持不足以应对所遇到的问题；也受到个体内部因素的影响，如常常以自责、幻想与退避等消极方式来应对压力的个体，具有抑郁或与抑郁相关的人格特征（如低自尊、缺乏动机、寻求外界认可、害怕被拒绝等）的个体，容易沉迷于网络。此外，也有研究发现，高水平的厌倦倾向、孤独、社交焦虑及自我封闭等均可成为网络成瘾的预测因子。总而言之，沉迷于网络是个体通过网络来满足自己在现实生活中没有被满足的需要的一种手段。

三、摆脱网瘾的好方法

随着互联网和手机的普及，上网几乎占据了大学生及年轻人日常生活的大部分空余时间，刷朋友圈、使用微信等即时通信工具、浏览新闻、打打游戏本来无可厚非，也是大学生相互联系的主要方式，但是，如果大学生对网络的使用达到了一种失控的程度，影响到正常的工作、生活与学习，就需要有意识地进行控制了。

一般来说，网络成瘾常常是个体通过网络来满足自己在生活中没有被满足的需要的方式。因此，了解并努力澄清自己网络成瘾背后的潜在问题，是进行改变的第一步。你可以试着想一想，自己是从什么时候开始渐渐沉迷于网络的？可能会是什么原因让你逃避现实生活而沉迷于网络？其次，网络成瘾是一个渐进的过程，让成瘾者逐渐认为自己上网的时间量是正常的。成瘾者会多次试图努力克制自己的行为，但又对一次次的反复感到痛苦，而逐渐失去信心，放弃改变，然后更加沉迷。这是一个恶性循环，想要打破它，就要下定决心，尝试有意识地自我控制。以下是自我脱瘾的常见方法。

1. 尝试反向实践

网络沉迷者常常有自己固定的网络使用习惯，如一早起来先检查电子邮件后才用早餐；或只在晚上上网，并且一上就是很长时间，直至凌晨。想要摆脱这种习惯，可以尝试一下反向实践，比如，了解并记录自己使用网络的具体习惯。如一天中何时开始上网、在某特定时间段内上网多长时间、上网具体做些什么、休息频率及时长是怎样的，等等。接下来可以尝试制定反向"排序表"并实施反向实践。比如：若你的习惯是一早起来先检查电子邮件，那不妨试试先沐浴一下，再享用早餐；若你习惯只在晚上上网，并常常持续到凌晨而影响入睡时间，那可以试试只在白天上网；若你上网从来不休息，那么，可以试试至少一小时休息一次。

2. 学习自我控制

清楚地了解自己上网的时间情况。可以试着记录自己每天使用网络在聊天、游戏、邮件、新闻及其他内容方面所花的时间。比较自己在不同类型的网络活动上的时间投入，进而估算自己每周的网络使用情况。

3. 制定上网计划

明确上网任务和目标。将上网的任务和目标写在纸上。如写出上网做的第一件事（或最主要的事）是什么，需要多少时间；其次要做什么，要多少时间；然后做什么，要多少时间。依此类推。根据所写的任务和目标，将上网时间结构化。在哪个时间段先完成主要任务，然后在哪个时间段完成次要任务。

4. 控制上网时间

根据之前所记录的网络使用情况，确定自己的沉迷对象（如网络社交、网络游戏、网络购物、网络视频、网络资料收集，等等）。制定计划表以减少花在沉迷对象上的时间。例如，原来每天花在沉迷对象上的时间为 8 小时，那么，就可以设定：改变的第一周，每天花在沉迷对象上的时间为 7 小时；第二周，每天花在沉迷对象上的时间为 6 小时。如此递减，直到减到不影响自己的正常生活和学习为止。

5. 借助外力帮助

比如，设定闹钟，将其放在离自己有一定距离的地方（必须要起身离开才能关掉的地方），在达到预定时间时提醒自己停止网络使用或休息。还可以预先告知同学你的上网计划，请同学帮忙提醒，必要时可采取强制关闭网络的措施，将自己所沉迷的内容删除或请同学帮忙加密,克制自己不去接触相关的信息。

值得一提的是,在自我控制的过程中可能会出现一些反复的状况,这可能会让你觉得很痛苦,甚至失去自信和动力。你可以根据自己的喜好,当坚持完成一个阶段的目标时(如一周花在沉迷对象上的时间保持在自己设定的范围内),给予自己适当的奖励(除上网),来强化自己的努力,使得效果能得以保持。比如,写出减少上网时间会带来或已经带来的积极变化(可不断添加),贴在能经常看得到的地方或制作成卡片随身携带,随时拿出来阅读,提醒自己。

6. 转移注意对象

个体沉迷网络之后,首当其冲的变化就是与生活中其他人的沟通减少,以及日常活动的减少。可以试着多花些时间和朋友、家人待在一起,安排做日常家务、阅读、睡眠、学习、运动、旅行等活动。不妨列出网络成瘾后被自己忽略的有益活动,并按照重要性进行排序,让自己更明确地意识到还有其他活动能让自己体验到满足感和愉悦感。

心理测试

小测试 9-2　测测你"网络成瘾"了吗?

指导语:本问卷有 26 个题项,每个题项有四级程度描述。请仔细阅读每个题项,然后根据您近 12 个月(包括今天)的感觉,对每个题项选择最适合您的程度描述,在对应位置画"√"。请注意,每个题项只能选择一个描述。其中,非常符合为 3 分、符合为 2 分、不符合为 1 分、非常不符合为 0 分。

	非常符合	符合	不符合	非常不符合
1. 曾不止一次有人告诉我,我花了太多时间在网络上。	3	2	1	0
2. 如果有一段时间不上网,我就会觉得心里不舒服。	3	2	1	0
3. 我发现自己上网的时间越来越长。	3	2	1	0
4. 网络断线或连接不上时,我觉得自己坐立不安。	3	2	1	0
5. 即使再累,上网时都觉得自己很有精神。	3	2	1	0

（续表）

	非常符合	符合	不符合	非常不符合
6. 我每次都只想上网待一下，但常常一待就很久不想下来。	3	2	1	0
7. 虽然上网对我日常与同学、家人的人际关系造成负面影响，我仍未减少上网的时间。	3	2	1	0
8. 我曾不止一次因为上网的关系而导致一天睡眠时间不到四小时。	3	2	1	0
9. 我平均每周上网的时间比以前增加许多。	3	2	1	0
10. 我只要有一段时间不上网就会情绪低落。	3	2	1	0
11. 我不能控制自己的行为。	3	2	1	0
12. 我发现自己投入网络而减少了与周围朋友的交往。	3	2	1	0
13. 我曾经因为上网而腰酸背疼，或者有其他身体不适。	3	2	1	0
14. 我每天早上醒来想到的第一件事就是上网。	3	2	1	0
15. 上网对我的学业已经造成了一些负面影响。	3	2	1	0
16. 我只要一段时间不上网，就会觉得自己好像错过了什么。	3	2	1	0
17. 因为上网的关系，我与家人的互动变少了。	3	2	1	0
18. 因为上网的关系，我平常的休闲活动时间减少了。	3	2	1	0
19. 我每次下网后，其实要去做别的事，却又忍不住再上网看看。	3	2	1	0
20. 没有网络，我的生活就没有乐趣可言。	3	2	1	0
21. 上网对我的身体造成了负面影响。	3	2	1	0
22. 我曾经试想花较少的时间在网络上，却无法做到。	3	2	1	0
23. 我习惯减少睡眠时间，以便能有更多的时间上网。	3	2	1	0

(续表)

	非常符合	符合	不符合	非常不符合
24. 比起以前,我必须花更多的时间在网络上才能得到满足。	3	2	1	0
25. 我曾经因为上网而没有按时进食。	3	2	1	0
26. 我因为熬夜上网而导致白天精神不济。	3	2	1	0

【评分标准】

无网络成瘾(0—40分)

你在该问卷上的初测结果表明,你没有明显的网络沉迷状况。但是如果你仍有所担心并觉得自己需要帮助,可以寻求专业的心理老师对你的问题进行更为全面的评估。

轻度网络成瘾(41—60分)

你在该问卷上的初测结果表明,你可能对网络较为依赖。你可能表现为长时间的使用网络;在没有网络时,有时会感到不适。这对你的学习和生活产生了一定的影响。一般来说,轻度网络成瘾可以通过自我调节得到改善。

中重度网络成瘾(61—78分)

你在该问卷上的初测结果表明,你有较明显的网络沉迷状况。你可能长期表现为长时间地使用网络;对网络有强烈的渴求;在没有网络时,会感到较为明显的不适。这对你的学习和生活产生了较为明显的影响。如果你对网络的沉迷已经明显影响到你的学习、社交,并有头晕、心烦、胸闷等躯体表现,建议你到心理咨询中心寻求专业心理老师的帮助。

小问答

问题:我每天的上网时间很多,就是网络成瘾吗?

——应用西班牙语专业大二男生

答:并不一定。这是一个信息爆炸的时代,网络是人们生活中不可缺少的一部分,人们对网络越来越依赖,这是很正常的。网络成瘾是对网络过度依赖的表现,成瘾者常常会表现出无法控制地长时间上网,必须增加上网时间才能获得满足感,当不能上网时,显现异常的情绪体验,向他人说谎以隐瞒自己对网络的迷恋程度,并且在学业、工作、人际关系等方面出现问题。网络成瘾者多自陈有一些躯体症状,如头晕、心烦、胸闷、气憋等,并且与朋友的联系次数较少,下网后感到空虚、失落,不愿与人交流。如果只是长时间上网,并未出现上述表现,其实并不必太过担心(如果你仍有所担心,觉得自己可能需要帮助,可通过网络成瘾测试,对自己的网络沉迷状态有进一步的了解)。

相关资源

推荐书籍:《变态心理学(第九版)》

作者:劳伦·B.阿洛伊/约翰·H.雷斯金德/玛格丽特·J.玛诺斯(美)

出版社:上海社会科学院出版社

内容简介:本书是变态心理学研究领域的经典著作。美国300多所大学/学院均采用本书作为教材,包括杜克大学、密歇根大学、霍普金斯大学等在内的心理学系。本书引人入胜地阐述了当前最新的前沿研究,以实际临床观察为依据描述了每一种心理障碍的疗法,并且每一章中的案例都涵盖了十分丰富的内容。

推荐理由:想要更多地了解心理疾病的大学生可以仔细阅读这本经典又有趣的教材。

推荐书籍:《变态心理学(第六版)》(DSM-V更新版)(2017年)

作者:苏珊·诺伦-霍克西玛(美)

出版社:人民邮电出版社

内容简介:变态心理学是对各种异常心理现象和行为进行研究的心理学分支学科。作者是该领域的领军者,曾担任美国耶鲁大学心理学系主任,本书也是美国高校中广泛采用的变态心理学教材,基于新出版的美国《精神障碍诊断与统计手册(第五版)》(DSM-V),以代表未来发展趋势的连续谱模型为视角,结合相关个案和前沿研究,全面而深入地介绍了各种心理障碍的症状、诊断、成因及治疗手段。作者始终强调心理障碍的连续性,即正常与异常之间并不存在泾渭分明的界限,同时注重实证性和整合,关注文化和性别的作用。

推荐理由:本书根据2013年出版的美国《精神障碍诊断与统计手册(第五版)》(DSM-V)进行了更新,介绍了异常心理的成因、诊断与治疗手段,帮助大家对心理疾病的最新分类和治疗有整体性的了解。

第十章

一念之间

第一节　心灵的黑狗——抑郁症的识别

■ 案例故事

　　小明是被辅导员带着过来作咨询的,他低着头坐在我面前,头发有点乱,身上的衣服看上去也不太干净,辅导员离去之后,我给小明倒了杯水,他有些小心翼翼地接了过去,依然低着头坐在我面前。

　　"小明,虽然是辅导员带你过来作咨询的,也许你没那么愿意见一个什么心理老师,但是……你在我这里咨询的内容,除非涉及生命安全问题,我的确是连你的辅导员也不能说的,否则,我违反了职业伦理,你可以投诉我。"

　　小明什么也不说,只是"嗯"了一下。

　　"既然已经来了,也许你会愿意讲讲看,是什么让你像辅导员说的那样这么低落。"

　　沉默了一会儿,小明终于说出几个字:"老师,我真的不知道,只是觉得自己是多余的。"

　　"小明,你讲的时候很难过,能说说你的这种感觉是从什么时候开始的吗?"

　　"其实从小就有,我是家里的老二,我前面有个哥哥,我一直觉得自己挺多余的,好不容易上了大学,我也觉得自己在班级里很多余,现在……"小明停了下来,低着头抠着自己的手指。

　　"听起来,现在是发生了些什么事情。"

图 10 - 1

抑郁症患者常常陷入负性的自我评价

"是的,其实是半年前,女朋友和我提出了分手,说爱上了其他人,我们本来就是异地恋,我当时一点都不吃惊,我本来就是多余的。"

"听起来这个想法跟随了你很久,只是分手这件事好像让这个想法更加顽固了。小明,你现在睡觉吃饭的情况怎么样?"

"睡不着,现在正好是考试季,我真的是睡不着,也吃不下什么,我觉得自己现在真的是一塌糊涂,女友也跑了,成绩也这么差,我怀疑自己是否能通过考试。"

"小明,这可能是你最低落的时候了,最低的低谷,是吗?"

"嗯,的确觉得自己像是要挺不过去了。"

"有些同学遇到这样的情况会想到要结束自己的生命,你呢?"

"我也偶尔想过,但我觉得自己不会,我还有个妹妹,她还小,而且我哥哥其实对我挺好的,真的挺好的。"

"小明,听起来,为了哥哥和妹妹,你依然有动力从这个低谷里挺过去,是吗?"

"嗯。"小明这次倒是抬起头看着我了。

"小明,这是你从来没有遇到过的低谷,听起来与分手及考试临近的压力有关,也和你一直以来觉得自己多余的想法有关,我希望能协助你渡过这个难关,但首先你要去精神卫生机构作一下确诊,排除精神类疾病的风险,在这个部分,我没有权利作出诊断。"

"老师,你的意思是我是抑郁症吗?"

"我没法诊断,但如果是抑郁症,其实服用药物可以快速缓解你的负面情绪。如果不是,至少我们排除了这个风险,我可以陪伴你梳理考试临近及分手给你带来的压力,一起度过考试季。"

"是在哪里呢?"小明的确希望能有所改变,开始向我详细询问就诊的情况,我也向小明出具了中心的建议书,推荐他这周尽快去就诊,并且在下周同一时间来咨询室里和我见面。

　　第二次来咨询时,小明带来了中度抑郁症的确诊单,医生给他开了一周的药物,我请小明遵照医生的嘱咐服用药物,并且注意观察自己的情绪变化和不良反应,在复诊时及时反馈给医生。

　　第三次见面时,小明的情绪有所改善,虽然有些嗜睡的不良反应,却能开始安心准备复习考试,也在咨询中和我一起梳理他对女友的情绪。

　　"小明,上次听你说到你和女友分手的整个经历,其实你对女友的感觉是非常复杂的,不仅仅是难过。"

　　"我也不知道,她最后一次和我见面回北京时还好好的,怎么能说变就变。"

　　"听起来你其实挺愤怒的。"

　　"嗯,我其实对她很愤怒,觉得被侮辱了。"

　　"但是当时你什么都没有说。"

　　"是的,好像什么都说不出来,只是默默地删除了她的所有联系方式,我觉得自己很多余。"

　　"小明,你不止一次提到自己很多余,可以多和我讲一讲这跟随你很久的想法吗?"

　　"我的确觉得自己很多余,小时候爸妈总说有一个儿子够了,再多一个,还要花更多的钱给他娶媳妇,后面还有个妹妹,我感觉我爸妈似乎更喜欢她一些。"

　　"重要的是,你心里觉得自己多余吗?"

　　"好像,也慢慢地成了一种内心的声音。"

　　"小明,你有没有不觉得自己是多余的时候?"

　　"也有,当我高中成绩还不错,而且考上这个还不错的大学的时候。我哥哥没有考上大学,妹妹还在读初中,不懂的问题都要问我。"

　　"当你取得这些成绩的时候,我能感觉到你认为自己是有价值的,甚至是家庭里的顶梁柱,试着把这种感觉留在你的心里。在接下来的一段时间里,我会陪伴你一起去检视你的自动思维,看看当那种多余的感觉出来时,是不是有可能用这种有价值的感觉代替它。"

　　在接下来的三周里,小明一边按照医生的嘱咐服用抗抑郁的药物,及时复诊,调整药物剂量,一边在我这里保持每周一次的谈话,辅助他度过这段考试季。

　　小明每次来的时候都会说些他准备考试的情况,也会逐渐说出自己对女友的感受,我邀请小明用画画的方式,画出他的女友,也画出对女友的感觉。从一开始两人恋爱时的感觉到后来分手后的感觉,小明难以用语言去描述的感受慢慢地通过画笔梳理出来了。

　　在这个过程中,他也越来越意识到自己对于失去女友的感觉如此强烈是和他早年在原生家庭中的感觉有关的。我也邀请小明记录这些感受以及伴随着感受的自动想法,逐渐学会评估并管理自己的情绪。

　　"我记得小时候爸妈去看我的爷爷奶奶,他们在隔壁村,经常是只带哥哥和妹妹去,让我一个人在家。我只能守在家里一直等，有时等到很晚很晚，我总是害怕他们都不回来了，就这么走了。"

"除了害怕，还有其他的感受吗？"

"嗯，可能更多的是难过。"

"很好，试着给自己的难过和害怕打个分，如果从1—10分评估的话，当时的难过有多少分，害怕有多少分？"

"难过有9分，害怕有6分。"

"还有其他的感受吗？会生气吗？"

"会，有些生气，为什么就是不带我去。"

"也给你的生气打个分。"

"大概有5分。"

"父母可能都不知道你有这么难过、害怕、生气，你告诉过他们吗？"

小明摇了摇头说："觉得没法说出口，我一直是家里挺沉默的那个人。"

"没关系，让我们继续看看这些情绪背后的念头是什么，就像以前做的一样，试着把这些念头写在纸上。"我递给小明一张三栏表格，请他试着写下来。

小明拿着笔，一笔一画地写道："爸妈不喜欢我，爸妈不要我了，他们不会回来了，爸妈只喜欢哥哥和妹妹。"

"很好，小明，试着和这些自动出现的想法相处，这些想法的确是上小学时的你在第一时间冒出来的念头，但我想要邀请你用今天大学生的眼光去看看这些想法，有没有什么不合理的地方，可以补充的地方呢？试试看。"

小明咬着笔，在第四栏里慢慢地写下："可能他们觉得我比较乖，又可靠，留在家里看家比较合适，"过了一会儿，又写下，"爸妈一直说我是家里最靠谱的老二，老大只考虑自己，只有我总是为爸妈考虑。"

"非常好，小明，试着带着这样的念头，回到当时的感觉里，看看会有什么不一样。"

"可能没有那么难过和害怕，要把父母交给我的任务做好。"

"小明，非常好，当你带着不一样的想法时，情绪也会发生改变。这周要请你继续记录自己的想法和情绪，看看有没有可能用新的想法去补充你原来的想法，好吗？"

小明点点头，他的情绪在药物的作用下已经得到了有效的改善，也能很好地反思自己的想法了，我继续引导他打破原来的习惯："小明，你会愿意让父母知道，其实你也想和他们一起去的，虽然你的确是最能看好家的小孩。"

"我不知道，我不太习惯说。"小明有些低落地看着我。

"没关系，小明，慢慢来，你只是不太习惯说出自己的需要，这个习惯是可以改变的。"

在下一次见面时，小明开始问我："我的确很少表达自己的需要，要怎样才能改变呢？"

"小明,这是个很好的开始,如果你已经开始改变,对你来说最有可能的第一个尝试会是什么?"

"张老师,我想我应该对女友说出自己想说的话,嗯,是前女友。"

"非常好,你能想象你的前女友坐在这张椅子上吗?告诉我她会穿什么颜色的衣服?"

"白色的,扎着头发。"

"脸上的表情会是什么样的?"

"好像有点难过,不太敢看我的样子。"

"试试看,如果你对她说出自己想说的话。"我鼓励小明说出自己的感受和想法。

"但我都不知道说什么。"

"很好,试着对前女友说,面对你,我都不知道说什么。"

"面对你……我都不知道要说什么。"小明看着眼前的空椅子,艰难地吐出了这几个字,"我都不知道自己该不该责怪你,也许你也有你的苦衷,但是,我们当时说好的一起去西藏,一起去看你的奶奶,一起……"小明的眼泪流了下来,"你还说过,我总是不在你身边,但我一直在努力,我努力提高自己的成绩,想未来找个好点的工作,和你在一个城市,好好陪着你,让你轻松点,我从来没告诉你这些,现在,反正已经来不及了。"

我默默地陪伴着这个泪流满面的男孩子,一个月以来,这也是小明第一次在咨询室里泪流满面。

"即便你离开我了,我想我还是不能懈怠,我还在努力准备考试,我从来没有问过你为什么要离开我,我其实……你为什么要离开我?都没有给我个理由,只是因为那个男生一直在你身边吗?你有没有考虑过我的感受,我就这样被扔在一边了,你有没有考虑过我的感受?"小明对着想象中的女友第一次说出自己的需要和愤怒。

在最后的两次谈话中,我继续陪伴小明,他一边保持按时服药,一边学会检视自己的自动思维,在生活中说出自己的需要,小明平稳地度过了考试季,还回老家度过了挺愉快的暑期。在半年后的复诊中,小明在医生的建议下停止了服药,真正走过了这段人生的低谷,开始了他的新生活。

注:本案例改编自本书作者的咨询活动。

本案例详细介绍了一例抑郁症来访者来寻求心理咨询帮助的过程。如涉及精神类疾病,药物治疗是首选的治疗方法,而且来访者必须转到相关精神卫生机构进行确诊服药。心理老师做的工作主要是陪伴小明梳理自己的情绪,学习识别自己的自动思维,说出自己真实的需要。其实,抑郁症就像是一场心理感冒,如果能及时就诊,并积极学习管理自己思维方式的方法,抑郁症也是容易治愈的。

● 理论与讲解

一、抑郁症是"心理感冒"

抑郁症是一种常见的心理疾病。世界卫生组织 2017 年的报道指出，全球抑郁症患者已达 3.22 亿人，2005 年至 2015 年期间患者增加了 18.4%。目前全球范围内 4.3% 的人罹患抑郁症，其中发病风险最高的三个群体为年轻人群、孕妇/产后妇女及老年人。

有些人认为，患有抑郁症的人不能控制自己的情绪，是个人缺点，或由于个人性格的软弱造成的，其实这种想法存在严重的误解。情绪抑郁同样会降临到意志坚定、个性刚毅的人身上。比如，沉重的人生打击，如失去至亲、失业或破产、永久的身体创伤、患上不治之症、青春期心理转变、中年或老年危机等，都可能成为抑郁症的源头。抑郁被形容为"心理疾病中的普通感冒"，因为它发作频繁，也因为几乎人人都在一生的某些时间中或多或少地体验过，每个人都曾经历过丧失亲人朋友的悲哀，或经历过没有达到目标的沮丧。这种悲哀的情绪只是抑郁症患者体验到的症状中的一种。

此外，抑郁症患者有年轻化的趋势，愈来愈多的青少年受到抑郁情绪的困扰。连绵不绝的功课与考试、父母关系的破裂、感情问题的困扰、对于物质生活的盲目追求、自我价值的迷失等，都是当今青少年要面对的沉重压力。了解及化解这些压力，可帮助预防抑郁症的形成。

二、抑郁症的临床表现

抑郁情绪每个人都经历过，抑郁症则需要专业的诊断与治疗。一般来说，抑郁症需要同时考虑以下这些因素：(1)在感受方面，如持续出现抑郁情绪；紧张、担忧，突然出现令人沮丧的想法；无缘无故地闹情绪或感到沮丧；不想见人，害怕独处，对社交活动感到难以应付。(2)在想法方面，如觉得自己成为别人的包袱；感到对前途无望；没有自信；觉得生命是不公平的；觉得被人遗弃；觉得自己一无是处，所做的事情都是错的，而且只会继续错下去；觉得人生没有意义。(3)在行为方面：急躁易怒；不能冷静思考；对一向感兴趣的事情提不起劲；即使最简单的事情都觉得难以完成；经常思考自己出了什么问题，并对别人的指责感到内疚；有死亡或自杀的念头。(4)在身体反应方面:难以集中精神;食欲突然增加或是减少;体重骤升或骤降;不能安眠,有时噩梦、持续失眠、睡不足;很早醒来,无法再睡或起床时感到疲倦;常常感到疲劳乏力;出现没有原因的身体疼痛。

如果以上抑郁症状持续超过两个星期,而且明显地影响了你的学业成绩、工作表现与人际关系,不必迟疑,最好立刻寻求专业帮助。在我国,自 2013 年 5 月《中华人民共和国精神卫生法》施行以来,只有精神卫生机构的专业精神科医生才能对抑郁症进行确诊,一旦确诊要尽快进行药物治疗或住院治疗。

图 10-2

评估是否为抑郁症需要关注三低、三无、三自

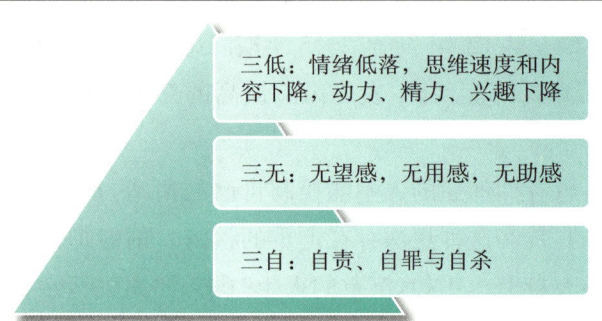

三低: 情绪低落, 思维速度和内容下降, 动力、精力、兴趣下降

三无: 无望感, 无用感, 无助感

三自: 自责、自罪与自杀

三、抑郁症的成因

抑郁症的成因很复杂,一般涉及先天遗传、生理、心理及环境因素。若有家族成员曾患抑郁症,其他成员患上此症的概率则相对较高。心理和环境因素方面,由于各人的经历与处理生活事件的方式不一,患抑郁症的机会亦各异。然而,也有抑郁症的出现并无明显原因的情况。无论成因是什么,大部分情况下,抑郁症患者最后都可以痊愈。许多研究发现,抑郁人群的大脑活动水平偏低,处于怠工状态。个体在抑郁时,大脑左额叶活动处于休止状态,而在心情很好时,大脑这一区域的活动是积极的。严重抑郁症患者的大脑额叶比正常人小7%。

至少有两种神经递质对抑郁心境有所影响。第一种神经递质是去甲肾上腺素,这是一种提高唤醒水平和改善心境的神经递质,当个体处于躁狂状态时,体内这种激素含量会高于正常水平;处于抑郁状态下,这种激素的含量明显不足。研究表明,大多数有抑郁病史的人是习惯性吸烟者,抑郁症患者可能尝试通过吸烟来进行自我调节,暂时提高体内的去甲肾上腺素水平,从而改善自己的心境。另一种神经递质叫做 5-羟色胺。个体在抑郁时,体内的 5-羟色胺含量也会下降。如果压力大的个体本身已经携带了 5-羟色胺控制基因,也就更可能抑郁。抑郁的产生是两种必要的成分,即巨大的压力和基因交互作用的结果。

四、抑郁症的治疗方法

由于大众对抑郁症缺乏认识，故往往未能及早注意早期病状，误以为这不过是一般的情绪低落，以为只要自我开解便没有什么问题，因而延误了治疗，继而逐渐影响生活及人际关系，甚至最终酿成悲剧。其实，抑郁就像伤风感冒一样，是可以痊愈的。60%—80%的患者在接受治疗后，情况有所改善。患者愈早求助，便能愈快根治。如果你觉得自己可能抑郁，则可以预约精神科医生或心理咨询师讨论你的问题；如果你对预约精神科医生或心理咨询师感到焦虑或犹豫，不妨寻求那些能够理解你的朋友的支持。

有效的治疗方法能够使得抑郁症状在几周之内得到缓解，其中最常见的治疗方法包括心理治疗、抗抑郁药物治疗或两者相互结合。对个体来说最有效的治疗方法决定于抑郁症状的本质和严重程度。你可以和精神科医生或心理咨询师坦诚地讨论你的喜好与问题，这能促进治疗的进程。抗抑郁药物能够减轻抑郁的生理症状和情绪问题，并且没有成瘾性，一般来说，中重度抑郁首选药物治疗。每个人对于治疗的反应不一样，如果在接受了几周的治疗之后你的感觉并不好，不妨和精神科医生或心理咨询师直接说出来，尝试其他的药物或选择。

实际上，三分之二的抑郁症患者有自杀的念头，自杀人群中的确有相当一部分个体是因为抑郁症没有得到及时、系统的治疗所致。抑郁症已经成为当代医学与教育乃至全社会面临的棘手问题。值得一提的是，大约80%的患者经历着抑郁症的复发问题，一个人以前出现过的发作期越多、第一次发作时的年龄越小、近期经历的痛苦事件越多、家庭支持越少，抑郁症复发的可能性越会增加。对于学生群体来说，抑郁症的早期症状表现可能是学业成绩的突然下滑、衣冠不整、精力不济、兴趣爱好的突然改变等。此外，教师还需要注意到学生群体中隐匿性抑郁症的风险，即因为躯体症状突出，掩盖了以情绪低落为特征的精神症状，大多数隐匿性抑郁症的患者不认为自己有精神问题，而认为自己患有某种器质性疾病，如胸闷心悸、食欲减退、头昏目眩、心慌、上腹部不适或肢体麻木等，这些躯体表现容易掩盖情绪低落、早醒等抑郁症的其他临床表现，有些患者在人前表现得积极乐观、热情健谈，但人后常常莫名地感到低落、默默流泪，甚至出现自杀想法和自杀行为，这都需要引起教育工作者的足够重视。

小问答

问题1:老师，微笑抑郁症是什么？听起来很吓人，该如何识别身边那些可能有微笑抑郁症的人呢？

——小悠 计算机平面设计专业女生

答：有些时候抑郁症患者并不像大多数人所想象的那样看起来很悲观、萎靡不振，对所有的事物都缺乏兴趣。他们喜欢以乐观这层面具来掩盖自己，即所谓的微笑抑郁症，这是一类抑郁症患者对自己病情的反应模式。他们在人前表现得很开心，内心却承受着抑郁的症状，虽然看起来在笑，却每天都在低落的情绪里挣扎。他们并不是每天都缩在床上，丧失与人交往的能力，而是拥有比较好的社会功能，甚至令人误以为社交能力比普通人好。因此，很多家属在他们出现异常行为或自杀时，常常感觉到震惊或难以相信。不过一般来说，他们并不会达到重度抑郁症患者的程度，风险在于他们的抑郁不但很难被身边的人感知到，而且连本人也很难发觉自己得了抑郁症，有时他们会觉得"我活得不像自己，感到非常空虚，但也没有什么不对劲的"。微笑抑郁症患者习惯了在他人面前笑，或引人发笑，但不愿意去承认和表达自己的情绪，因为他们觉得这是一种"软弱"。

因此，作为微笑抑郁者身边的人，最大的难度在于你很难帮助一个不承认自己需要帮助的人，如果你发现周围的人有微笑抑郁症的可能，总是把自己真实的情绪反应隐藏起来，内心深处却低落、无助、丧失兴趣或觉得自己多余，最好的办法是你可以作为一个支持者，聆听他们的烦恼，必要时推荐他们去精神科专家处确诊。

问题2:老师，我妹妹得了中度抑郁，在服用药物，请问我可以为她做点什么吗？

——苦恼的大一学生　强强

答：作为抑郁症患者的亲属能够为他们做什么的确是大家关心的问题，不过有时候，由于太希望帮助他们，讲了不该讲的话反而起到了适得其反的作用，你可以注意以下几点，为妹妹提供心理支持。

1. 试着理解妹妹的感受，承认她的痛苦，而不是想当然地觉得这算什么事，这有什么痛苦的。

2. 不要期望你的妹妹按照我们的方式和速度快快好转起来，抑郁症的康复需要一个过程，这几乎是一个机体重启的过程，没有身处其间的人其实很难理解，你需要对妹妹有足够的耐心。

3. 帮助并鼓励你的妹妹表达自己的感受。许多抑郁症患者失去了表达自己情绪的能力，并不能体会到自己的难过或愤怒，你可以试着帮助你的妹妹说出来。

4. 注意可能的自杀风险。三分之二的抑郁症患者存在着自杀念头，有些人会真的将这些念头付诸实践，因此，你也需要注意你妹妹的自杀风险，一旦发现要及时保护她的生命安全。

心理测试

小测试 10 - 1　　你抑郁吗?

指导语:本问卷有 21 组陈述句，请仔细阅读每个句子，然后根据你近两周(包括今天)的感觉，从每一组中选择一条最适合你情况的项目。如果一组句子中有两条以上适合你，请选择最严重的一个。请注意，每组句子只能选择一个条目。

1.	□0. 我不觉得悲伤 □1. 很多时候我都感到悲伤 □2. 所有时间我都感到悲伤 □3. 我太悲伤或太难过，不堪忍受	2.	□0. 我对自己的感觉同过去一样 □1. 我对自己丧失了信心 □2. 我对自己感到失望 □3. 我讨厌我自己
3.	□0. 我没有对未来失去信心 □1. 我比以往更加对未来没有信心 □2. 我感到前景黯淡 □3. 我觉得将来毫无希望，且只会变得更糟	4.	□0. 与过去相比，我没有更多的责备或批评自己 □1. 我比过去责备自己更多 □2. 只要我有过失，我就责备自己 □3. 只要发生不好的事情，我就责备自己
5.	□0. 我不觉得自己是个失败者 □1. 我的失败比较多 □2. 回首往事，我看到一大堆的失败 □3. 我觉得自己是一个彻底的失败者	6.	□0. 我没有任何自杀的想法 □1. 我有自杀的想法，但我不会去做 □2. 我想自杀 □3. 如果有机会我就会自杀
7.	□0. 我和过去一样能从喜欢的事情中得到乐趣 □1. 我不能像过去一样从喜欢的事情中得到乐趣 □2. 我从过去喜欢的事情中获得的快乐很少 □3. 我完全不能从过去喜欢的事情中获得快乐	8.	□0. 和过去比较，我哭的次数并没有增加 □1. 我比过去哭得多 □2. 现在任何小事都会让我哭 □3. 我想哭，但哭不出来
9.	□0. 我没有特别的内疚感 □1. 我对自己做过或该做但没做的许多事感到内疚 □2. 在大部分时间里我都感到内疚 □3. 我任何时候都感到内疚	10.	□0. 我现在没有比过去更加烦躁 □1. 我现在比过去更容易烦躁 □2. 我非常烦躁不安，很难保持安静 □3. 我非常烦躁不安，必须不停地走动或做事情
11.	□0. 我没觉得自己在受惩罚 □1. 我觉得自己可能会受到惩罚 □2. 我觉得自己会受到惩罚 □3. 我觉得自己正在受到惩罚	12.	□0. 我对其他人或活动没有失去兴趣 □1. 和过去相比，我对其他人或事的兴趣减少了 □2. 我失去了对其他人或事的大部分兴趣 □3. 任何事情都很难引起我的兴趣

(续表)

13.	☐0. 我现在能和过去一样作决定 ☐1. 我现在作决定比以前困难 ☐2. 我作决定比以前困难了很多 ☐3. 我作任何决定都很困难	14.	☐0. 我没觉得食欲有什么变化 ☐1. 我的食欲比过去略差,或略好 ☐2. 我的食欲比过去差了很多,或好了很多 ☐3. 我完全没有食欲,或总是非常渴望吃东西
15.	☐0. 我不觉得自己没有价值 ☐1. 我认为自己不如过去有价值或有用了 ☐2. 我觉得自己不如别人有价值 ☐3. 我觉得自己毫无价值	16.	☐0. 我和过去一样可以集中精神 ☐1. 我无法像过去一样集中精神 ☐2. 任何事情都很难让我长时间集中精神 ☐3. 任何事情都无法让我集中精神
17.	☐0. 我和过去一样有精力 ☐1. 我不如从前有精力 ☐2. 我没有精力做很多事情 ☐3. 我做任何事情都没有足够的精力	18.	☐0. 我没觉得比过去累或乏力 ☐1. 我比过去更容易累或乏力 ☐2. 因为太累或太乏力,许多过去常做的事情不能做了 ☐3. 因为太累或太乏力,大多数过去常做的事情都不能做了
19.	☐0. 我没觉得睡眠有什么变化 ☐1. 我的睡眠比过去略少,或略多 ☐2. 我的睡眠比以前少了很多,或多了很多 ☐3. 我根本无法睡觉,或我一直想睡觉	20.	☐0. 我没觉得最近对性的兴趣有什么变化 ☐1. 我对性的兴趣比过去少了 ☐2. 现在我对性的兴趣少多了 ☐3. 我对性的兴趣已经完全丧失
21.	☐0. 我并不比过去容易发火 ☐1. 与过去相比,我比较容易发火 ☐2. 与过去相比,我非常容易发火 ☐3. 我现在随时都很容易发火		

请注意,本结果仅用于初步测评你的抑郁状态,而不能单独作为诊断参考,更无法替代全面的临床评估。抑郁症的确诊需要专业的精神科医生进行详细的问诊、面谈、测试以及综合评估,请勿轻易给自己或周围的人进行诊断。本测试旨在引起你对自己的心理健康状况的关注,结果仅供参考。

评分标准:

无抑郁(0—13分):

你在该问卷上的初测结果表明,你的情绪状态并未达到抑郁的程度。但是如果你仍然有所担心并觉得自己需要帮助,可以寻求专业的精神科医生对你的问题进行全面评估。

轻度抑郁(14—19分):

你在该问卷上的初测结果表明,你可能处于轻度抑郁情绪中或情绪时而低落、时而高涨。一般来说,轻度抑郁可以通过自我调节进行部分改善,也会随着目前压力事件的解除得到缓解,但是,只有专业的精神科医生才能对你的问题进行全面确诊,本量表的测试结果只能帮助你进行初步的自我筛查,结果仅供参考。

中重度抑郁(20分以上):

你在该问卷上的初测结果表明,你可能处于较为明显的抑郁情绪或有较为明显的情绪起伏当中。但是,只有专业的精神科医生才能对你的问题进行全面确诊,本量表的测试结果只能帮助你进行初步的自我筛查,结果仅供参考。

根据初步自评的结果,建议你立即至专业的精神卫生机构进行全面的心理健康筛查,排除可能的风险,以获得专业的诊断建议和心理治疗。

处于明显抑郁情绪中的人有时会有伤害自己的风险,如果你曾经有这样的想法或计划,我们强烈建议你尽快到专业的心理咨询机构或精神卫生机构去进行全面评估,并在生活中寻求支持和帮助。

思考点

如何认识和控制抑郁情绪?

参考材料:从积极心理学的视角来看,抑郁情绪是一种特殊的能力,在一定程度上起到解决冲突的作用,以下是一些抑郁情绪的常见功能。

(1)让人有能力停下来思考而非盲目选择。抑郁情绪提示我们停下来反观自己的选择是否出于真实的愿望。

(2)让人有能力积攒面对困难所需要的能量。当抑郁情绪产生时,你可以暂时停止对于困难问题的尝试,给自己一定的空间去寻找更多的帮助和资源,积攒力量来解决问题。

(3)让人有能力不顶着伤痛继续前进。抑郁情绪在一定程度上保护你真的做出超出能力范围之外的事情,避免因为过分勉强而受到伤害。

(4)让人有能力体验更深层次的情感。如果不是抑郁,我们可能没有机会去更深地体验悲伤、沮丧以及爱的能力。也正因为如此,从抑郁情绪中走出来的个体往往有能力更加热爱生活,去体会生活带给你的一切。

(5)让人有能力把被生活牵扯的注意力重新集中在自己身上。抑郁让我们关注内心需要,也能让我们不被其他问题分散注意力。

(6)让人有能力用身体说"不"。抑郁情绪让我们可以用身体对自己不喜欢的事情、不喜欢的人说"不"。尤其当言语说"不"是那么困难的时候。

也正因为如此,想要改善抑郁情绪,不能仅关注如何消除它们,而是尝试去理解抑郁,看到抑郁带给你哪些功能,而这些功能又在解决什么样的问题。

参与式活动

小游戏 10 – 1   抑郁小知识

目的:向同学们科普抑郁症的知识。

时间:30—45 分钟。

地点:普通教室。

具体步骤:心理老师根据以下参考材料准备判断题,请班级同学一起参与正确或错误的投票,普及抑郁症的相关知识。

参考材料:

(1) 全世界范围内约有 3.22 亿人(2017 年)患有抑郁症。

(2) 20%—50%的儿童和青少年抑郁症患者具有家族史;父母如患有抑郁症,他们的孩子与正常儿童相比罹患抑郁症的风险高三倍。

(3) 抑郁症往往与焦虑症、物质成瘾共同发病,30%的青少年抑郁症患者有物质成瘾的问题。

(4) 约有三分之二的抑郁症患者从未寻求过心理治疗。

(5) 抑郁症是最可治的心理障碍之一,大约 80%—90%的抑郁症患者其治疗预后良好,几乎所有的患者通过治疗都能减轻症状。

(6) 抗抑郁药物可能在第一周或第二周给抑郁者的症状带来改善,整体疗效需要两到三个月才能逐步显现。如果患者在几周内还未觉得症状有任何改善,精神科医生会酌情增加或改变抗抑郁药物的剂量及种类。

(7) 一些保护性因素能帮助你降低患上抑郁症的风险,其中包括基于自我价值感而不是所获成就的高自尊,积极思考的习惯,自信的表达你的需要、想法与感受,使用已有的社会支持网络,主动管理自己的压力、照顾好自己的情绪和需要等。

第二节   幻听？幻觉？——精神分裂症的识别

案例故事

小红今年刚上大一,入校时是个活泼开朗的女孩子,同学们对她的第一印象都很好。

大家都还记得她热情地和每个新入住宿舍的同学打招呼,帮助大家放行李,提前一周到学校的小红还主动向大家介绍学校的图书馆、浴室所在的地方。但是,随着大学生活的正式开始,同学们开始发现小红有点不对劲,比如,她有时在和同学们一起去上课的路上会突然停下来,说不知道该先出哪一只脚了;有几次小红在宿舍里大声地自言自语,像是和空中的某个人说话一样;这周上大课的时候,小红还突然大哭起来,说是有人在背后说她的坏话,大家都在欺负她。

小F是一名工程学院大三学生,他去找院长说自己找到了充足的证据可以推翻弦理论,写了很长的论文,院长问可否看看这篇论文时,小F犹豫了很久说:"不行,我这成果还没有公开发表,万一被剽窃了非常麻烦。"看着小F认真的样子,院长忍不住打趣他:"我们学中文的破解物理问题很不容易啊!"小F一听非常生气,愤怒地冲出了院长的办公室,要求见校长。

小A是大二女生,她最近一直坚持认为同班一个男生喜欢自己,所以她每堂课都坐在他旁边或后面,花痴一样地盯着这个男生看,男生觉得不胜其扰,其他同学也开始不断开玩笑。虽然男生多次向小A解释自己真心对她无意,但小A非常坚持,觉得这个男生只是害羞,不好意思承认,还和同宿舍的同学说她有很多证据说明这个男生是真心喜欢自己,无论别人怎么解释也说服不了她,直到一直闹到辅导员那里,小A还信誓旦旦地对辅导员说,这个男生真的喜欢自己。

六六是从韩国来的留学生,即将在中国的大学学习汉语,这是她第一次来中国,开学两个月后,六六开始觉得自己的想法都写在脑门上,随时都会被别人看见。她惊慌失措地找到学校的心理咨询中心,结结巴巴地对心理老师说:"我现在变得透明了,想法都写在脑门上,你们能看见吗? 有人根据我的这些想法正在追杀我,求求你们保护我。"

注:本案例改编自本书作者的咨询活动。

以上介绍了几例在校园中发生的精神分裂症爆发时的症状表现,这几个同学都有着不同的妄想,比如,觉得自己推翻了弦理论(夸大妄想)、同班的男生就是喜欢自己(钟情妄想)、别人正在追杀我(被害妄想)等,他们都表现出一些怪异的行为且对此并不自知。值得一提的是,一旦学生出现精神分裂症的症状,必须及时

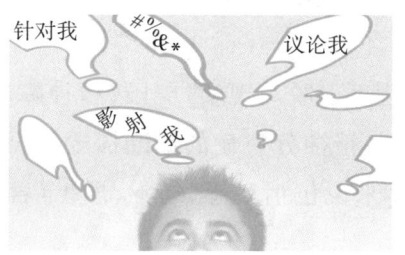

图 10 - 3

精神分裂症患者的妄想内容是普通人难以理解的

黑夜无论怎样悠长,白昼总会到来。

——莎士比亚

尽快送至精神卫生机构确诊服药,有些高功能的精神分裂症患者虽然有妄想,却依然能在恢复期完成学业。本节将向大家介绍精神分裂症的相关知识。

理论与讲解

一、精神分裂症的定义和发病阶段

每个人都知道抑郁或焦虑是怎样的感觉,不过,大多数人没有体验过达到抑郁障碍、焦虑障碍的诊断标准时的那种严重的感觉,从整体来说,自抑郁或焦虑的感受到抑郁障碍、焦虑障碍是在一个连续的量变的维度上的。然而,精神分裂症是一种与个体正常功能有着质的区别的障碍,是一种严重的心理病理形式,以思维、知觉、情感严重失调以及举止异常和社会性退缩为标志,精神分裂症的发病率一般在1%—2%之间,其发病过程传统上可分为三个阶段。

首先是预兆期。有些精神分裂症的病例发病很急,就几天工夫,一个正常人就会变成一个幻觉性精神病人,还有些病例是机能逐渐衰退的,比如,学业或工作成绩开始恶化、迟到、粗心大意,情绪也变得不合时宜等,最后家人和朋友会注意到他们的变化。其次是活动期。这个阶段的患者会表现出明显的精神分裂症症状,比如,妄想、幻觉、幻听、言语混乱等。最后是残留期。康复和发病一样,可能会在一夜之间发生,不过大多数时候,康复是渐进的,这个阶段的表现类似于预兆期,情感迟钝或情感平淡在这个阶段特别常见,虽然幻觉妄想消失了,但还会保留一些不同寻常的知觉经验,如自称有特异功能等。目前的研究发现,22%的精神分裂症患者会转化为慢性精神分裂症,28%的患者在一次或多次精神病发作后会完全缓解,50%的患者会在残留期和活动期之间转换。

二、精神分裂症的临床表现

精神病意味着某种程度上脱离现实,美国《精神障碍诊断与统计手册(第五版)》(DSM－Ⅴ)告诉我们:精神分裂症的诊断需要根据以下五个功能异常中的一个或多个而确定,具体来说包括妄想、幻觉、思维(言语)紊乱、行为紊乱以及阴性症状。

1. 妄想

妄想是固定不变的信念,即便存在与其信念相冲突的证据。患者相信某些不真实的事情是真实的,而且无法被他人说服。妄想的内容可能包括各种主题(如被害的、关系的、躯体的、宗教的及夸大的)。妄想和信念有时难以区分,部分取决于当其真实性存在明确合理的相反证据时,个体多大程度上能够进行理性的反思。

2. 幻觉

在缺乏外界刺激的情况下,人们知觉到有信息输入,比如,没有人说话时,患者坚信听到了说话的声音,或看到有人、物体,甚至能生动地描述真实情况下没有的事物。这种感觉清晰又生动,具备正常感觉所有的一切因素,并不受自主控制。在精神分裂症及其相关障碍中,幻听是最常见的。值得一提的是,幻觉必须出现在清醒的知觉状态下,那些在即将入睡或即将醒来时出现的幻觉被认为是正常的。此外,在一定的文化背景下,幻觉也可是宗教体验的正常部分。

3. 思维(言语)紊乱

患者所描述的语句之间没有逻辑性,而是由俏皮话、韵律或某些外界观察者不知道的规则联系着。个体可能从一个话题跳转到另一个话题(思维脱轨或联想松弛);对问题的回答可能是不大相关或完全不相关的;个体的言语可能严重紊乱,以致完全无法理解,其言语组织毫无逻辑,类似于感觉性失语(语无伦次或词的杂拌)。因为轻度的言语紊乱是常见的,所以,这一症状必须严重到一定程度才会影响有效沟通。

4. 行为紊乱

无目的的行为可能提示精神病的诊断,包括做标记、模仿姿势、长时间保持异常或不舒服的姿势、在公众场合脱衣服等。

5. 阴性症状

阴性症状是指患者缺少正常人应有的认知情感和行为等,精神分裂症存在两个显著的阴性症状:情感表达减少和意志减退。情感表达减少是指面部表情、目光接触、讲话语调的减少,以及通常在言语时用作加强语气的手部、头部与面部动作的减少。意志减退是积极的、自发的、有目的的活动减少。个体可能坐很长时间,对参与工作或社交活动几乎没有兴趣。其他阴性症状包括语言贫乏、快感缺失与社交减少等。

三、精神分裂症的早期识别线索

在精神分裂症发作之前,大多数病人已经有一定时期的非特异性、非精神病性的早期症状,出现感知、思维、言语、行为等多方面的异常。若在此阶段及早进行诊断和治疗,可在很大程度上改善预后。具体表现有:

睡眠改变,即逐渐或突然变得难以入睡、易惊醒或睡眠不深,整夜做噩梦或睡眠过多。

情感变化,即情感变得冷漠,失去以往的热情,对亲人不关心,缺少应有的感情交流,与朋友疏远,对周围事情不感兴趣,或因一点小事而发脾气,莫名其妙地伤心落泪或欣喜。

行为异常,即行为逐渐变得怪僻、诡秘或者难以理解,喜欢独处,不合适地追逐异性,不知羞耻,自语自笑,生活懒散,发呆发愣,蒙头大睡,外出游荡,夜不归家等。

敏感多疑,即对什么事都非常敏感,把周围的一些平常之事都和他联系起来,认为是针对他的。如别人在交谈,认为是在议论他;别人偶尔看他一眼,认为别人是不怀好意;有的甚至认为广播、电视、报纸的内容都和他有关,察言观色,注意别人的一举一动;有的认为有人要害他,不敢喝水、吃饭、睡觉;有的认为爱人对他不忠而进行跟踪等。

性格改变,即原来活泼开朗、热情好客的人,变得沉默少语,独自呆坐似在思考问题,不与人交往;一向干净利索的人变得不修边幅、生活懒散、纪律松弛、做事注意力不集中;原来循规蹈矩的人变得经常迟到、早退、无故旷工、工作马虎,对批评满不在乎;原来勤俭节省的人,变得挥霍浪费,本来很有兴趣的事物也不感兴趣等。

语言表达异常,即与其谈话话题不多,语句简单、内容单调,谈话的内容缺乏中心或在谈话中说一些与谈话无关的内容,使人无法理解,感觉交谈费力或莫名其妙,或自言自语,反复重复同一内容等。

脱离现实,即沉湎于幻想之中,做"白日梦",出现幻觉或妄想。幻觉或妄想往往是精神分裂症的信号,如果感觉自己听到或看到威胁自己生命的声音和景象,学业成绩、工作表现和人际关系受到严重影响,不必迟疑,最好立刻寻求专业帮助。

四、精神分裂症的发病原因

精神分裂症可能是由父母遗传给子女的这一观点最早可以追溯到 18 世纪,但是一直到 30 年前,研究者才使用家族研究、双生子研究以及适用性研究科学地验证了这一假设。实际上,家族研究已经清楚地表明,和一个精神分裂症患者血缘关系越近,越有可能患有精神分裂症。此外,研究者还发现一些儿童期的环境因素决定了患精神分裂症的风险高低,如家庭生活缺少稳定,和父母的关系缺少满意感,出生头一年就更多地和母亲分离,在学校表现出行为问题(男性表现得更专制、更有侵犯性、难以管理,女性表现得更孤单、被动、神经质、易犯罪等),在产前或出生时经历过并发症等。

在 20 世纪 50 年代,人们发现许多药物缓解精神分裂症症状的效果与药物消减多巴胺对于某些脑区神经递质的作用相关,这个发现形成了多巴胺假设(Dopamine Hypothesis),即精神分裂症涉及多巴胺活动的过分活跃。但是,近年来的研究提示,精神分裂症可能涉及多种生化物质之间复杂的交互作用。此外,神经影像学提供了精神分裂症各种脑异常的证据,发现患有精神分裂症的青少年会出现渐进式的脑组织缺损——始于顶叶,最终包围脑的更多部位。虽然所有青少年都会在大脑随着时间推移的正常"修枝"中丢失一些灰质,但在那些出现精神分裂症的青少年中,这种丢失是巨大的,脑的生物学改变与精神分裂症发展有清楚的关系。

小问答

问题 1:老师,我的母亲有精神分裂症,会遗传吗? 我很担心。

——巴豆夫人　公共卫生管理专业女生

答:目前的研究的确发现精神分裂症受遗传因素的影响,和一个精神分裂症患者的血缘关系越近,越有可能患有精神分裂症。不过,尽管如此,如果你并没有出现精神分裂症的妄想、幻听等症状,也不用特别担心,并不是所有精神分裂症的亲属都会得病。你可以注意一下母亲病情的具体表现和发病的年龄,看看这些因素对自己的影响,有必要的话,也可以和心理老师去谈谈你的担心和害怕。

问题 2:老师,我是我们班的班长,最近我发现我们班有个同学上课老是自言自语,老是莫名其妙地说我们都在背后说她坏话,还跑来找我聊天,说有人在她的水里下毒,我除了安慰她一番之外,隐约觉得有点不对劲,我可以为她做点什么吗?

——艺术设计专业男生　操碎心的老班长

答:听起来你的这位同学的确需要帮助,值得一提的是,如果她的确有妄想的话,你安慰她没有人会下毒可能没什么用,你需要做的是及时通知你的辅导员,让辅导员联系家长,带她尽快去当地的精神卫生机构确诊。如果确诊为精神分裂症,尽早服药能够帮助她有效地控制住妄想、幻听等症状。

图 10 - 4

精神分裂症的治疗需要专业精神科医生的介入

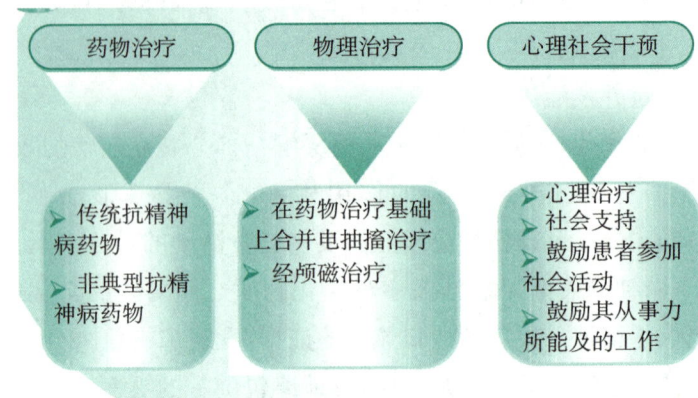

药物治疗 → 传统抗精神病药物 / 非典型抗精神病药物

物理治疗 → 在药物治疗基础上合并电抽搐治疗 / 经颅磁治疗

心理社会干预 → 心理治疗 / 社会支持 / 鼓励患者参加社会活动 / 鼓励其从事力所能及的工作

思考点

精神疾病的确与高创造力相关吗?

参考材料:想到精神分裂症,人们常常想到天才的荷兰印象派画家文森特·威廉·梵高、诺贝尔经济学奖获得者约翰·纳什等,作为一种延伸,高创造力和精神疾病之间存在密切关系,也成了大众流行的观念。

2011年,瑞典卡罗林斯卡学院的研究者报告了瑞典官方登记的精神分裂、双相情感障碍和单相情感障碍(即抑郁症或者躁狂症)者及其亲属从事创造力相关职业如科研、视觉艺术相关职业与非视觉艺术相关职业的比例。结果发现,双相情感障碍患者本人及其近亲属,以及精神分裂症患者的近亲属(如兄弟姐妹)从事创造力相关职业的比例,要明显高于正常人,而单相情感障碍的患者及其亲属从事相关职业的比例与常人无异。

冰岛基因公司的科学家们分析了冰岛86 000人的基因数据,试图分析精神疾病相关基因与创造力之间的关系,结果发现,精神分裂和双相情感障碍的风险分数能够显著地预测个体的创造力,这项研究发表在《自然·神经科学》杂志上[1],研究中的"创造力"被定义为一种与众不同的、新颖的思维方式,而演员、舞蹈、音乐、视觉艺术与作家是他们研究中"有创造力个体"的代表,此外,在控制了受教育程度这个因素之后,精神分裂和双相情感障碍的风险得分仍然能显著地预测创造力。为了验证结果的可靠性,研究者在荷兰和瑞士的35 000人的样本上重复了这一分析,得到了类似的结果模式。

不过,值得一提的是,一些研究者也告诫人们警惕一个相当常见的陷阱,即相关不等于因果。罗滕伯格指出,患有精神疾病与从事文艺工作之间的相关性,尽管可能有基因的原因,但也有可能是人们接受精神疾病的治疗所导致:精神疾病的治疗中有很大一部分是艺术

① Power, R. A., Steinberg, S., Bjornsdottir, G et al. Polygenic risk scores for schizophrenia and bipolar disorder predict creativity [J]. *Nature Neuroscience*, 2015, 18, 953 - 955.

疗法,经历过这些治疗的患者可能更容易被艺术所吸引,从而才从事相关职业。

第三节 精神世界守护——自杀者急救指南

▌案例故事

小飞是一名机械专业男生,由于他在宿舍里和同学们反复提到了想死、活着没意思,宿舍同学担心他的安全,就告诉了辅导员这个情况,辅导员即刻带着小飞来到咨询室寻求专业心理咨询师的帮助。咨询师除了听小飞讲述这段时间的压力之外,还着意评估了他的自杀风险到底有多高,以下是小飞评估自杀风险的片段。

"小飞,昨天和你室友提到自己都不想活了,能想象你当时是多么的绝望,可以讲讲你的具体计划吗?"我直接问他。

"计划倒是还没有,只是这个想法变得越来越强烈,我都担心自己控制不住了。"

"小飞,这个想法以前也有吗?"

"其实,我很小的时候就想过这个问题,高中时有段时间也特别强烈。"

"当时有发生什么事情吗?"

"也没,大概是临近高考,我觉得如果自己考砸了,我妈妈这辈子恐怕再也好不了了。"小飞低声说。

"想象当时,你的压力一定是特别大,让你觉得撑不住了,和现在一样。"

"嗯,好像每次临近毕业什么的,我都有撑不住的感觉,自杀想法也变得强烈,我怕我控制不住。"

"小飞,我也很想知道,是什么让你没有真的去采取行动的呢?"

"是妈妈。我若真走了,妈妈怎么办? 我爸爸,大概也会彻底崩溃吧。"

"小飞,能感觉到你非常挣扎,虽然压力很大,暂时找不到出路,却依然想要改变,而且这种感觉可能是因为临近毕业造成的,让老师一起陪伴你,看看能做些什么帮助你逐渐走出这个低谷,好吗?"小飞点了点头,和咨询师约了接下来两个月的咨询。

在和小飞的谈话过程中,咨询师发现小飞虽然有自杀想法,却没有具体计划,更没有采取过行动,也意味着小飞具有较好的自我保护功能。此外,小飞虽然和母亲的关系非常纠葛,母亲也带给他很大的压力,却也是他重要的求生资源。

咨询师和小飞签署了不自杀协议,请他务必保证如有自杀计划务必在采取行动前通知辅导员、同学与心理咨询师，小飞认真地抄了两份，他说自己其实很想克服这种念头，也希望自己能走出来。此外，咨询师也提醒辅导员持续关注小飞的情绪状态，尤其在考试和临近毕业期间能多和他谈谈心，并让宿舍的两个和他关系比较好的同学多鼓励小飞把自己的感觉说出来。

在后来的咨询过程中，咨询师和小飞慢慢梳理了他对母亲复杂的情绪，既有依恋、心痛，也有愤怒和无助，一旦小飞能学会表达自己的情绪，获得周围环境中老师与同学的支持，他的自杀念头也就会慢慢消失，睡眠和饮食也会渐渐恢复正常，再加上小飞开始着手自己的毕业论文，在行动中克服困难会给他增加新的勇气。在最后的几次咨询中，小飞开始和我讨论未来的规划，是考研还是找工作，他也在重新考虑自己的出路，不仅为了母亲，也为了自己的人生。

注：本案例改编自本书作者的咨询活动。

近年来，大学生自杀率呈上升趋势，一些大学生在最为绝望的时刻选择了结束自己的生命。实际上，目前的研究表明，一旦想要自杀的人熬过了最痛苦的两周往往都会放弃自杀。因此，不仅心理咨询师，即使是辅导员、专业老师及同学们自己如学会识别自杀信号的方法，也能够有效地避免自杀行为发生在我们身边。本案例中的小飞面临着毕业前夕的各种压力，再加上小时候习得的压抑的情绪表达方式以及和母亲纠葛的关系，他开始反复出现自杀念头，但是，小飞能够主动和心理咨询师坦诚相对，说出自己的烦恼，一起去梳理过去关系给他带来的负面影响，并在周围同学与老师的支持下勇敢地去面对毕业论文，其自杀的念头也就逐渐消失了。值得一提的是，本案例中的小飞并没有具体的自杀计划，也没有尝试过真正的自杀行为，这说明他在心理功能上是较为良好的。但是，一旦发现学生有切实可行的自杀计划或曾有过自杀行为，自杀风险则会显著上升，即便暂时度过了危机，也需要注意其再次复发的风险。

理论与讲解

一、关于自杀的常见误解

世界卫生组织的调查结果表明，2018年全球约有超过100万人自杀死亡，成为伤害所致死亡的第二大死因，仅次于道路交通伤害。我国的自杀率近年来大约为每10万人中10人左右，高校学生自杀率并没有比其他群体的自杀率更高，但这样的自杀率也意味着我们每个大学生身边都有可能出现想要自杀的同学，以下列出了常见的自杀误解。

希望和记忆不断促使我们延长、扩大自我,这在我们日常生活中起着极大的作用。

——罗伊斯

- **那些说要自杀的人不会真去死的**

错。几乎所有自杀的或尝试过自杀的人都曾事先流露出过一些线索或预示。千万别忽略任何关于要自杀的警示。诸如"我死了你就会后悔的"和"我彻底完了"等言词——无论是出自多么漫不经心或开玩笑的口吻,都可能导致产生认真的自杀情绪。

- **想自杀的人都是疯子**

错。大多数自杀的人并不是"精神病"或"疯子"。他们只是太过悲伤了,他们只是过于消沉和绝望。极端的不幸和情绪上的痛苦的确是产生心理疾病的征兆,但并不是"精神病"的标志。

- **当一个人想死,什么也拦不住他**

错。即便是最最抑郁的人也不是一门心思地只想死,直到最后一刻还是在要生还是要结束痛苦间挣扎。多数自杀的人并不是想死,他们只是想结束痛苦。那种想要终结一切的冲动不会永远持续,即使它很强大。

- **自杀的人都不寻求获得帮助**

错。关于成年人自杀者的研究表明,超过一半的人在自杀前 6 个月内寻求过医疗救治,并且大多数人在死前一个月都看过医生。

- **谈论自杀会给听者灌输自杀的想法**

错。谈论几句自杀不会给一个要自杀的人再强化什么念头。而事实正好相反:敞开心扉和他聊天才是你所能帮上的最大的忙。

- **自杀无法预知**

错。从自杀人群中最常见的农村妇女为例,通常她们所使用的自杀方式是喝农药,农药就用一些可乐饮料瓶子装着放在屋里的床底下,这些妇女在争吵时会当着亲戚的面喝下去,或威胁与其争吵的对方要喝农药,威胁无效后则转身回家喝药。可以说,她们自杀的信息传递得很清楚。还有一些人在自杀前已经出现可观察到的事件发生或有明显的情绪改变,但因为相关知识的匮乏,没人愿意干预。

- **询问自杀意念会增加自杀的危险性,真正想自杀的人是不会告诉任何人的**

错。在中国的文化背景下,不仅亲人、朋友,还包括医生在内,对向病人传递和询问关于死亡、自杀的消息均感避讳。事实上,多数处于无助状态下的人们希望获得人们的关注、帮助,特别是那些想用自杀的话语、行为作为交流的方式来表达情感的人。如当着人面喝农药的妇女,那些反复用利器划伤自己表皮及威胁跳楼、让人打电话通知亲人或朋友的青年等。

- 那些自伤的人只是在寻求注意,并不存在自杀危险

错。需要对自杀倾向的等级加以甄别,一个在与男友争吵后反复用刀片划伤自己皮肤,流一点血,然后上街购物、到学校参加考试的女学生,其自杀的可能性就小于经常弄伤自己、酗酒、飙车、在街头寻衅并尝试过不止一次自杀的人。

二、自杀的风险因子

心理学家巴特尔通过研究确定了大量可以帮助我们识别潜在自杀危险的因素,一个人无论何时,如果出现了表10-1中所示的4—5项危险因素,即说明其正处于自杀高危时期。

表10-1 识别潜在自杀危险的因素		
	有自杀家族史。	有药物和酒精滥用史。
	曾有自杀未遂史。	最近有躯体和心理创伤。
	已形成一个特别的自杀计划。	有失败的医疗史。
	最近经历了心爱的人去世、离婚或分居。	独居并与他人失去联系。
	家庭因损失、个人虐待、暴力或性虐待而失去稳定。	有抑郁症或处于抑郁症的恢复期、住院期。
	陷入创伤无法自拔。	分配个人财产或安排后事。
	精神疾病患者。	出现行为或情绪的特征改变,如变得冷漠、退缩、焦虑,或社交、睡眠、饮食、工作习惯出现较大改变。
	有严重的绝望或无助感。	陷入以前经历过的躯体、心理或性虐待的情结中无法自拔。

对于大学生来说,常见的自杀预兆包括以下表现:

(1)对周围人诉说自己想死的念头或在日记、绘画中表现出来。

(2)情绪性格明显反常、焦虑不安或无故哭泣。

(3)抑郁状态,食欲不好,失眠。

（4）个人卫生习惯改变，不修边幅或显得肮脏。

（5）回避与人接触，与集体相处不融洽或过分注意别人。

（6）行为明显改变，对生活麻木冷漠的人好像突然变了个人，敏感又热情。

（7）无故送东西、送礼物给亲人或同学，没有来由地向他人道歉。

（8）对学习失去兴趣，上课无故缺席，迟到早退，成绩骤降。

三、帮助自杀风险学生的三步法

第一步，如何识别身边有潜在心理危机的同学——注意自杀信号！

处于危机状态的人会拥有一些不切实际的想法，对现实的认识比较不合常理，注意力难以集中，记忆力也开始下降，严重时有精神疾病的人会产生幻觉或幻听。他们可能有焦躁不安、不停说话、自言自语或和想象中的人对话等表现，也可能表现得十分安静、沉默不语、身体僵硬或紧张、不注意外表。危机状态下的人，可能会感到极度哀伤低沉，或者异常兴奋，对于某样东西有过分的害怕，爆发式的愤怒或者攻击性，还有可能在高兴和生气之间快速转变。在大部分情况下，处于危机状态的人无法与人正常交往，逃避和别人的接触。对于别人的提醒与帮助也会生气地拒绝，有些人还会表现出对一般的社会常理不以为然。

此外，大学生如果出现以下这些信号，也容易产生心理危机，比如，对新环境适应不良；认为自己的学习成绩不尽如人意，且为此感到压力巨大；近期有重要的人离开人世；遭遇了巨大且痛苦的创伤性事件；遭遇了失恋而无法面对，继而影响了学习和生活；人际关系不佳，身边没有人际支持或总是和他人发生莫名其妙的冲突；有严重网络成瘾的问题，无法维持正常的学习和生活；有一些奇怪的且别人无法理解的想法，总是听到一些奇怪的声音或总觉得有人在议论自己；言语间常表露出悲观厌世的想法，感到生活没有希望，甚至出现结束自己生命的念头。

第二步，如果发现身边的同学有以上情况，我可以问些什么——仔细询问！

你可以这样问，比如，你最近是不是有什么不开心的事？有什么事在困扰你？真诚的询问可以帮助你了解同学的情况，即使对方不愿意直接回答，你也可以通过他的反应作出一些判断。不要担心和别人讨论自杀会诱发自杀行为，实际上真正有自杀想法的人宁可有人可以理解他、关心他，而那些不想自杀的人也不会因为和你的一通谈话就选择自杀。你还可以这样来问："有些人遇到你这样的问题可能会想到要自杀，你有没有想过呢？"

第三步，我该如何帮助处于危机中的同学——尽快通知！

如果同学已经表现出明确的自杀愿望或明显的心理异常，请不要试图帮助其隐瞒，而应该及时建议或陪同其前来心理咨询中心，请专业的心理咨询师帮助处理。

如果同学试图做出危及生命安全的行为,请立即联系辅导员或院系负责学生工作的老师,并在老师到来之前,保持冷静,安抚其情绪,做好陪伴和看护。

如果同学的危机行为十分激烈,请立即联系保卫处、警察与任何你能想到的紧急协助机构。

四、危机干预六步法

危机干预六步法是专业心理咨询工作者和心理咨询师用于帮助危机来访者的工作方法,贯穿于整个干预过程的六个步骤包括确定问题、保证安全、心理支持、提出应对、制定计划、得到承诺。

1. 确定问题

从危机学生的角度而言,理解和确定危机学生的问题,在整个危机干预的过程中,心理咨询师可使用核心倾听技术,理解、接纳危机学生的困难。

2. 保证安全

危机学生存在生命危险,心理咨询师应该以保证他们的生命安全作为首要目标,简单来说,就是把危机学生的生命危险和心理危机降低到最小可能,使得危机学生尽可能地处于安全的境地,保证危机学生的安全必须贯穿于整个干预过程。

3. 心理支持

在这个阶段,心理咨询师需要与危机学生进一步沟通和交流,让危机学生知道心理咨询师是能够给予其关怀与帮助的人,注意不要评价危机学生的经历与感受是否妥当,而是应该给予危机学生一种被关心、被支持的感觉。

4. 提出应对

危机学生往往认为无路可走,心理咨询师的有效工作能帮助危机学生认识到,有许多可变通的应对方式可以选择,其中有些选择比别的选择更为适宜。例如,变通环境支持、应付机制、思维方式等,如果能陪伴危机学生找到可变通的选择,往往能给予感到绝望和走投无路的学生极大的支持。

5. 制定计划

制定计划是从第四步发展而来的,心理咨询师需要与危机学生共同制定行动计划来改变其情绪失衡的状态。计划应该包括:确定有其他个人、团体与机构能够提供及时支持;提供应付机制,即如果遇到紧急情况,危机学生可以采取怎样的行动应对危机。计划的制定应与危机学生合作,让他们感觉到自己的控制性和自主性。

6. 得到承诺

　　如果第五步制定计划进行得比较顺利的话,得到承诺这一步则顺理成章。可以让危机学生复述一下计划,明确危机学生是否发自内心地同意合作的协议。在结束危机干预前,心理咨询师应该从危机学生那里得到诚实、直接、适当的承诺。

图 10 - 5

常见的不自杀协议模板

好好照顾自己——不自杀协议书

　　1. 我同意(承诺)在咨询会谈期间,不管在任何情况下,我都不会伤害自己和他人,也不会计划伤害自己或他人。

　　2. 我同意(承诺)我会尽最大能力照顾好自己,让自己有充足的睡眠以及正常的饮食。

　　3. 我同意,我会远离那些可能会用来自我伤害的东西,如刀子、刀片、瓦斯、安眠药丸,或任何危险器具、物品等。

　　4. 我同意(承诺)当我觉得无法控制而想伤害自己的时候,我会联系我的心理咨询师,电话是_____(周一至周五,9AM—5PM)。

　　5. 我同意(承诺),如果我发现自己情绪低落、觉得自己不太好、可能会伤害自己的时候(如:难以控制的自杀念头、冲动或行为),我会努力打电话给下列几位可以协助我渡过难关的老师、家人、朋友。他们的电话是:

名字	和我的关系	电话/手机

　　如果我都找不到人时,我也会立即打电话到上海精神卫生中心求助,中心的全天候电话是:021 - 54570083;上海市精神卫生中心 64387250;上海市心理咨询中心:021 - 64867666;自杀干预"希望 24 热线":51619995。(举例,可据当地信息替换)

　　最后,我_____愿意保证,在我人生的低潮时会特别好好照顾自己,也让所有关心我的人陪我一同渡过低潮,持续努力,直到我找出继续生活下去的正向意义。

　　立约人:_____联系电话:_____日期:_____

　　见证人:_____联系电话:_____日期:_____

小问答

问题1:老师,有些同学嘴上嚷嚷想要自杀,我觉得他们只是在开玩笑,并不会真的自杀,是这样吗?

——佩佩   大一女生

答:的确,有些同学开玩笑时会说"不如挂了算了""自挂东南枝""不活了",等等,他们主要是发泄一些无可奈何的情绪,但是,还有些同学在说这些话时是真的在考虑自杀,大家可以通过对方在说这样话时是否真的觉得绝望来判断,如果不太确定,也可以多问一句:"你是开玩笑的还是真的有这样的想法?"记住,和想要自杀的人讨论自杀并不会引发他们的自杀行为,反而能够缓解他们的内在紧张,如果的确发现你的同学不是在开玩笑,建议按照三步走的方法帮助他们。

问题2:老师,我就想问,我发现自己同宿舍有个同学多次提到不想活了,开始只是觉得他在开玩笑,但有时候他冷不丁来一句,我也觉得这家伙不会是认真的吧,我就想问,我该怎么开口问呢?

——非常准   大二男生

答:你有自杀风险评估的意识,能够主动关心周围的同学,这非常好,我建议你可以直接问:"你真的想过自杀?"或稍微委婉一点地问:"有些同学遇到像你这样的烦恼,可能会想到自杀,不知道你想过吗?"都可以。帮助想要自杀的人,你能做的最重要的事情就是直接问,不要担心自己说出自杀这样的字眼会不会带来所谓的负面影响,和想要自杀的人讨论自杀只会降低他们可能的自杀风险。

问题3:老师,我是一名大二学生,也是我们班的班长,最近,我们班有一名同学因和男友分手频繁提到自杀,她已经在学校心理咨询中心接受咨询,我就想问问,我作为她的同学,可以为她做点什么吗?总觉得很多问题都很难启齿。

——sunny   心有余而力不足的大二学生

答:想要自杀的同学往往觉得自己的未来没有任何希望,你的这位同学已经在专业心理老师那里接受咨询,这部分心理老师会和她进行工作,也会不断评估她的自杀风险的。如果你的同学的确有自杀风险,心理老师会联系她的家人,你们要做的是协助老师保障她的生命安全,比如,在家长来之前,保证有同学24小时轮流陪伴她,避免宿舍里留下可能的自杀用品(如刀片等)。如果你的同学的自杀风险并不高,只是产生自杀想法没有自杀计划,作为她的朋友,如果你的同学愿意,可以和她聊聊这段感情经历,也分享你们自己的经历,帮助她从不同的角度看待分手的问题,注意不要指责或否认你的同学的想法,鼓励她多说出来,给予她同学的温暖。

● **心理测试**

小测试 10 – 2 　　**自杀风险评估**

本量表可以帮助心理咨询师或精神科医生确定患者的自杀风险到底有多高，仅供参考。

1. 绝望感	1 有	2 无
2. 近期负性生活事件	1 有	2 无
3. 被害妄想或有被害内容的幻听	1 有	2 无
4. 情绪低落/兴趣丧失或愉快感缺乏	1 有	2 无
5. 人际和社会功能退缩	1 有	2 无
6. 言语流露自杀意图	1 有	2 无
7. 计划采取自杀行动	1 有	2 无
8. 自杀家族史	1 有	2 无
9. 近期有亲人死亡或重要的亲密关系丧失	1 有	2 无
10. 精神病史	1 有	2 无
11. 鳏夫/寡妇	1 有	2 无
12. 自杀未遂史	1 有	2 无
13. 社会-经济地位低下	1 有	2 无
14. 饮酒史或酒精滥用	1 有	2 无
15. 罹患晚期疾病	1 有	2 无

评分标准：

绝望感（＋3）、近期负性生活事件（＋1）、被害妄想或有被害内容的幻听（＋1）、情绪低落/兴趣丧失或愉快感缺乏（＋3）、人际和社会功能退缩（＋1）、言语流露自杀意图（＋1）、计划采取自杀行动（＋3）、自杀家族史（＋1）、近期有亲人死亡或重要的亲密关系丧失（＋3）、精神病史（＋1）、鳏夫/寡妇（＋1）、自杀未遂史（＋3）、社会-经济地位低下（＋1）、饮酒史或酒精滥用（＋1）、罹患晚期疾病（＋1）。

上述 15 个条目量表根据加分规则得出总分，分数越高代表自杀的风险越高。5 分及以下为低自杀风险；6—8 分为中自杀风险；9—11 分为高自杀风险；12 分为极高自杀风险。

本章探讨了异常心理的几种极端情况,大多数人并不一定会碰到。衷心祝愿大家永远保持积极的心态向前看,相信"是金子总会闪光",拥抱更多的希望与光亮,并成为更好的自己。

课程思政案例

电视剧《觉醒年代》与纪录片《中国(第二季)·革命》

电视剧《觉醒年代》以1915年《青年杂志》问世到1921年《新青年》成为中国共产党机关刊物为贯穿,展现了从新文化运动、五四运动到中国共产党建立这段波澜壮阔的历史画卷,讲述了觉醒年代社会风情和百态人生。

《中国(第二季)·革命》以革命先驱孙中山的毕生奋斗勾勒出晚清末期至辛亥革命的思想源变,中国近现代史上,孙中山可能是最早使用革命一词的人。他说革命二字出于《易经》。"商汤革命顺乎天而应乎人"一语意义甚佳,"吾党以后即称革命党"。革命成为孙中山一生的志业,也成就了他一生的荣光。他病逝于北京时留下遗愿:革命尚未成功,同志仍需努力!对于中国未来的光明,他始终充满期待。"吾心信其可行,则移山填海之难,终有成功之日。"而这个使命最终历史性落在中国共产党的肩上。

相关资源

推荐书籍:《我战胜了抑郁症:九个抑郁症患者真实感人的自愈故事》

作者:格雷姆·考恩(澳)

出版社:人民邮电出版社

内容简介:本书收录了美国前众议员肯尼迪、英国前首相布莱尔的首席顾问坎贝尔、谷歌公共政策主管布尔斯汀、电视脱口秀主持人戈达德以及作者本人等9位国际知名的公众人物走出抑郁症的真实故事,这些故事充满希望和治愈的能量,不但告诉你如何正确认识抑郁症,据此帮助你选择适合自己的疗法,而且能够培养你从抑郁中快速恢复的能力,使你获得持续性的改变,从而完成生命的重建。

推荐理由:本书作者在2004年时给家人留下了诀别信"我只是再也不想成为任何人的负担了",然而后来,考恩却踏上了异常艰难的重生之旅,写下了这本抑郁症患者的自助书籍,本书能帮助你重新认识抑郁症,帮助你选择合适的疗法,培养你从抑郁中快速恢复的能力。

推荐书籍:《解读自杀心理》

作者:希瑞尔(美)

出版社：中国轻工业出版社

内容简介：本书是为临床心理医生准备的自杀危机干预的书籍，并且将注意的焦点直接放在如何搜寻并剥离出个体在自杀方面的企图和构想上，为我们提供了自杀干预的系统方法。此外，本书还介绍了具有创新性的访谈策略，不仅能帮助临床心理医生，也可以让普通人了解如何同想要自杀的人谈话，以真正地帮助他们。

推荐理由：如果你想要进一步了解如何帮助想要自杀的人，这是一本通俗易懂的专业书籍。

推荐影片：《美丽心灵》

导演：朗·霍华德（美）

内容简介：英俊而又十分古怪的数学家小约翰·纳什念研究生时便发明了他著名的博弈理论，短短 26 页的论文在经济、军事等领域产生了深远的影响，他开始享有国际声誉。但纳什出众的直觉受到了精神分裂症的困扰，使他向学术上最高层次进军的辉煌历程发生了巨大改变。

面对这个曾经击毁了许多人的挑战，纳什在深爱着他的妻子艾丽西亚的相助下，与被认为是只能好转、无法治愈的疾病作斗争。经过十几年的不懈努力，纳什完全通过意志的力量，一如既往地坚持工作，并于 1994 年获得诺贝尔奖，他在博弈论方面颇具前瞻性的工作也成为 20 世纪最具影响力的理论，而纳什也成了一个不仅拥有美好情感，并具有美丽心灵的人。

推荐理由：在本片中，你可以看到精神分裂症的症状表现以及不同阶段的特点，更可以看到其疗愈之道。